우리 손으로 만든

머내여지도

머내여지도팀 지음

한울

차례

제4부 _머내만세운동 이야기

제5부 _머내열전

부록

들어가는 말

피어라, 머내여지도!

1.

『머내여지도』라는 이 책의 제목은, '우리 손으로 만든'이라는 제한이 붙어 있긴 하지만, 『대동여지도』에서 따온 것임을 부인할 수 없다. 그게 말이나 되는가? 과잉 표현인 데다가, 남의 비웃음을 살 일일 수도 있다. 연구자도 아닌 주민 몇몇이 모여서 자기 동네의 역사와 지리를 살펴본 결과물에 감히 조선 후기 지리 연구의 백미로 꼽히는 『대동여지도』를 끌어오다니!

우리는 그런 부담을 감수하면서도 이 책의 제목과 이 책의 저자인 우리 모임의 이름을 모두 '머내여지도'로 하기로 일찌감치 정해두고 있었다. 하도 여러 해 동네를 쏘다니며 주민들에게 우리 작업을 설명하고 대화를 요청해서 그랬는지, 간혹 "머내여지도팀, 요즘 뭐 해요?"라고 관심을 보이는 주민들도 있다. 그 표현이 동네에서는 나름대로 입말이 된 셈이다.

그렇게 우리의 사랑과 땀, 주민들의 관심이 함께 버무려진 이 책을 세상에 내놓는다. 만 6년 동안 우리가 용인의 변두리 머내 지역을 꽤나 열심히 살피고 뒤지고 물어보고 다닌 결과물이다. 솔직히 말해, 마음이 뿌듯하다.

2.

이 책은 21세기 초 우리 동네 머내의 역사와 지리에 대한 주민 스스로의 인식을 우리 능력이 닿는 범위 안에서 나름대로 갈무리한 것이다. 더 정확하게는 수도권의 신도시 수지, 그중에서도 머내(동천동과 고기동)에 전입해 들어와 살고 있는 주민들의 인식이라고 해야겠다. 토박이의 인식은 아니라는 얘기다.

머내여지도팀이 만들어진 계기부터 설명하는 게 좋겠다. "우리 동네의 모습과 역사를 함께 살펴보자!"라는 이심전심의 제안에 10여 명의 주민이 모여 2016년 9월 초 첫 모임을 가졌고, 그 세월이 이제 꼭 6년이 되었다.

모임 출범 당시의 생각은 이런 것이었다. 첫째, "이른바 난개발의 대명사이면서 기능상 베드타운일 뿐인 신도시의 아파트촌에는 정말 역사가 없을까?" 하는 질문이었다. 우리의 마음 밑바닥에 도사린 일종의 억하심정 같은 것이 마을의 내력과 구조를 찾아보게 만들었다는 얘기다. 둘째, 우리가 사는 신도시 아파트가 '토박이들의 공동체가 깨져나가는 대가' 위에 세워지고 있다는, 당연한 사실이 시야에 들어오기 시작했다. 그 흐름 자체는 우리가 제어할 수 있는 것이 아니었다. 우리가 할 수 있는 일이라고는 고작 우리로 인해 사라져 가는 토박이들의 역사를 기록으로 남기는 정도밖에 없었다. 부족하나마 거기에 우리의 미안한 마음을 담을 수 있지 않을까 생각했다.

그렇게 우리가 발에 땀이 차도록 뛰고, 눈에 진물이 나도록 뒤져서 확인한 소소한 사실들이 이 책에는 꽤 많이 담겨 있다. 토박이들의 기억 속에만 남아 있던 옛 마을과 주민들의 이야기를 소멸의 심연에서 길어 올려 활자로 남긴 것이다. 간혹은 조선시대, 또는 일제강점기의 문서들 속에서 스쳐지나갔던 마을 이야기를 찾아내 복원하기도 했다.

그렇게 하고 보니 각각의 이야기에서는 진한 깻잎 냄새가 맡아지기도, 노란 배꼽참외의 수줍은 모습이 비껴가기도 한다. 그런가 하면, 어떤 이야기에는 숨어서 새 하늘과 새 땅을 꿈꾸던 이들의 비원(悲願)이 서려 있고, 마을의 화타(華陀)로서 침술로 사람들의 건강을 돌보던 의원에 대한 추억도 담겨 있다.

이 모든 것을 알려주고 들려준 토박이들에게 감사한다. 머내여지도팀은 이를 받아 적었을 뿐이다. 부디 마을의 과거가 이로 인해 새 생명을 얻었기를! 동시에 난개발 신도시의 척박하고 건조한 가로에도 사람의 온기가 돌고, 이 이야기들

속에서 우리가 함께 디디고 올라서서 내일을 향해 나아갈 수 있는 디딤돌 몇 개는 발견할 수 있기를!

3.

이 책은 우리가 지난 몇 년간 작업해 온 내용들 중에서 비교적 완성도가 높고, 앞으로 마을의 공동 작업에 어떤 식으로든 도움이 될 만하다고 판단한 글을 골라 정리한 것이다.

제1부에서는 '머내'의 지리적 위상과 어원을 추적하는 가운데, 머내가 우리 역사에 그 모습을 드러내는 결정적 계기였던 병자호란과의 관련성을 살펴보았다. 조선 숙종 때 험천(머내)에 세운 병자호란 위령비를 찾아가는 작업은 성공 여부와 관계없이, 마을의 역사적·지리적 성격을 이해하고 이를 위해 자료를 축적하는 과정에 큰 도움이 되었다. 그 과정은, 옛날 한 아버지가 세상을 떠나기 전 게으른 아들들에게 "돌짝밭에 보물이 숨겨져 있다"라는 말을 남겨 형제가 밭을 열심히 갈게 했다는 이야기를 연상케 해 슬며시 웃음이 나기도 했다. 마지막으로 동천동과 고기동의 인구 이야기도 통계상 수치를 통해 머내를 이해하는 데에 도움이 될 것이다.

제2부와 제3부는 각각 동천동과 고기동의 어제와 오늘을 종합적으로 이해할 수 있도록 기획한 부분이다. 동천동과 고기동은 같은 산봉우리로 둘러싸여 하나의 지리적 영역에 속하고, 같은 동막천의 물을 먹으며, 지금껏 같은 행정동으로 묶여 있으면서도 마을의 성격과 살림살이가 대단히 다르기에 구분해 살펴볼 필요가 있었다. 이 작업으로 두 마을의 전혀 다른 발전 경로를 명료하게 확인할 수 있었다. 이와 함께 제2부(동천동 이야기)에 별도로 구성한 주막거리, 염광농원, 손골 교우촌 이야기, 제3부(고기동 이야기)에 딸린 고기교회와 밤토실도서관 이야기 등은 각각 아주 독특한 울림과 빛깔이 있는 이야기로 읽히기를 기대한다.

제4부에서는 머내 지역의 3·1 운동인 '머내만세운동'을 별도로 다루었다. 머내

여지도팀은 당초 이 만세운동에 특별히 관심을 두지 않았었다. 그저 '그런 일도 있었던 모양이다'라고 생각하는 수준을 넘지 않았다. 그러나 이와 관련된 자료를 모으고, 그것을 마을 사람들에게 설명하며 다시 묻는 과정을 통해 자연스럽게 기념행사를 하게 되고, 그 계기로 새로운 자료의 발굴에 이르고, 비로소 국가에서 100여 년 전 마을 사람 15명을 새로이 애국지사로 서훈하게 되는 등 일련의 선순환 과정은 자못 감격스럽기까지 했다. 특히 지금은 사실상 소멸했지만, 과거 이 마을에 크게 번성했던 동학과 천도교의 흔적까지 구체적으로 확인할 수 있었던 것은 말로 다 할 수 없는 큰 소득이었다. 이 제4부에서는 1919년 머내만세운동의 전모를 추적하고, 다시 100년 후 머내 지역에서의 기념 활동을 소개하며, 나아가 아직 남은 과제들을 정리했다.

제5부는 머내 지역을 거쳐 간 사람들의 열전(列傳)이다. 모두 아홉 개의 장으로 구성했다. '백헌 이경석 선생과 그 후손들' 이야기도 있고 '윤씨 5형제' 이야기도 있으니 아홉 명만 소개한 것은 아니다. 이들을 선정하는 데 특별한 기준이나 목적이 있었던 것도 아니다. 그저 손에 잡히는 대로, 주민들에게 회자되는 대로 아주 자연스럽게 선정한 인물들이다. 대부분 근대 이후에 다양한 분야에서 활동했던 선대 주민들의 이야기이니, 친근한 기분으로 읽어주면 좋겠다. 그렇게 읽다 보면 어느 구석에선가 이들이 터 잡고 살았던 머내의 특질이 불현듯 눈에 들어올지도 모를 일이다.

4.

우리가 이 책을 내면서 기대하는 바가 있다면 그것은 두 가지다.

하나는 여기 실린 모든 이야기들이 '마을 만들기'의 재료가 되기를 바라는 것이다. 동천동과 고기동에는 '주민자치위원회'도 있고, '마을네트워크'도 있다. 전자는 반관반민의 조직으로서 토박이들과 전입자들이 적절히 어울리는 장이 되었으며, 후자는 대개 신도시 전입 주민들이 자발적으로 구성한 다종다양한 모임들의 느슨한 결합체다. 후자에는 당연히 머내여지도팀도 속한다. 이 두 조직이 따로, 또 함께 공존하고 협력하면서 마을살이의 틀을 형성해 가고 있다.

문제는 이 노력들이 기댈 공통의 언덕, 공동의 자산 같은 것이 필요하다는 점이다. 머내여지도팀은 우리가 함께 발 딛고 선 곳의 내력을 알고 그곳의 공기를 함께 호흡하는 과정에서 우리가 자연스럽게 '지금, 여기'의 의미를 재발견하게 되기를 기대하는 것이다. 그것이야말로 마을 만들기의 가장 중요한 단초인 동시에, 우리 동네를 살 만한 곳으로 만드는 일이 되리라고 생각한다.

다른 하나는, 이 책을 읽은 머내 밖의 독자들이 '이 정도는 나도 할 수 있겠다!'는 자신감을 갖게 되기를 바라는 것이다. 그것이 또 다른 '○○여지도' 작업으로 이어질 수 있다면 더 바랄 것이 없겠다.

내용을 보면 알겠지만, 이 책에는 전문성을 바탕으로 쓴 글은 단 한 편도 없다. 조금 열심히 자료를 찾고 꽤나 부지런히 인터뷰를 해서 그것을 최대한 성의껏 한 편의 글로 엮어낸 것들이다. 이 글들을 통해 다른 지역의 독자들이 자신이 사는 지역에 적용될 수 있는 시사점을 발견하고, 일정한 노하우도 확인하며, 새로운 관점을 형성해 나가는 실마리를 찾을 수 있기를 기대한다.

5.

이렇게 '머내여지도'가 우리 마을에서 꽃처럼 피어나고, 다른 '여지도'들도 다른 마을에서 또 다른 모습으로 무수히 피어나는 꿈을 꾸어본다. 그것이야말로 어제와 오늘과 내일이 한 줄에 꿰이면서 사람 사는 맛이 나는 세상을 만드는 한 가지 길이 아닐까?

2022년 8월

머내여지도팀의 뜻을 모아

김창희

한양60리
용인20리

제1부
'머내'를 찾아서

제1장. '머내'가 도대체 어디 있는 동네인고?:
조선 시대 산맥과 도로 체계 속에서 '머내' 찾기

제2장. '험천'인가? '원천'인가?:
'머내'의 어원을 찾아서

제3장. 병자호란의 지리적 상상력:
300년 전 세워진 '험천전투 위령비'를 찾을 수 있을까?

제4장. 동천동과 고기동의 인구 이야기:
삶은 쉼 없이 이어지고 있다

제1장

'머내'가 도대체 어디 있는 동네인고?

조선 시대 산맥과 도로 체계 속에서 '머내' 찾기

우리 동네 '머내'는 우리 전통지리 체계 속에서 어떤 위상의 동네였을까? 조선 시대 사람들의 지리 관념 속에서 우리 동네는 어떤 위계 또는 위치쯤에 있었던 것일까? 사실 크게 기대할 건 없다. 역사 유적이 별로 없는 걸 보아도 대개 감을 잡을 수 있겠다.

그러나 배후에 든든하게 버텨주는 광교산(光敎山)의 위용이라든가 조선 시대에 한반도의 가장 중요한 대로 중 하나로서 우리 동네를 지나는 영남대로(동래대로)의 유구함 등을 보고 듣고 느끼다 보면 아주 만만한 동네도 아니었겠다는 생각이 절로 든다.

우리가 타임머신을 타고 과거로 돌아가 조선 시대 사람들에게 직접 물어볼 수는 없는 노릇이다. 그러나 조선 시대의 용인, 그중에서도 머내 지역을 보여주는 지도와 기록들이 꽤 남아 있다. 뜻밖에도 그런 옛 지도들과 지지(地誌)들은 대단히 많은 정보를 제공한다.

1. 산맥 체계 속의 '머내'

우선, 우리 동네 '머내'는 조선 시대의 모든 지도들에서 한남정맥(漢南正脈)상의 광교산 북동쪽 너머에 자리 잡고 있다. 조선 시대 지도 가운데 완성도가 가장

그림 1-1 『대동여지도』에서 찾아본 한남·금북 정맥과 주요 도시

『대동여지도』를 중부 지방만 잘라낸 뒤 속리산부터 문수산까지의 금북정맥과 한남정맥 구간만 고산자 김정호가 판각한 산줄기를 그대로 따라가며 붉은색으로 표시했다. 위의 큰 파란 점부터 시계 방향으로 한성, 광주, 용인, 수원 등 우리 동네 '머내' 주변의 도시들도 파란색으로 표시해 보았다. 한반도의 거시적인 산맥체계 속에서 우리 동네의 위상을 어떻게 설명할 수 있을까?

높은 『대동여지도(大東輿地圖)』(1861)에서도 그렇다(〈그림 1-1〉).

이런 내용을 이해하기 위해서는 미리 알아둬야 할 것들이 조금 있다. 먼저 한반도의 산맥 체계다. 속리산에서 한반도의 등뼈 백두대간과 작별한 한남·금북(漢南·錦北) 정맥(이 이름에서 알 수 있듯이 한강의 남쪽과 금강의 북쪽, 즉 한반도의 중부 지방에 자리 잡은 산맥!)이 북서쪽 방향으로 내쳐 달리다가 경기도 안성 부근에서 두 갈래로 나뉘어 그중 한 갈래인 한남정맥은 한강 쪽으로 북상하고, 다른 한 갈래인 금북정맥은 완전히 반대 방향인 금강 쪽으로 남하하는 형세를 취한다. 이때 한남정맥이 맹렬하게 북쪽으로 달리다가 우뚝 멈춰 큰 봉우리로 맺힌 것이

바로 용인과 수원 사이의 광교산이다.

안성 이후 광교산에 이르기까지 대개의 봉우리들은 해발고도 400~500m 정도였지만, 광교산만은 582m의 위용을 자랑한다. 거기서 한남정맥은 다시 두 갈래로 나뉘어 본류는 해발 200m 안팎의 야트막한 구릉들을 이루며 김포의 문수산까지 이어져 바다 너머 강화도와 마주 보기에 이르고, 다른 한 갈래는 거의 정북 방향으로 백운산(567m), 청계산(618m), 관악산(632m) 등이 연봉을 이루는 가운데 한강을 향해 이어진다. 그리하여 마침내 관악산은 저 멀리 한강 건너 북한산과 더불어, 서울의 외사산(外四山)으로서 남북에서 마주보며 서울을 엄호하는 역할을 자임하기에 이른다. 이것이 한반도 지리에 대한 조선 시대 사람들의 인식 틀에서 가장 중요한 부분들 중 하나다.

앞서 우리 동네 '머내'는 '광교산 북동쪽 너머'에 자리 잡고 있다고 했다. 더 정확히 말하자면 광교산의 북동쪽에 위치하며, 동시에 광교산에서 다시 갈려 관악산까지 이어지는 한남정맥 작은 줄기의 동쪽 너머에 둥지를 틀고 있는 것이다.

그런데 여기서 재미있는 점은 우리 동네 머내를 포함하는 용인 지역(조선 시대의 '용인현')이 한남정맥을 타고 앉았다는 점이다. 용인 지역은 한남정맥에 걸쳐 있으면서 그중 일부는 북동쪽, 다른 일부는 서남쪽에 각각 자리 잡고 있다는 얘기다.

조선시대에 행정구역을 구분하는 가장 중요한 기준이 산줄기였음은 우리가 잘 아는 사실이다. 그럼에도 불구하고 용인현이 백두대간 다음 위계에 해당하는 정맥 위에 걸터앉았다는 사실은 조금 의아하게 생각될 수 있다. 그것은 이렇게 설명할 수 있다. 앞서 언급한 바와 같이 안성 부근 칠장산(492m)에서 시작된 한남정맥이 수원-용인 경계의 광교산(582m)에 이르기까지 용인 지역을 지나는 동안에는 대개 야트막한 산봉우리들의 연속이다. 가장 높은 것이 보개산(지금의 석성산, 472m)이고 대부분 400m 전후 또는 그 이하일 뿐이다. 그러다 보니 용인 지역을 굳이 한남정맥 기준으로 나눌 필요를 느끼지 못했던 것으로 보인다.

다만, 아무리 낮다 하더라도 한남정맥 양쪽 지역이 한 행정지역으로 묶였다

보니 분수계(分水界)가 조금 복잡해졌다는 점만은 언급하지 않을 수 없다. 세부 지도에서 볼 수 있다시피, 용인 읍치 동쪽의 보개산에서 동서로 이어지는 산줄기는 남북 양쪽 지역의 분수계 역할을 해 남쪽으로는 갈천(葛川)의 발원지가 되고, 북쪽으로는 경안천(慶安川)의 발원지가 된다(〈그림 1-2〉).

이런 자연지리적인 성격은 어떤 결과를 낳는가? 아주 분명한 사실이 한 가지 있다. 먼저 한남정맥이 기본적으로 한반도의 중부 지방에서 서쪽 해안 평야지대와 내륙지방을 구분한다는 것이다. 특히 내륙지방은 한강 본류와 남한강 유역권으로서 서쪽 해안지방과는 기후와 언어, 나아가 생활문화에 이르기까지 많은 차이를 보인다. 예컨대 용인 중에서 전적으로 내륙지방에 해당하는 수지 지역은 광교산 남쪽의 수원과 비교해 연평균 기온은 1℃ 낮은 반면, 연중 안개 발생일은 50% 정도 많은 것으로 나타났다.[1]

여기서 서쪽 해안 평야지대는 인천·시흥·안산·수원·오산·평택·천안·당진 등 아산만을 중심으로 하는 지역을, 내륙의 한강 유역권은 김포·과천·광주(廣州)·이천·여주·음성·충주 등 한강에 젖줄을 대고 있는 지역을 각각 가리킨다. 그리고 용인이 그 양쪽 지역의 꼭 중간에 끼어 있으면서 양쪽을 연결해 주는 역할을 하는 것이다.

세부적으로 보자면 용인에서도 머내를 포함해 수지구는 전적으로 한강 유역권에 속하는 반면, 기흥구와 처인구는 한남정맥을 기준으로 어디에 위치하느냐에 따라 한강 유역권과 해안 평야지대에 속하는 지대가 대략 반반 정도로 나뉜다.

이제 '분수계(分水界)'를 설명하는 것이 좋겠다. 영어로는 '워터 디바이드(water divide)'라고 한다. 사전에는 "인접하는 하천 유역의 경계"라고 아주 어렵게 설명되어 있다. 그러나 쉽게 설명할 수도 있다. 산꼭대기에 떨어진 빗방울들이 산지

1 용인학연구소, 『수지읍지(水枝邑誌)』(용인문화원, 2002), 60·65쪽 참고. 수지는 1991년부터 2000년까지 10년간 연평균기온이 11.3℃였으나, 수원은 1989년부터 1998년까지 12.3℃였다. 또 수지는 1990~1999년 연평균 안개발생일이 59일이었던 반면, 수원은 같은 기간 동안 40일에 불과했다.

그림 1-2 한남정맥을 타고 앉은 용인 지역

〈그림 1-1〉에 19세기 '용인현'의 영역을 초록색으로 표시한 뒤 그 주변 지역만 잘라낸 세부 지도다. 용인 지역이 붉은색 선으로 표시된 한남정맥 위에 걸쳐 있음을 한눈에 알 수 있다. 한남정맥에서 청계산-관악산과 남한산성 쪽으로 뻗어나간 지맥은 파란색 선으로 표시했다. 파란색 둥근 점은 왼쪽 위부터 시계 방향으로 각각 한성, 광주, 용인, 수원이다.

사방으로 튈 때 한 물줄기를 형성하지 못하게 나눠주는 산줄기가 바로 '분수계'다. 광교산 꼭대기에 떨어진 빗방울들 가운데 어떤 놈은 머내로 튀어 동막천과 탄천을 거쳐 한강으로 들어가고, 어떤 놈은 수원 쪽으로 튈 수 있다. 이렇게 방향이 나뉜 빗방울들은 서해로 들어가기 전까지 절대로 다시 만나지 못한다. 한남정맥이 양쪽 물길의 접근을 막기 때문이다. 이것이 분수계다.

우리 전통지리학에서 "산은 물을 넘지 못한다"라는 말도 똑같은 이치다. 산줄기와 물줄기가 굽이굽이 서로를 껴안고 공존하되 서로를 침범하는 일은 없는 것이다.

그렇다고 광교산을 사이에 두고 등지고 앉은 수원과 용인(그중에서도 머내 지역)이 완전히 딴 동네처럼 살았다는 얘기는 아니다. 역사적으로 두 지역은 대단히 밀접한 관계를 맺어왔다. 예컨대 머내 지역의 사람들은 용인보다 수원의 혜택을 훨씬 더 많이 입었다. 학교와 5일장, 교통수단 등에서 그랬다.

그러나 부인할 수 없는 사실 한 가지는 용인(당연히 머내 지역도 포함해서!)의 '서울 의존성' 또는 '서울 지향성'이 수원 등 한남정맥 이남 지역보다 훨씬 크다는 점이다. 그것은 과거에도 그랬고, 지금도 마찬가지다. 그런 점을 상징적으로 보여주는 것이 바로 다음에 살펴볼 조선 시대의 도로 체계다.

2. 도로 체계 속의 머내

고산자 김정호가 『대동여지도』와 한 묶음으로 편찬한 것이 『대동지지(大東地志)』다. 그 『대동지지』에 「정리고(程里考)」라는 부분이 있다. 이것은 말하자면 전국의 도로 체계를 일목요연하게 정리해 놓은 것이다.

이에 따르면 한반도의 도로는 한양을 시발점으로 모두 10개 대로와 그에 딸린 소로들로 구성되는데, 그중 제4대로가 '동래대로(東萊大路)'로서 '영남대로'라고 불리기도 하는, 당시 가장 중요한 간선도로 중 하나였다(〈그림 1-3〉).

그림 1-3 한양으로 가는 10대로 중 동래대로

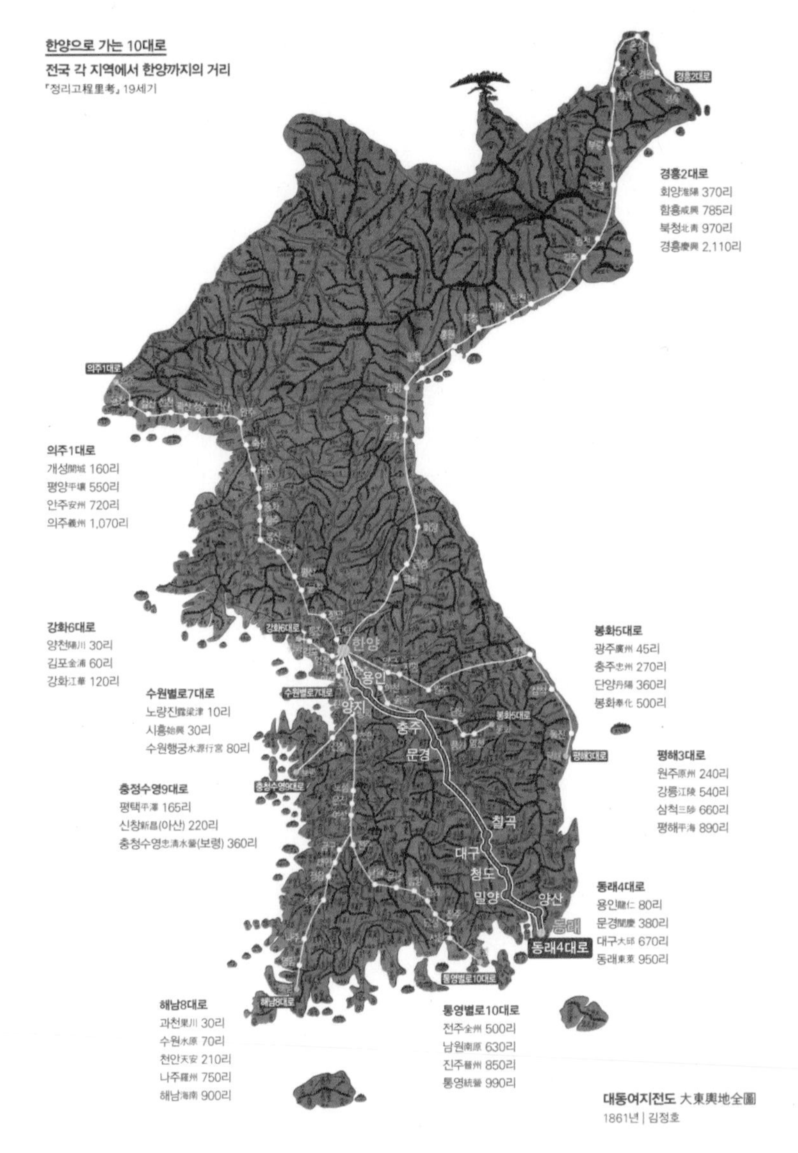

대동여지전도 大東輿地全圖
1861년 | 김정호

고산자 김정호가 편찬한 『대동지지』에 소개된 전국 10대로 체계를 그의 '대동여지도' 위에 현대식으로 그려 넣은 그래픽물이다(서울역사박물관). 이 가운데 붉은 선이 우리 동네를 지나는 제4대로인 '동래대로'다. 이 길은 '영남대로'라고도 불렸다.

표 1-1 「정리고」에 실린 지명과 거리

경도 (京都)	→	한강진 (漢江津)	→	신원 (新院)	→	월천현 (月川峴)	→	판교점 (板橋店)	→	험천 (險川)
	(10리)		(20리)		(10리)		(10리)		(10리)	

→	용인 (龍仁)	→	어정개 (於汀介)	→	직곡 (直谷)	→	금령역 (金嶺驛)	→	양지 (陽智)
(20리)		(10리)		(10리)		(10리)		(10리)	

* 용인현 관내의 지명은 강조해 표기했다.

〈그림 1-3〉은 고산자 김정호가 작성한 『대동여지도』 위에 전국 10개 대로(붉은색 선이 동래대로)를 찾아내 도드라지게 강조한 것이다. 역시 도로는 가능한 한 산맥을 피해 간다는 사실을 한눈에 알아볼 수 있다. 일부러 높은 산으로 노정을 잡는 바보는 없기 때문이다. 길을 가다 보면 물도 건너고 산도 넘는 게 불가피한 일이겠지만, 웬만하면 강을 따라가거나 굴곡이 덜한 해안 쪽으로 방향을 잡는 것이 인지상정이다. 그러다 꼭 산을 넘어야 한다면 수 세대에 걸친 경험에 따라 덜 높고 덜 험한 쪽을 택했을 것이다. 바로 이런 것이 산과 물의 체계와는 또 다른 인간이 만든 길의 체계인 것이다.

이제 다시 우리의 관심사인 용인으로 이야기를 좁혀보자. 전체 거리 950리에 이르는 이 동래대로 가운데 한양에서 출발한 뒤의 초반부 노정을 용인 지역까지만 정리하면 〈표 1-1〉과 같다. 「정리고」에 소개된 19세기의 지명을 그대로 사용했다. 옛 지명이 지금의 지명에 상당 부분 살아 있음을 확인할 수 있을 것이다.

이 기록대로 서울에서 용인까지는 대략 80리, 다시 양지까지는 120리 정도인데, 각 지명을 하나씩 살펴보자. 대개는 역원(조선 후기에는 주막)이 위치했던 곳이다.

'한강진'은 지금의 지하철 6호선 한강진역에서 한강 쪽으로 내려와서 한남대교 근방이고, '신원'은 서울 서초구 신원동과 원지동 일대의 경부고속도로 근처다. 지금도 '새원마을'이라는 자연부락이 있다. 그다음 '월천현'은 요즘 고속도로 상황 안내 방송 등에서 '달래내고개'라고 부르는 곳으로서 역시 경부고속도로에 걸쳐 있는 경기도 성남시 수정구 상적동 옛골마을 부근이다. '판교점'은 경부고속도로에서 성남시 분당구와 용인시 수지구 방향으로 빠져나오는 톨게이트 있는 곳이니 모르기도 어렵다. 서울을 벗어난 뒤 여기까지는 옛 광주 땅이고, 그다음부터가 용인 지역이다.

그런데 용인 초입에 나오는 '험천'이 문제다. 지금까지 지나온 곳들과 달리 그 지명만으로는 지금의 어디인지 추정하기 어렵다. 이에 대해서는 설명할 요소가 많기 때문에 별도의 지면을 잡기로 하고, 여기서는 그것이 "원천(遠川)"이라고 기록되기도 했으며 지금도 순우리말로 '머내'라고 불리는 바로 우리 동네(정확하게는 용인시 수지구 동천동과 성남시 분당구 동원동 · 구미동이 마주치는 지역)라는 사실만 언급하고 지나가자.

다시 우리 동네를 지난 뒤에 나오는 '용인'은 옛 읍치를 가리키는 지명으로 지금의 용인시 기흥구 마북동과 언남동 일대다. 그다음의 '어정개'는 요즘 '어정가구단지'라고 알려진 곳이며, '직곡'이라는 지명 자체는 남아 있지 않지만 용인시 처인구 삼가동의 자연부락 '상직동'에 그 흔적을 남겼다. '금령역'은 용인의 옛 상업중심지였던 처인구 김량장동에 '술막'이라는 옛 지명으로 남아 있다. '양지'는 원래 용인현과는 별개의 현이었으나 1914년 일본 식민 당국에 의해 용인군으로 통합되었다. 여기까지가 지금의 용인 지역이다. 상대적으로 많은 역원이 설치되어 있었음을 알 수 있다.

이렇게 서울에서 양지까지 이르는 동래대로의 주요 지점들을 이어보면 분명히 드러나는 것이 있다. 〈그림 1-4〉 지도에서 볼 수 있다시피 이 길은 용인을 관통하며 서울과 용인 남쪽 지방을 이어주는 역할을 하는 가운데, 대부분 한남정맥의 동쪽에 자리 잡음으로써 수원과는 전혀 연관이 없다는 것이다. 과거부터 용인은 '서울로 가는 길목'이라는 성격이 강했다.

그림 1-4 용인 지역을 지나는 동래대로와 머내

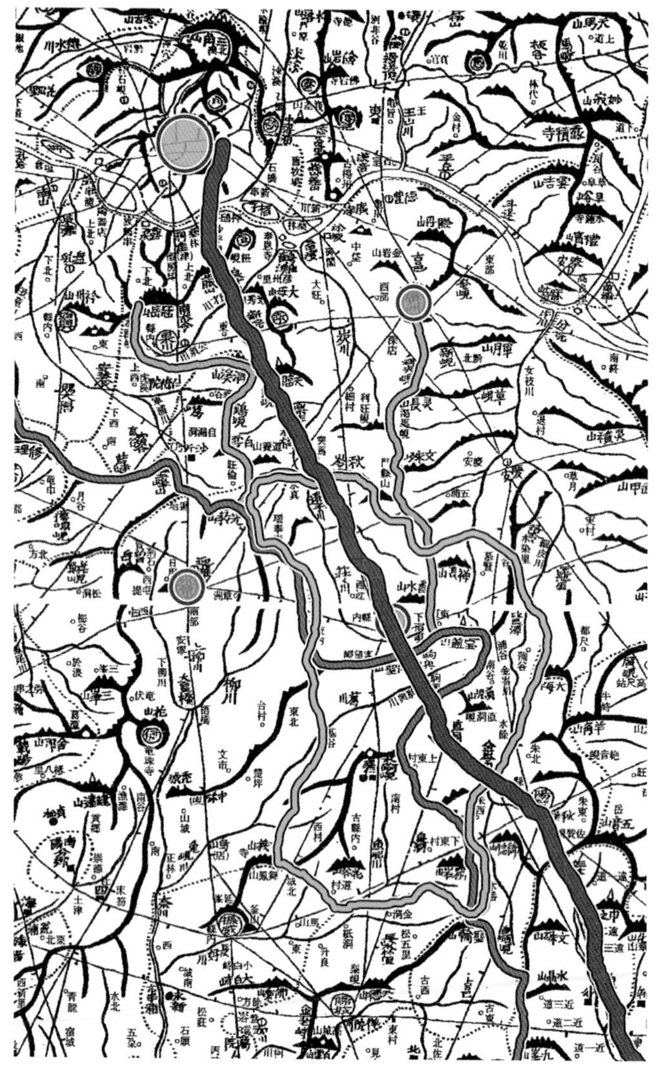

〈그림 1-1〉 중 용인현 영역을 표시한 세부 지도에 우리 동네를 지나는 '동래대로'를 찾아 표시한 상세 지도다. 이 지도를 통해 용인 영역과 그 주변으로 산맥인 한남정맥과 도로인 동래대로가 각각 지나는 경로와 그 양자의 관계를 확인할 수 있다. 거기서 한 발 더 나아가, 이 지도를 통해 우리 동네 '머내'의 성격도 읽어낼 수 있지 않을까? 이 지도 중 한성에서 출발한 동래대로(붉은색 굵은 선)가 용인현 영역(초록색 선)에 들어선 직후 바로 서쪽에서 확인할 수 있는 '원우천(遠于川)'이 바로 우리 동네 '머내'의 또다른 한자 지명이다.

> 용인은 작은 고을이다. 왕도와 인접한 까닭에 밤낮으로 모여드는 대소 빈객이 여기를 경유하지 않는 적이 없는데, 이는 대개 남북으로 통하는 길목인 때문이다.

『신증동국여지승람(新增東國輿地勝覽)』 제10권 「용인현」 조에 수록된 조선 초기 문신 김수녕(金壽寧, 1436~1473)의 기문이다. 시대를 조금 더 거슬러 올라가면, 용인 중에서 '금령역'은 고려 시대에 이미 '광주도(廣州道)'에 속해 역(驛)이 설치되었던 곳이기도 하다. 그만큼 사람들이 모여들고 오가는 장소였다는 얘기다.

그 용인 지역 가운데 험천, 즉 현재의 우리 동네 '머내'는 조선 시대에 영남지방에서 한양으로 올라가는 사람들이 용인 지역에서 마지막으로 거쳐 가는 동네였다. 아마 이곳을 지나 광주 지역에 들어서면 '이젠 곧 한양이다!'는 심리적 안도감을 느꼈을 것이다. 실제 옛 광주의 많은 지역이 이제 서울에 흡수되어 버렸다. 그와 반대로 한양에서 영남지방으로 내려가는 사람들에게 '머내'는 용인 지역에 들어와서 처음 마주치는 동네였다. 한양을 떠나 이제 본격적으로 지방 행로에 돌입한다는 느낌을 주는 곳이었으리라.

말하자면 용인, 그중에서도 우리 동네 머내는 역사지리 체계 속에서 볼 때 늘 한양과 지방의 '길목'이자 '접점'이었다. 그런 성격은, 양상은 다르지만, 예나 지금이나 크게 다르지 않다.

제2장

'험천'인가? '원천'인가?

'머내'의 어원을 찾아서

우리 동네 '머내'의 주민들 가운데 열에 여덟아홉은 잘 모르는 사실이 한 가지 있다. '머내'라는 동네 이름이 도대체 어디에서 왔느냐는 것이다. 이 정겨운 순우리말 '머내'는 지금까지 버스 정류장의 이름으로도 쓰이는 등 살아남아서 우리 정체성의 일부를 형성하고 있지만, 그 뜻과 어원에 대해서는 우리가 잘 모르는 것이다.

이런 질문을 받으면 아주 드물게 이렇게 답하는 주민이 있다. 동네의 내력을 꽤 아는 사람이다.

> 아, 그건 '멀리 있는 냇물'이라는 뜻이지요. 지금의 우리 동네 동막천(東幕川)이 조선 시대에는 한자로 '멀 원(遠)'에 '내 천(川)'이었다지요. '머내=원천=동막천'인 거지요. 거기서 한 발 더 나아가면 '머내'와 '원천동'은 이 냇물을 끼고 있는 양쪽의 동네 이름이기도 했고요.

요컨대 '머내'가 '멀다'는 말에서 왔고, 그건 개천의 이름인 동시에 동네의 이름이기도 하다는 얘기다. 그러면 어디서부터 멀다는 말일까? 이에 대해서는 아무런 설명이 없지만, 추정해 보면 머내가 탄천으로 흘러들어 가고, 이 탄천이 다시 한강으로 합쳐지니 본류인 한강으로부터 멀다는 뜻이 아닐까 생각된다. 이 '멀다' 어원의 설명은 조금 더 이어진다.

그런데 어느 날 이 머내 개천을 경계로 광주와 용인이 나뉜 모양입니다. 바로 인접한 행정단위에 같은 마을 이름이 있어 헷갈릴 것 같아 개천 양쪽의 동네 이름을 새로 지었답니다. 지금의 동막천을 아래에서부터 따라 올라가면서 머내 지역(원천동)과 그 위의 '동막골'을 한 덩어리로 본 뒤 그 가운데 광주 지역은 '동원동(東遠洞)'으로, 거기서 개천 건너 마주보는 용인 지역은 '동천동(東川洞)'이라고 각각 이름을 달리 붙인 거지요. 그 이름을 잘 뜯어보면, 동막골의 '동' 자는 공통으로 사용하고 '원천동'에서 한 자씩 사이좋게 갈라 가진 셈이네요. 재미있지요?

꽤나 재미있는 작명이었다. 실제로 19세기 조선 시대를 대표하는 지도첩 『대동여지도』를 보면 지금의 동막천이 '원우천(遠于川)'이라고 표기되어 있다(〈그림 2-1〉). 어조사 '우(于)' 자가 왜 들어가 있는지는 쉽게 알 수 없지만, '원천'의 뜻을 담고 있음을 부인할 수 없다.

그림 2-1

『대동여지도』에 나타난 머내

붉은색 원으로 강조한 원우천(遠于川)이 바로 '머내'다.

그러나 이 '멀다' 어원설에 대해서는 강력한 반론이 존재한다. 그 주장은 우리가 확인할 수 있는 역사 기록들 가운데 이 동네의 가장 오래된 이름이 무엇이었는지를 찾는 작업에서부터 시작한다.

역사학자들의 일치된 견해는 병자호란 때 조선군이 청나라 군대에 처참하게 패한 몇몇 전투들 가운데 하나인 '험천(險川)전투'의 현장이 바로 머내라는 것이다. 『조선왕조실록』, 『승정원일기』 등이 그 단서를 제공한다.

공청 감사(公淸監司) 정세규(鄭世規)가 병사를 거느리고 험천에 도착한 뒤 산의 형세를 이용해서 진을 쳤다가 적의 습격을 받아 전군이 패몰했는데, 세규는 간신히 빠져 나왔다[『조선왕조실록』, 인조 14년(1636) 12월 27일].

험천산 위는 여기(남한산성)와의 거리가 30리쯤 되는데 또 군병이 있습니다. 비록 우리 군사인지 적병인지는 모르겠지만 어젯밤에 횃불을 올린 것이 매우 성대하였습니다[『승정원일기』, 인조 14년(1636) 12월 27일].

충청 감사 정세규가 진군하여 용인의 험천에 진을 쳤으나 적에게 패하여 생사를 모른다고 하였다[『조선왕조실록』, 인조 15년(1637) 1월 15일].

당시 청나라 군대가 남한산성을 포위하여 핍박해 올 적에 다른 도(道)는 모두 군대를 억누르고 진군하지 않았는데, 세규는 곧 군대를 이끌고 전진하여 광주의 험천에 진을 쳤다가, 적을 만나 군대가 다 패하여 흩어져 버리고, 세규는 겨우 몸만 빠져나왔다[『조선왕조실록』, 인조 22년(1644) 8월 18일].

표현이 조금씩 다르지만 똑같은 얘기다. 요컨대 남한산성으로 피한 인조를 구하기 위해 충청 감사 정세규가 근왕군을 지휘해 남한산성에서 30리(12km)쯤 되는 험천이라는 곳까지 왔으나 거기서 청나라 군대와 마주쳐 제대로 싸워보지도 못하고 흩어져 버렸다는 얘기다. 여기서 재미있는 것은 험천을 '용인'이라고도 하고 '광주'라고도 한다는 점이다. 우리는 여기서 그 지역이 용인과 광주의 경계일 수 있음을 어렵지 않게 추론할 수 있다.

그러나 추론은 추론일 뿐이고, 실제 중요한 것은 용인 또는 광주 지역의 옛 지도에 '험천'이라는 지명이 실제로 표기되어 있는지를 확인하는 일이다. 그런데 이 일은 의외로 쉽다. 경기문화재단이 편찬해 2005년 발행한 『경기도의 옛지도』라는 책 등에서 용인 대목을 들춰 보기만 하면 된다. 대부분의 지도에 용인

그림 2-2 18~19세기 지도에 나타난 험천

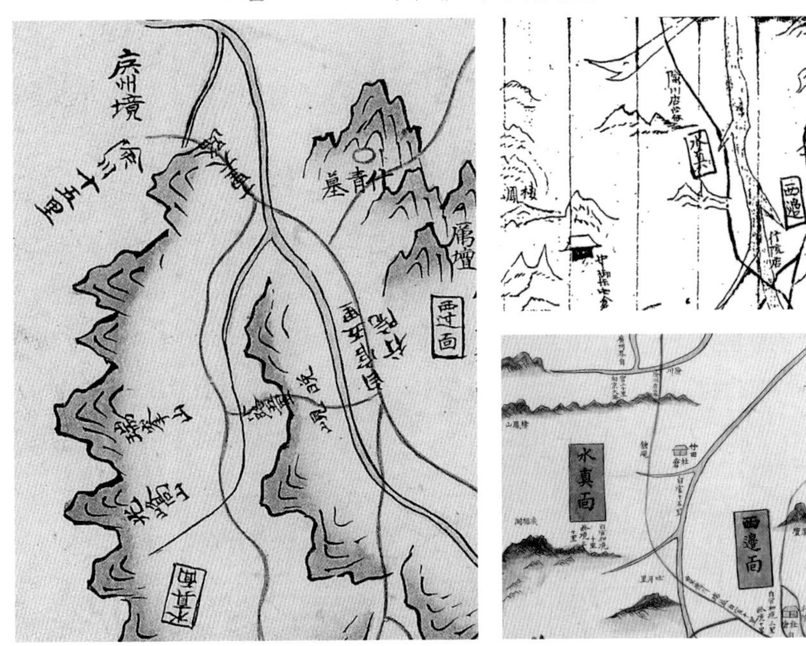

왼쪽은 『해동지도』(18세기 중반) 중 용인현에서의 험천 부분으로, 용인 읍치에서 15리 떨어져 있으며, 광주와의 경계에 위치해 있음을 알 수 있다. 오른쪽 아래는 『용인현지도』(1872) 중 역시 '험천' 부분이다. 용인현의 서북쪽 끝부분인 수진면 지역에 흐르는 개천이 '험천'이고, 그 인근에 '험천점막(주막)'이 있으며, 그곳은 용인읍치로부터 20리 떨어져 광주와의 경계를 이루는 곳임을 알 수 있다. 오른쪽 위는 1891년 제작된 『용인현읍지』에 수록된 『용인현지도』 중 '험천' 부분이다. 수진면에 있는 주막의 이름이 '험천'임을 알 수 있다.

의 북서부 끝부분인 수진면 지역에 흐르는 개천이 험천이고, 바로 그곳이 광주와의 경계라고 표기되어 있는 것이다.

이 정도면 지금 용인시와 성남시의 경계를 이루는 동막천이 바로 병자호란 당시의 처절한 전투 현장이었던 험천임을 한눈에 알아볼 수 있다. 즉, 17세기의 역사기록과 18~19세기의 각종 지도를 통해 '원천(遠川)'보다 '험천(險川)'이 훨씬 오래된 머내의 한자 표기임을 알 수 있다는 말이다.

자, 여기서 한 가지 고민이 생긴다. '험하다' 또는 '거칠다'는 뜻을 가진 '험천'이 훨씬 더 오래된 표기라는 건 알겠는데 '머내'라는 순우리말 이름과 '험천'의 관계는 어떻게 되느냐는 것이다. '원천(遠川)'에서는 멀다는 뜻이 쉽게 추론되었는데 '험천'에서는 고개가 갸웃거려진다.

여기서 옛 역사서의 기록들은 아주 재미있는 단서를 제공한다. 다시 병자호란 당시의 몇몇 기록을 살펴보자.

> 목서흠이 예조의 말로 아뢰기를 "신이 오가는 사람들에게서 쌍령(雙嶺)과 험허천(險許川)의 길에 시체가 산처럼 쌓여서 차마 지나갈 수 없다고 하는 말을 들었습니다. 쌍령은 곧 경상좌병사와 경상우병사가 패전했던 곳이고, 험허천도 충청 감사가 패전했던 곳입니다[『승정원일기』, 인조 15년(1637) 4월 7일].

> 선전관 민진익(閔震益)이 승려와 함께 충청 감사 정세규(鄭世規)의 장계를 가지고 들어왔는데, 정세규는 본도(本道) 근방 고을의 군관(軍官)을 거느리고 먼저 마희천(麻喜川)에 나아가 결진하였고 ……[『승정원일기』, 인조 14년(1636) 12월 28일].

이 글에 등장하는 '험허천'이라는 표현은 우리가 이미 앞에서 살펴본 '험천'에 '허'라는 글자가 끼어 들어간 모습이다. 왜 그렇게 된 것일까? 이런 경우는 대개 옛 우리말의 이두식 표기법으로서 앞글자의 발음 표시일 가능성이 높다.

그런데 그다음에 등장하는 '마희천'은 조금 당황스럽다. 앞뒤 기술을 살펴볼 때 이게 '험천'을 지칭하는 말인 것은 분명한데 도대체 왜 이런 표현이 되었는지 종잡기가 쉽지 않다. 다른 기록들에서는 한자 발음은 같지만 조금씩 글자를 달리한 '麻戲川', '磨巇川'라는 표현도 눈에 띈다. 이런 경우 여기 사용된 한자의 뜻이 중요하지 않다고 생각하는 것이 좋다. 이것은 '험천'의 우리말 이름을 한자 독음을 빌려 표기한 것일 뿐이다.

여기서 우리는 조선 시대 한자 입문서 『신증유합(新增類合)』이라든가 외국어

학습서 『노걸대언해(老乞大諺解)』, 한문과 우리말 번역본이 함께 있는 『두시언해(杜詩諺解)』 등의 도움을 받을 수 있다.

예컨대 『신증유합』에 따르면 '험(險)'은 '머흘 험'이라고 설명되어 있다. 우리는 여기서 지금은 사용되지 않는 사어(死語)이지만 '머흘다'가 현재의 '험하다'와 같은 뜻임을 알 수 있다. 우리가 잘 아는 고시조 가운데 "白雪이 ᄌᆞᄌᆞ진 골에 구름이 머흐레라" 중 '머흐레라'도 '머흘다'에서 온 것이다.

그렇다면 여러 가지 한자로 표기된 '마희천'은 순우리말 '머흘다'에서 온 '머흐내', 즉 '험천'으로서 한자의 독음을 빌린 것일 뿐이다. 다시 말해 '마희'는 '머흐' 또는 '머흘'의 한자식 표기인 것이다. 앞에서 잠깐 살펴보았지만 '험허천'이라는 표현에서 '험'은 뜻을 나타내는 부분인 반면, '허'는 발음을 보조하는 부분으로서 '마희천'의 '희'와 같은 음가를 표기한 것으로 보인다.

여기서 한 가지 더 과감하게 추론해 보자. 『대동여지도』에서 '험천'을 "원우천(遠于川)"으로 표기했다고 소개한 바 있다. 여기서 '험천'이냐 '원천'이냐는 논란은 별개로 하고, '원천'에 왜 '우(于)'라는 어조사가 끼어들어 갔는지는 사실 알기 어렵다. 그러나 어쩌면 이것은 앞서 소개한 '마희천'의 '희', '험허천'의 '허' 발음이 약화된 형태가 아닐까 생각되기도 한다. 말하자면 '머흐내'가 19세기에 와서는 '머우내' 또는 '머으내' 정도로 발음되었던 것이 아닐까?

지금까지의 논의를 정리하면 이렇다. '머내' 지역의 한자 표기로는 '遠川'과 '險川'이 모두 발견되나, 시기적으로 '험천'이 훨씬 앞서며, '險'의 순우리말 표현이 '머흘다'인 점을 감안할 때 '머내'의 옛 표현은 '머흐내'로 추정된다. '머흐내'의 한자식 표기라고 추론할 수 있는 표현들도 역사서 곳곳에서 많이 발견된다. 그러나 '머흘다'가 점차 사용되지 않으면서 '흐' 발음이 약화되어 오늘날 '머내'로 정착되었다. 원래의 뜻을 추정하기 어려운 형태가 되어버리고 만 것이다.

그럼에도 '머내'는 '머내'다. 그 어원이 무엇이든, 한자식 표기로는 무엇이 그 어원에 가깝든, 또 그런 어원을 알든 모르든 간에 우리는 '머내'라는 표현을 입에 달고 산다. 특히 이 지역의 원주민들은 지금도 동원동 지역을 '광주 머내', 동천동 지역을 '용인 머내'라고 부른다. 한자 어원 논란과는 아무 관련 없이 입말이 우선인 것이다. 그러다 보니 '머내'의 '머'가 '멀다'에서 온 것으로 잘못 인식되어 '험(險)' 대신 '원(遠)'으로 오역된 것으로 보인다.

'머내'라고 발음할 때는 반드시 두 입술이 붙었다 떨어져야 한다. 그때 입안에 살짝 공명이 일어난다. 우리는 늘 그렇게 발음한다. 하루에 열 번도 더 그 이름을 부른다. 그것으로 족하다. 어원이야 몰라도 된다. 그 정겨운 이름을 한번 더 불러본다. '머내'!

제3장

병자호란의 지리적 상상력

300년 전 세워진 '험천전투 위령비'를 찾을 수 있을까?

> 시독관(侍讀官) 조태억(趙泰億)이 쌍령(雙嶺)·험천(險川) 전망(戰亡)한 곳에다 사신(詞臣)을 명하여 사실을 찬술(撰述)하여 단비(短碑)에 새겨 제단(祭壇) 곁에 세워서 그 충렬(忠烈)을 표창하기를 청하니, 임금이 해조(該曹)로 하여금 품처하게 하여, 해조에서 복계하여 시행하였다.

『조선왕조실록』(이하 『실록』) 숙종 34년(1708) 7월 17일의 짧은 기사다. 번역이 썩 매끄럽다고 생각하지는 않지만, 그 뜻을 이해하기는 어렵지 않다. 병자호란이 끝난 지 70여 년 되는 시점에, 숙종이 과거 자기 증조부 인조를 구하고자 남한산성을 향해 출동했던 근왕병들이 몰살당한 쌍령과 험천이라는 곳에 작은 비석을 세우라고 지시하는 내용이다. 비석의 내용이 당시 전사한 병사들의 충렬함을 표창하는 내용이라고 하니 일종의 '위령비'라고 할 수 있겠다. 이 기사는 숙종의 지시로 위령비가 세워졌다는 얘기다.

우리는 이미 앞에서 우리 동네를 흐르는 동막천이 과거에 한자로는 '험천(險川)'이라고 쓰고 민중의 입말로 '머흐내'라고 불린 사실을 확인했다. 병자호란의 여러 전투들 가운데 험천전투의 현장이 바로 이 동막천 주변이라는 얘기다. 그렇다면 숙종의 지시에 따라 300여 년 전에 위령비가 세워진 두 곳 중 한 곳이 바로 이 동막천 주변이라는 얘기가 된다.

이런 지리적 이해와 『실록』에 등장하는 '험천전투 위령비' 기사가 우리의 지리적 상상력을 한껏 자극했다. 그래서 이 위령비를 찾겠다는 '과욕'을 부리게 된 것이다.

1. 그 위령비는 아직도 그곳에 그대로 있을까?

과연 어디일까? 그 위령비가 세워진 곳은! 남의 동네라면 감히 그곳이 어디일지 생각해 볼 엄두도 내지 못하겠지만 바로 우리 동네 어딘가에 수백 년 전 병사들의 넋을 위로하는 위령비가 세워졌다니, 그곳이 어디일지 일단 궁금증이 앞선다. 나아가 이런 생각도 든다. 혹시 그 위령비가 지금도 우리 동네의 어느 산모퉁이 또는 냇가에 쓰러진 채 묻혀 있지 않을까? 그런 성격이 비석이라면 굳이 누군가가 일부러 훼손하지는 않았을 것이고, 세월이 흘러 제사를 지내지 않게 되면서 자연스럽게 쓰러지고 파묻혀 망각의 존재가 된 것은 아닐까?

갑자기 의욕이 충천한다. 고고학자라도 된 것 같다. '트로이를 발굴한 슐리만이 뭐 대단한 존재였겠어? 그저 이런 호기심과 의욕에서 출발한 것이었겠지!' 우리 머내여지도팀은 당장이라도 위령비 탐사 또는 발굴 작업에 나설 태세였다. 동막천 주변을 샅샅이 뒤지면 언젠가는 그 비석을 발견할 수 있다고 믿는 눈치들이었다.

물론 이 같은 의욕 과잉을 부추긴 계기가 있었다. 이 동막천은 과거에는 '광주부'와 '용인현', 지금은 '성남시 분당구'와 '용인시 수지구'의 경계이기 때문에 그 주변 지역은 변경 중에서도 변경이었고, 지금도 그 사정은 다르지 않다. '변두리', '한데', '촌구석' ……. 어떤 표현을 써도 과히 틀리지 않는다. 양쪽 어느 행정관청에서도 크게 신경 쓰지 않는 지역이라는 얘기다. 그렇다면 관(官), 그것도 중앙정부가 직접 비문을 짓고 설치까지 몸소 한 이 위령비는 이 지역 유일의 관찬(官撰)·관립(官立) 금석문일 가능성이 높았다. 이 지역에 조선 시대의 다른 비석이나 행정 기록이 남아 있을 가능성은 별로 없었다. 그런 점에서 이 위령비는 우리의 의지를 불러일으키는 아주 매력적인 물건이었다.

그렇지만 우리는 잠시 호흡을 고르고 다시금 상황을 정리해 보기로 했다. 일단 우리는 그 위령비의 크기와 모양을 전혀 모른다. 그 내용이 뭐라고 쓰여 있는지 모르는 것은 두말할 필요도 없다. 게다가 전혀 고고학적 훈련을 받지 않은 우리 팀원 10여 명이 일렬로 서서 동막천 주변을 삽으로 파고 손으로 더듬으며 몇 날 며칠 발굴 작업을 하는 광경을 한번 머릿속에 그려보라. 아, 그건 될 일이 아니다. 돌아올 말은 불문가지다. "저 사람들 도대체 뭐 하는 거야?"

2. 위령제·기우제·여제…… 위령비에 앞서 제단의 기록부터 찾다

우리가 기왕에 가졌던 의욕은 살리되 그 의욕을 합리적으로 발휘할 수 있는 길을 모색했다. 갑자기 분기탱천하듯 솟아올랐던 의욕을 잠시 가라앉히고 일단 기록을 좀 더 찾고, 이를 찬찬히 살펴보는 것이었다. 이때 우리가 주목한 것은 앞서 살펴본 실록 기사 가운데 "제단(祭壇) 곁에" 위령비를 세웠다는 대목이다. 험천전투의 현장에 도대체 무슨 제단이 있었던 것일까?

이 의문은 비교적 쉽게 해결됐다. 『실록』에 이와 관련한 기사가 상당히 많았기 때문이다. 연대순으로 이를 정리해 보면 〈표 3-1〉과 같다(강조는 필자가 더한 것이다).

이 『실록』의 기록 가운데 1번과 2번 기록은 병자호란이 일어났던 인조 당대에 험천과 쌍령 전투 현장에서 우리 병사들의 시체를 수습하고 이들을 위해 제사를 지냈다는 기록이다. 이는 병자호란의 전투 현장에서 사망자들을 위해 올리는 위령제를 가리키는 것이다.

3번 기록은 이 전쟁 사망자들에 대한 제사의 의미가 확장되는 과정을 아주 명확히 보여준다. 병자호란이 끝나고 3년 뒤인 1640년 가뭄이 들었는데 그 가뭄의 원인을 "난리에 억울하게 죽은 귀신의 원기(冤氣)"가 뭉쳐서 "화기(和氣)"를 손상

표 3-1 험천 제사에 관한 『조선왕조실록』 기사

1	인조 15년 (1637) 4월 7일	예조가 사람을 모집하여 쌍령과 험천에 쌓인 시체를 거두어 묻고 관원을 보내 제사를 올리기를 청하니, 상(上, 임금)이 따랐다.
2	인조 15년 (1637) 8월 23일	근신(近臣)을 보내어 험천·쌍령에서 전사한 사람에게 사제(賜祭, 제사를 베풂)하였다.
3	인조 18년 (1640) 6월 12일	정원이 아뢰기를, "올해의 가뭄이 이처럼 극심하여 겨우 살아남은 백성들이 모두들 굶어죽을 판이니, 앞으로의 국사를 어찌 차마 말할 수 있겠습니까. …… 난리에 억울하게 죽은 귀신의 원기(冤氣)는 뭉쳐서 화기(和氣)를 손상시킵니다. 강도(江都)·쌍령·험천·안변(安邊) 등처에 특별히 근신을 보내어 제사를 지내고 위로해 주지 않을 수 없을 듯합니다. 해조로 하여금 품지(稟旨)하여 시행하게 하소서" 하니, 상이 따랐다.
4	현종 9년 (1668) 3월 19일	산천단(山川壇)과 성황단(城隍壇)에 제사를 지내라고 명하였다. 또 중신을 보내어 북교(北郊)에서 여제(厲祭: 나라에 전염병이 돌 때 지내던 제사)를 지내라고 명하였다. 또 근신을 보내어 험천·쌍령·금화·토산·강화에서 싸우다가 죽은 장사들에게 제사를 지내도록 명하였는데, 험천 등 다섯 곳은 병자년 난리 때 싸움터였던 곳이다.
5	현종 12년 (1671) 4월 19일	대사간 남용익 …… 등이, 해조를 시켜 서울과 지방에 여역(厲疫: 전염성 열병의 통칭)이 가시게 기도하는 제사를 빨리 지내게 하기를 청하니, 상이 따랐다. …… 외방의 험천·쌍령·금화·토산·강화·진주·남원·금산·달천·상주·원주·울산 같은 곳에는 향(香)과 축판(祝版)과 폐백만을 보내고 본도에서 제관(祭官)을 가려 차출하여 제사를 지내게 하였다.
6	현종 15년 (1674) 1월 21일	우상 김수흥이 아뢰기를, "장차 능에 거동하실 때에 남한산성에서 유숙해야 되겠는데, 성안에 온조왕의 사당이 있으니 제사를 지내셔야 할 것 같고, 험천과 쌍령 모두가 병자년에 전쟁한 곳이니 거가(車駕)가 지날 때에 또한 제사를 지내야 하겠습니다" 하니, 상이 이르기를 "그렇겠다. 유사에게 말하라" 하였다.
7	숙종 4년 (1678) 6월 5일	허적(許積)의 의논을 따라 쌍령과 험천의 전장(戰場)에서 기우제(祇雨祭)를 올렸다.
8	숙종 14년 (1688) 2월 26일	정언 김홍복(金洪福)은 아뢰기를, "험천의 전쟁에서 사졸(士卒)로서 죽은 자가 쌍령에 못지않고 북문의 싸움에서 날랜 장수와 강한 병졸이 태반이나 돌아오지 못했다는 것을 옛 노인들이 전하여 오므로 슬퍼하지 않는 이가 없으니, 제사를 하사하는 전례(典禮)를 마땅히 다름이 없게 하소서" 하니, 임금이 모두 그대로 따랐다.
9	숙종 23년 (1697) 4월 18일	정언 원성유(元聖兪)가 쌍령과 험천의 병자년에 전사한 곳에다 제사를 지내도록 청하고, 동지사(同知事) 민진장(閔鎭長)이 또 지난해 굶주려 죽은 백성들에게 제사를 지내도록 청하니, 모두 윤허하였다.

10	영조 8년 (1732) 6월 21일	예조에 명하여 쌍령과 험천의 전투에서 사망한 사람에게 단(壇)을 설치하고 사제(賜祭)하여 남모르는 억울함을 위로하게 하였다.
11	정조 3년 (1779) 8월 9일	온조왕묘(溫祚王廟)와 현절사(顯節祠)와 영창대군·명혜공주·명선공주·숙정공주·숙경공주·명안공주·충헌공 김창집의 묘(墓)와 완풍부원군 이서·문충공 민진원의 사당과 험천·북문·쌍령 전망(戰亡)한 곳과 왕십리(王十里)에서 신해년에 굶어 죽는 사람에게 치제(致祭)하였다.

시키는 데 있는 것으로 진단하면서 이들 귀신을 위로하는 제사를 지내도록 했다. 전쟁 사망자들에 대한 제사가 기우제와 습합(習合)되는 과정이라고 할 수 있다.

그런가 하면 4번과 5번의 기록은 나라에 전염병이 돌자 이때에도 병자호란 사망자를 위로하는 제사를 지내게 했다는 내용이다. 아마도 그 논리는 기우제와 마찬가지로, '난리에 억울하게 죽은 귀신의 원기'가 뭉쳐서 '화기'를 손상시킨다는 데 있었을 것이다.

6번 기록은 마침 임금의 수레가 험천과 쌍령을 지나게 되니 그때에 전쟁 사망자들을 위해 제사를 지내자는 이야기이고, 7번 기록에서도 기우제가 다시 나타난다.

그러더니 그다음 8번부터 11번까지 숙종~영조 대의 기록은 기우제 등을 목적으로 한 제사가 아니라 전쟁 사망자들을 위령하는 것 자체가 목적인 제사를 지냈다는 이야기로 이해된다. 이들에 대한 제사가 호국영령을 위한 제사로 자리잡아 가는 과정을 보여준다고 할 수 있겠다.

나름대로 의미 있는 제사의 진화라고 생각한다. 이렇게 정리하고 보니 재미도 있다. 여기서 다시 한번 확인할 수 있는 사실은 전쟁 사망자들을 위한 제사는 꼭 그들이 죽은 전투 현장에 제단을 쌓고 그곳에서 이뤄졌다는 점이다. 험천도 그때마다 빠지지 않는 가장 중요한 제사 현장 가운데 하나였음을 우리는 『실록』의 여러 기록에서 확인한 셈이다.

3. '험천산'은 도대체 어디인가?

우리가 애당초 가졌던 관심사를 잊지 말아야 한다. 우리는 험천전투의 현장인 동시에 사후 그 전투에서 숨진 사람들을 위령하는 제사의 장소가 된 곳을 찾는 중이다. 바로 그 제사의 장소 곁에 섰던 위령비가 우리의 최종 목표물이기 때문이다.

앞서 우리는 병자호란 이후, 당시 사망자들에 대한 각종 제사가 여러 가지 명분 아래 갖가지 방식으로 이뤄졌음을 확인했다. 그러나 유감스럽게도 그 제사 현장이 어디인지는 확인하지 못했다. 우리의 관심은 어디까지나 '장소'다.

그래서 두 번째로 우리 머내여지도팀이 시도한 작업은 각종 역사 기록 가운데 험천전투 현장 또는 제사 현장을 조금 더 구체적으로 적시한 것은 없는지 확인하는 것이었다. 여기서 꽤 의미 있는 소득이 있었다. 역시 이 기록들을 연대순으로 정리하면 다음과 같다(여기서도 강조는 필자가 더한 것이다).

〈표 3-2〉를 놓고 보니 한눈에 보이는 것이 있다. 본래 '험천'은 냇물 이름이지만, 병자호란 당시 충청 감사 정세규의 군대가 진을 쳤던 '험천'이라는 곳은 냇물 근처라기보다는 산지 지형이었던 것으로 보인다. 〈표 3-2〉에 보이는 "험천산"(『승정원일기』) 또는 "험(허)천의 구릉"(『병자록』)이라는 표현이 그것을 시사한다. 아마도 같은 지역을 가리키는 말이었을 것 같은데 『만기요람(萬機要覽)』에는 "험천현(險川峴)"이라는 표현도 보인다. 그 밖에도 앞서 소개한 기록들 가운데 『실록』 역시 정세규가 "산의 형세를 이용해서 진을 쳤다"라고 했으며, 『연려실기술(燃藜室記述)』도 전투 현장이 상당한 산지 지형이었음을 보여준다.

여기 인용하지는 않았지만 『병자록(丙子錄)』의 다른 판본은 12월 28일 조에 "충청 감사 정세규가 충청도 병사를 이끌고 와서 광주 험천산성에 진을 쳤다"라고 기술했다. 지금까지 험천, 즉 머내 주변에서 '산성'이 발견된 적은 없으니, 험천 주변의 산지에 진을 쳤다는 뜻으로 이해해야 할 것 같다.

이 모든 기술은 험천전투가 물가가 아니라 산지에서 벌어졌음을 강력히 시사

표 3-2 험천전투 현장에 관한 『조선왕조실록』 등의 기사

	출전	내용
1	『조선왕조실록』 인조 14년(1636) 12월 27일	공청 감사(公淸監司) 정세규(鄭世規)가 병사를 거느리고 험천에 도착한 뒤 산의 형세를 이용해서 진을 쳤다가 적의 습격을 받아 전군이 패몰했는데 …….
2	『승정원일기』 인조 14년(1636) 12월 27일	험천산(險川山) 위는 여기와의 거리가 30리쯤 되는데 또 군병이 있습니다. 비록 우리 군사인지 적병인지는 모르겠지만 어젯밤에 횃불을 올린 것이 매우 성대하였습니다. 지금 보건대, 어제 진을 친 곳에 연기와 불꽃이 하늘에 가득 찼으니, 접전이 있었으리라 생각하고서 깊이 의심을 하고 있었는데, 오늘 늦게 적이 이북현(利北峴) 대로에 계속해서 와서 지금까지 끊이지 않으니, 숫자를 헤아려 보건대 필시 1000여 명을 밑돌지 않을 것입니다. 저 적들이 우리나라 사람을 사로잡아 모두 체두(剃頭)를 하였다고 하는데 …….
3	『병자록』 인조 18년(1640) 6월 12일	군사는 험허천(險許川)의 구릉에서 송수(松樹)를 방패로 하여 진을 쳤사와 적영과는 퍽 거리가 있습니다. 적의 진지에 비교하오면 아군에게는 천험(天險)의 리(利)가 없습니다. 그것이 심통한 바이온데, 밤새도록 연염이 하늘을 덮고, 양군이 서로 어울려서 접전하는 중이라고 생각합니다.
4	『연려실기술』 인조조 고사본말	충청 감사 정세규(鄭世規)는 병사 이의배(李義培)가 아무 일도 할 수 없음을 알고, 날랜 군사를 뽑아서 몸을 떨쳐 홀로 나가 곧장 헌릉(獻陵)에 이르려 하였으나, 적병에게 막혀 험천에서 진을 쳤다. 적이 높은 산봉우리에서부터 내리 공격하므로 한참 동안 싸우다가 전군이 패배하여 …… 세규는 바위 아래에 떨어졌는데, …… 한 군졸이 몰래 세규를 업고 도주하여 탈출하였다.

한다. 그러면 문제는 험천 인근에서 '험천산' 또는 '험천현'이 어디냐는 것이다. 옛 지도들 가운데 '험천산' 또는 '험천현'을 표기해 넣은 것을 찾으면 될 일이다. 과연 그런 지도가 있을까? 그 과제를 잠시 미루고 험천 주변의 자연적·역사적 지리를 먼저 살펴보기로 하자.

4. 머내의 자연지리: 자루에 담긴 지역

여기서 우리가 살펴볼 것은 아주 원칙적이고 간단한 두 가지 사실이다.

첫째는 험천(지금의 동막천) 주변의 자연지리적 형상이다. 즉, 동막천은 '백운

그림 3-1 머내, 자루 형상으로 강줄기를 품에 안은 지역

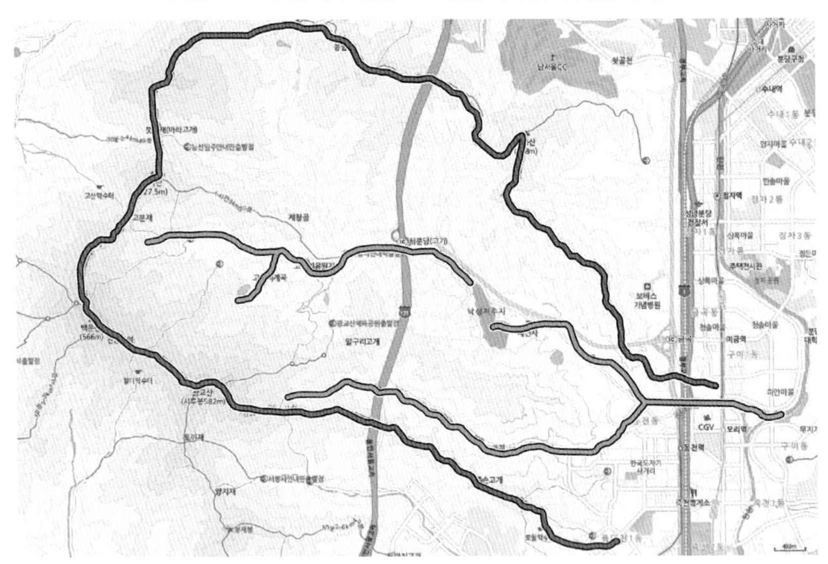

파란색으로 표시된 동막천의 두 물줄기(동막천 본류와 손곡천)를 감싸 안고 있는 광교산, 백운산, 바라산, 태봉산 등의 산줄기(붉은색) 안쪽이 우리 머내여지도팀이 조사 대상으로 삼은 지역이다. '동쪽으로 열린 자루의 형상'이라고 할 수 있겠다.

산(566m), 바라산(428m), 태봉산(318m) 등에서 발원한 여러 지천이 합류하는 동막천 본류'와 '광교산(582m)에서 발원한 손곡천', 그리고 두 냇물이 합류한 냇물 등을 두루 가리키는 말이다. 한강 남쪽에서는 꽤 높은 편인 여러 산들이 이루는 상당히 넓은 집수구역(集水區域)을 동막천이 품는다고 말할 수도 있다. 이 집수구역이 우리 옛 지도들이 보여주는 분수계에 의해 형성되는 냇물의 유역(流域)이라는 점은 이미 앞에서 설명한 바 있다. 바로 이 동막천(즉, 험천 또는 머내) 유역이 바로 우리 머내여지도팀이 스스로 설정한 조사 대상이기도 하다!

이렇게 동막천과 그 유역은 우리가 아는 바와 같이, 옛 동래대로(일명 영남대로)를 계승한 지금의 대왕판교로(23번 국도)와 경부고속도로의 서쪽에 위치해 있으면서 북쪽으로는 판교, 남쪽으로는 수원의 사이에 끼어 있는 형국이다. 여기서 동막천은 서쪽이 높은 산들로 막히다 보니 자연스럽게 동쪽으로 흘러 탄천에 합류하

는데, 동막천의 두 지류가 만나는 곳은 대왕판교로와 경부고속도로에서 멀지 않은 서쪽 지점이고, 그렇게 세를 불린 동막천이 탄천과 만나는 곳 또한 대왕판교로와 경부고속도로 인근의 동쪽 지점(구미교 위치)이다. 이런 지리적 형상은 동막천과 탄천변의 산책로를 한번이라도 걸어본 적이 있는 머내 주민이라면 모르려야 모를 수 없는 내용이다. 비유하자면 머내 지역은 동쪽으로 흐르는 동막천이 대왕판교로 및 경부고속도로와 만나는 지점을 주둥이로 하고 광교산과 백운산 지역까지 서쪽으로 길게 늘어져 있는 자루 또는 풍선의 형상이라고 할 수 있겠다.

이렇게 정리해 보면 분명해지는 것이 있다. "산은 물을 넘지 못한다"라는 말을 참고하자. 상당히 높은 고도의 광교산과 백운산 등에서 발원해 동쪽으로 흘러가는 동막천의 남과 북 양쪽으로는, 그 광교산과 백운산 등에서 흘러내린 작은 산줄기들(즉, 분수계!)이 따라붙어 있을 수밖에 없다. 이 동막천이 조선 시대부터 광주부와 용인현의 경계 노릇을 한 까닭에 한 장의 지도에는 표시되지 않았지만, 광주부와 용인현 각각의 옛 지도에서 경계 지역을 잘 살펴보면 험천의 남과 북에 작은 산줄기가 표기되어 있다. 험천 북쪽의 산줄기는 광주부 지도에, 험천 남쪽의 산줄기는 용인현 지도에! 그 지도들은 잠시 뒤에 살펴본다.

5. 머내의 역사지리: '머내 자루'의 주둥이를 꿰매다 보물을 찾다!

우리가 착안한 두 번째 사실은 병자호란 당시 충청도 근왕병들이 인조를 구하기 위해 남한산성으로 가던 경로가 과연 어디였느냐는 점이다. 앞의 착안점이 자연지리의 문제인 데 반해, 이것은 역사지리의 문제다. 당시 공주 등지에서 출발한 충청도 근왕병들은 헌릉(태종의 묘소)을 거쳐 남한산성으로 가려면(앞의 『연려실기술』 기록 참조!), 일단 용인현과 험천·판교 등을 거치지 않을 도리가 없다. 동래대로를 거슬러 한양 쪽으로 가는 길이다. 그렇게 북상하다 신원에서 동쪽으로 방향을 바꿔 헌릉을 향해야 하는데, 그곳에 이르기 전 험천 주변에서 청나라 군사의 저지를 받아 근처 산지에 진을 치고 전투를 벌였다는 것이 앞서 살펴본 역사 기록들의 내용이다.

그렇다면 충청도 근왕병들은 당시 머내 지역을 감싸 안은 자루의 주둥이에 해당하는 지점 어딘가에 도착했을 것이다. 처음에는 그 주둥이를 남쪽에서 북쪽으로 꿰듯이 기세가 높았을지도 모른다. 이 충청도 군사들이 진을 친 곳은 그 자루 주둥이의 북쪽 산줄기 쪽이었을까, 아니면 남쪽 산줄기 쪽이었을까? 옛 지도를 기본 자료로 하고, 실제 지형을 거기에 맞춰보면서 추론을 시도해 보았다.

험천(머내)이 표시된 조선 시대 지도들을 살피다 보면, 용인현 지도에 광교산(서봉산)에서 뻗어 나와 험천의 남쪽을 받쳐주듯 하는 산줄기가 확인된다. 지금 동천동과 신봉동의 경계를 이루며 광교산에서부터 수지고등학교와 풍덕초등학교 위치까지 뻗어 내려오는 줄기다. 동천동 사람들에게는 '래미안아파트의 이스트팰리스 단지 뒷산'이라고 말하면 더 알아듣기 쉬울 수도 있겠다. 이 산줄기는 수지체육공원에 이르러 완전히 평지가 된다. 이 산줄기가 '험천현'일까? 유감스럽게도, 옛 지도들은 이 산줄기에 아무런 이름을 달아놓지 않았다. 그리고 이 산줄기는 실제 험천(동막천)과는 꽤 멀리 떨어진 지점에서 평지화되기에 험천과 직접적인 관계를 맺고 있다고 보기는 어렵다.

그다음으로 험천을 북쪽에서 덮듯이 싸고 있는 또 하나의 산줄기는 광주부의 옛 지도에서 찾아보았다. 옛사람들도 참으로 박했다. 해당 지역의 경계를 벗어나서는 한 치도 표시를 하지 않았기 때문에 머내 지역과 같은 변경(혹은 접경) 지역은 지역 자체가 행정적으로 소외된 곳이었을 뿐만 아니라 지도상으로도 지리적 맥락을 추론하기가 여간 어려운 게 아니었다. 광주부의 지도들도 그런 점에서 마찬가지였다.

그렇지만 우리 머내여지도팀은 이 광주부의 옛 지도를 검색하던 중에 뜻밖의 '보물'을 찾을 수 있었다. 1872년에 제작되어 서울대학교 규장각에 소장 중인 『광주전도(廣州全圖)』가 그것이다.

이 지도 역시 인심이 상당히 박해서 그 서남쪽 하단의 용인 경계 밖은 전혀 표

그림 3-2 19세기의 용인현 지도

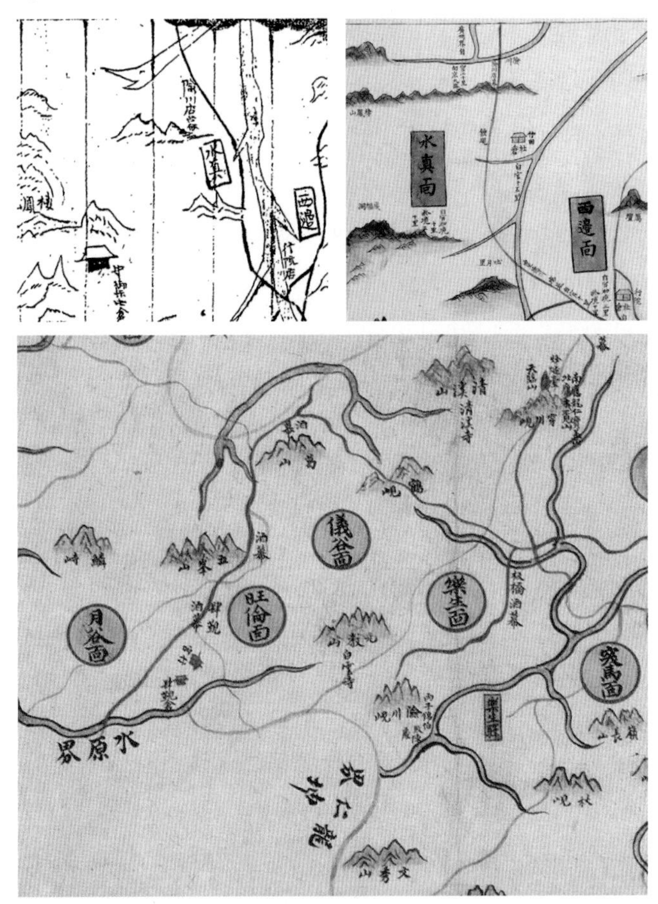

위의 두 지도는 앞에서 소개한 19세기 용인현 지도의 일부다. 모두 '수진(면)'이라는 표시가 보이고, 왼쪽에 공통적으로 표시된 '서봉산'은 광교산의 다른 이름이다. 두 지도 모두 '험천점막'과 그 위쪽으로 '험천'을 그려 넣었다. 그리고 가장 중요한 것은 서봉산에서부터 험천점막 앞의 동래대로에 이르기까지 작은 산줄기를 표시한 점이다. 이것이 말하자면 머내를 감싸고 있는 자루의 주둥이 가운데 남쪽 줄기인 셈이다. 이 산줄기에는 아무런 이름이 붙어 있지 않다. 아래쪽의 지도는 『광주전도』(1872년, 서울대학교 규장각 소장)의 일부다. 이 지도는 놀랍게도 아래쪽의 '용인계(龍仁界: 용인과의 경계)' 바로 북동쪽에 '험천현'을 표시했다. 험천으로 추정되는 물길의 바로 북쪽 위치다. 머내를 감싸는 자루 주둥이 가운데 북쪽 산줄기에 해당한다. 험천현이 표시된 보기 드문 지도다.

기하지 않았지만, 그 경계 바로 안쪽으로 '낙생면'·'낙생역'·'판교주막' 등 낯익은 이름들과 함께 험천이라고 볼 수밖에 없는, 용인 지역에서부터 흘러들어 오는 물길을 그려 넣었다. 아, 그리고 그 험천 물길 바로 위(북쪽)에 그토록 찾던 '험천현(險川峴)'이라는 표기와 함께 산의 모습이 그려져 있었다. 그뿐인가? 그 표기의 오른쪽에 작은 글씨로 "丙子錦伯敗陣處(병자금백패진처)"라고 쓰여 있다. QED(증명 끝)! "병자년에 충청도 감사가 진을 쳤다가 패한 장소"라는데 무엇을 더 따져 보겠는가?

여기서 병자년이 병자호란이 일어난 1636년이라는 점은 의심할 여지가 없고, '금백(錦伯)'이란 금강(錦江)을 충청도의 상징으로 보아 '충청도 감사(또는 관찰사)'의 별칭으로 조선 시대에 왕왕 사용되던 표현이다. 이 지도는 인심이 박한 것이 아니라 대단히 친절한 지도였던 것이다.

이렇게 큰 틀에서는 험천전투의 현장을 찾았다고 해도, 그 '험천현'의 지형을 지금의 지리 체계와 맞춰보는 과정은 필요했다. 먼저 조선 시대의 산맥 체계로 볼 때 한남정맥의 광교산에서 뻗어 나온 지맥이 청계산과 관악산 방향으로 달리는데, 비록 『산경표(山經表)』상에는 등장하지 않지만, 이는 다시 새끼 쳐서 뻗어나온 태봉산의 작은 줄기였다. 그 태봉산 줄기가 험천(동막천)의 북쪽에 버티고 서서 완만한 능선을 이루며 험천이 탄천에 합류하기까지 동행하는 모양새를 이룬다.

그게 조선 시대의 산과 냇물의 모습이었다. 그런 와중에 태봉산 산줄기가 완만해지는 곳으로 동래대로가 넘어가기도 했다. 그 산줄기는 지금의 행정 지명으로 따지면 대왕판교로와 경부고속도로를 서쪽에서 동쪽으로 가로질러 성남시 분당구 구미동의 구미도서관이 자리 잡은 '머내공원'에서 끝난다. 정확하게 표현하자면, 산줄기가 고속도로 등을 가로지른 것이 아니라 고속도로 등의 대형 토목공사가 이 산줄기를 잘라먹은 것이다. 그 구체적인 증거는 대왕판교로를 따라 남진하다가 동원터널을 막 지난 지점에서 볼 수 있는 대형 절개지 풍경이다. 콘크리트로 마감해 두었지만 꽤 큰 산줄기를 끊어내고 도로를 냈음을 어렵지 않게 알아볼 수 있다.

6. 진재산, 용바위 그리고 기우제

아무튼 이렇게 해서, 멀리 돌아오기는 했지만, 우리는 험천전투 현장이 험천을 끼고 있는 두 산지 지형 가운데 남쪽의 용인이 아니라 북쪽의 옛 광주(지금의 성남시 분당구)였음을 기록으로 확인할 수 있었다.

지금의 지형과 도로 체계를 전제로 다시 설명하자면, 서울에서 경부고속도로를 타고 내려오다가 판교 톨게이트에서 대왕판교로로 접어든 뒤 4km쯤 더 내려오면 오른편(서쪽)에서 만나게 되는 보바스병원과 더 헤리티지빌라가 바로 그곳이다. 행정 지명으로는 성남시 분당구 금곡동(金谷洞)이고, 우리말로는 '쇠골'이다. 보바스병원 등이 위치한 산줄기 너머로는 정확하게 이우학교가 자리 잡고 있다.

이곳의 지명이 왜 '쇠골'이 되었는지 확인할 수 있는 길은 없다. 그런데 놀랍게도 이 지역의 지도를 인터넷으로 찾아보면 일부러 검색할 필요도 없이 보바스병원 남쪽으로 '진재골'이라는 지명이 쓰여 있다. 그냥 보인다. 그것은 '陣在골'이었다. '군사의 진영이 있던 골짜기'라는 뜻이다. 그런가 하면 그 뒷산인 태봉산부터 이어지는 작은 산줄기 가운데 한 봉우리는 '진재산(陣在山)'이라는 이름이 붙어 있다. '군사의 진영이 있던 산'이라!

일이 급속히 진행될 것 같은 느낌이 뇌수를 강력하게 찔러 온다. 얼른 이 지역의 '향토지'를 찾아봤다. 성남문화원이 2009년에 펴낸 『낙생마을지』가 결정적인 도움을 주었다.

- 진재산(陣在山): 새터말의 주산(主山)으로 금곡동 산10-1번지와 동원동 산19-1번지, 산29번지 경계 지점에 있는데 전란 때에 진을 치고 망을 보던 산이라고 한다. 병자호란 때에 충청 감사 정세규가 근왕병을 이끌고 와서 산세 지형에 따라 진을 쳤다가 청병(清兵)에게 몰살을 당해 대패했는데 그때에 진을 쳤던 산이라고 전해온다.

- 용바위(龍岩): 진재산 정상 부근 금곡동 산10-1번지와 산22-1번지 경계 사이에 있는 바위인데 용처럼 생겨서 효험이 있다고 믿어 마을 사람들이 기우제와 마을의 평안을 비는 제사를 지내던 곳이다.

역시 '진재산'은 그런 것이었다. 충청 감사 정세규의 군대가 몰사한 곳! 게다가 바로 그 진재산 정상 부근에 기우제를 지내던 '용바위'라는 곳이 있다는 사실을 확인한 것은 큰 소득이었다.

앞서 살펴본 17~18세기의 『실록』 등 공식 기록에는 병자호란 험천전투 현장에서 정부가 기우제 등의 제사를 지낸 것으로 되어 있었지만, 20~21세기의 구술 기록에는 마을 사람들이 그저 마을의 평안을 빌며 제사를 지낸 것으로 나타난 것이다. 그 정도의 차이는 중요하다고 생각하지 않았다. 시간이 흐르면서 정부가 제사를 소홀히 하게 되자 민간에서 이어받아 제사를 지냈다고 생각하면 되지 않을까?

한번 시작된 자료 발굴은 그칠 줄을 몰랐다. 내친 김에 옛 지도 가운데 이 위치의 기우제단을 표기한 18세기 지도까지 확인할 수 있었다. 바로 『해동지도』(18세기 중반) 중 '광주부' 지도였다. 앞서 살펴본 『광주전도』와 거의 유사한 구도였다. 낙생과 판교 근처에서 험천으로 내려오는 도로(동래대로)와 탄천이 나란히 동행하는 가운데 용인 경계에 이르러 이 도로를 가로막는 산이 하나 나타난다. 『광주전도』에서 '험천현'이라고 표기된 바로 그 산이다. 『해동지도』에는 산 이름이 적시되어 있지 않다. 그러나 대신 이 산에 조금 못 미쳐 『광주전도』에는 없던 '기우제단'이라는 정보가 표기되어 있다. 대략 지금의 금곡동 위치다.

우리는 이 '기우제단'이 위에 언급된 '용바위'일 가능성이 대단히 높다고 생각한다. 이는 『실록』 등의 문자 기록과 『광주전도』와 『해동지도』의 지도 기록, 그리고 『낙생마을지』의 구전 기록이 모두 그 가능성을 시사하고 있기 때문이다.

여기에 한 가지 구전 기록이 덧붙을 수 있다. 머내 지역 원로들의 구술이 바로 그것이다. 한 원주민의 기억에 따르면, 성남시 분당구 금곡동 보바스병원이 자

그림 3-3 『해동지도』의 광주부 부분도

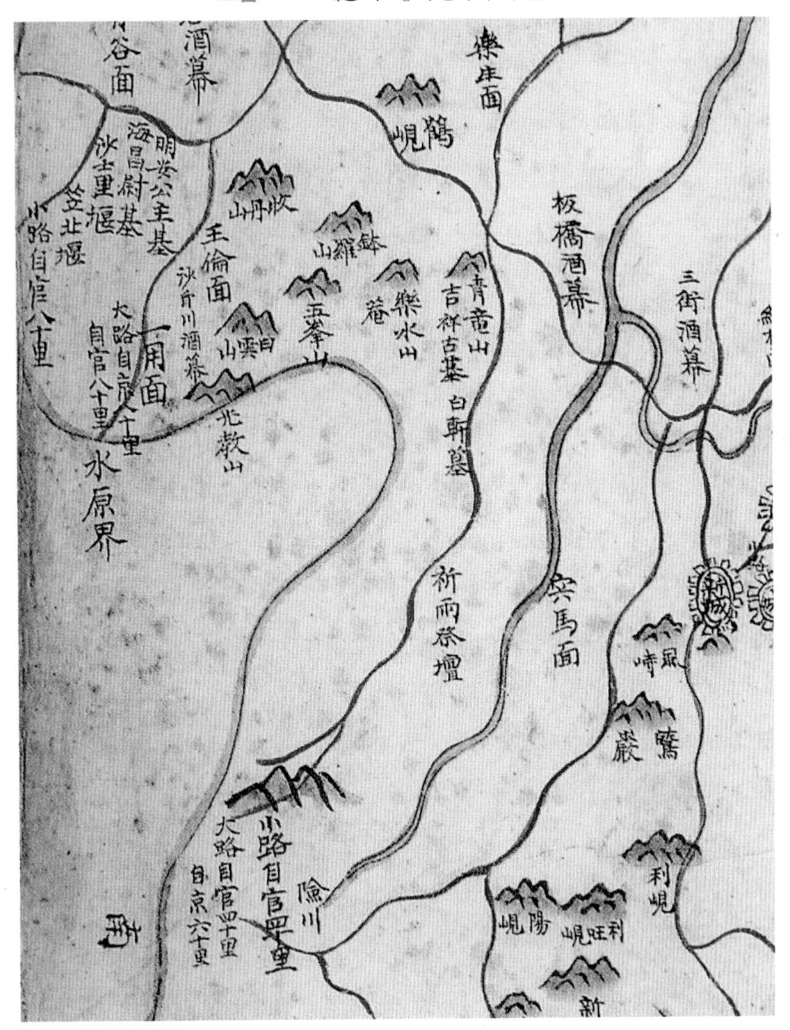

'낙생면'에서 '험천'으로 향하는 도로 옆으로 '기우제단'이 표기되어 있다.

리한 산등성이의 반대쪽, 즉 성남시 분당구 동원동의 동막천(험천) 근처에서 병자호란 당시 많은 군사가 몰사했다는 이야기가 오래전부터 구전되고 있다는 것이다. 병자호란 이야기가 전하는 동막천 인근 지역은 특별히 '오룡뜰'이라는 이름이 붙어 있다. 진재산의 양쪽 등성이에 동일한 이야기가 전승되는 것이다. 그 양쪽 지명에 모두 '용(龍)' 자가 들어간 것은 우연이 아닌 것 같다.

7. 용바위를 찾아서

이제 우리의 병자호란 현장 탐사도 막바지를 향해서 가고 있다. 이렇게 각종 기록을 찾아보았으면 그다음은? 당연히 현장을 찾을 순서다. 그것은 한때 기우제의 제단이 있었고 그 근처에 험천전투 위령비도 섰었다는, 바로 그 용바위를 찾는 일이었다.

이렇게 자료 준비를 충실하게 해놓으니 현장 확인은 의외로 간단했다. 우리는 대왕판교로 큰 길에서 보바스병원 또는 헤리티지빌라를 거쳐 산으로 오르는 길을 선택하지 않고, 동천동 쪽에서 진재산 쪽으로 올라가 능선을 걷다가 금곡동 쪽으로 넘어가는 길을 택했다. 머내 지역의 주민들에게는 오히려 이 길이 훨씬 익숙하다고 보았기 때문이다. 또 동막천의 분수계 역할을 하는 능선을 확인한다는 의미도 있었다.

우선 이우학교로 갔다. 이우학교 건물들을 오른쪽에 두고 등산로로 오른다. 이 학교 아이들이 간혹 체육 시간에 '크로스컨트리'라는 이름으로 태봉산 정상까지 오가는 길이다. 10분만 걸으면 능선의 등산로에 이른다. 그곳이 대개 진재산 정상(해발 228m)이다. 그다음은 아주 편안한 산책로 수준이다. 그렇게 다시 10분만 걸으면 약간 움푹 들어간 곳에 '헤리티지 삼거리'라는 팻말이 나온다. 아마도 공식 지명은 아니고, 그 아래 '헤리티지빌라'에서 그렇게 이름을 붙인 것 같다. 그 위와 아래로 성남시에서 공식적으로 덧붙인 '성남 누비길: 5구간 태봉산길'이라는 팻말이 있다.

바로 여기가 용바위로 내려가는 갈림길이다. 이 삼거리에서 능선을 버리고 반대편 금곡동 쪽으로 넘어간다. 다시 산비탈에 난 오솔길로 10분쯤 걸었을까? 길

그림 3-3 태봉산 능선의 팻말

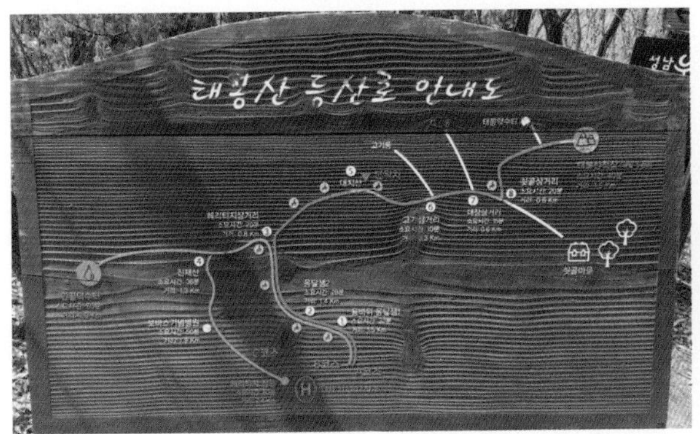

태봉산 능선의 등산로에서 만날 수 있는 팻말이다. 이 가운데 오른쪽 '헤리티지 삼거리'라는 팻말이 있는 장소가 바로 금곡동의 용바위로 내려가는 갈림길이다. 왼쪽의 큰 안내도는 그 지점에서 능선을 타고 800m쯤 더 가야 하는 대지산(일명 안산, 해발 231m) 정상에 있다. 안내도에 따르면, '헤리티지 삼거리'에서 700m만 내려가면 '용바위 옹달샘'이 나온다고 적시되어 있다.

가에 '용바위 옹달샘'이라는 팻말이 보인다. 옹달샘은 마른 지 이미 오래된 것 같다. 물 기운이 전혀 느껴지지 않는다. 그리고 그 바로 뒤로 크고 두터운 바위를 몇 장 겹쳐놓은 듯한 광경이 눈에 들어온다. 이게 바로 용바위다. 이 옹달샘에서 물을 떠서 정성스럽게 바위에 바치고 비가 오기를 빌었으리라. 또 험천전투의 전사자들을 위로하는 제사를 드렸으리라.

이렇게 우리는 '험천전투의 현장'이자 '험천전투 전사자들을 위로하는 제사와 기우제를 올렸던 현장', 그리고 '험천전투 위령비가 섰던 현장'을 확인했다. 이 현장을 찾기까지 상당히 긴 여정을 거쳐 왔지만, 실제 현장 답사는 30분밖에 걸리지 않았다. 충실한 자료 조사에 따른 가뿐한 산책 수준이었다. 우리의 지리적 상상력이 최고도로 발휘되었던 것이다.

이곳은 헤리티지빌라 아래쪽 대왕판교로에서부터도 20여 분만 걸어 올라오면 도착하는 위치다. 조선 시대에 인조 이후 여러 임금들이 파견한 신하들이 이곳에 와서 제사를 지낼 때는 동래대로를 따라 오다가 판교를 지나고 험천점막 조금 못 미쳐 쇳골의 지금 헤리티지빌라 위치에서 올라왔을 것이다. 위령비도

그림 3-4 용바위와 용바위 옹달샘

이제는 여기서 한때 험천전투의 전사자들을 위로하는 제사를 올린 흔적을 찾을 길이 없다.

이 길로 타고 올라와 세웠을 것이다.

그렇다. 그러면 당초 우리의 목표물이던 그 위령비는 과연 어디에 있을까? 당연히 용바위 부근에서 그 비석은 모습을 보이지 않았다. 이미 조선 시대의 어느 시점에, 나라를 위해 자기 목숨을 바친 험천전투 전사자들과 마찬가지로 용바위 부근의 땅 밑에 자신을 누이고 모습을 숨겼을 것이다.

그 비석은 언젠가 이 근처를 지나는 등산객의 발부리에 우연히 걸려 다시 세상에 그 모습을 드러낼 수도 있고, 어쩌면 영원히 우리의 눈에 띄지 않을지도 모른다. 이 위령비의 재발견 여부와 관계없이, 한 가지 분명한 사실이 있다. 그것은 '험천'이라는 작은 지역의 역사를 모르면 그보다 훨씬 큰 나라 전체의 역사도 알 수 없다는 것이다. 그것은 이렇게 얘기할 수도 있다. '험천'이라는 작은 지역을 사랑할 줄 모르면 그보다 훨씬 큰 나라 전체도 사랑할 수 없다는 것이다. 그것이 우리의 무모한 '험천전투 위령비' 탐사 작업이 남긴 값진 교훈이다.

제4장

동천동과 고기동의 인구 이야기

삶은 쉼 없이 이어지고 있다

과거 수지읍에 속한 '리' 지역이던 동천동과 고기동은 하나의 행정동으로 묶여 있어 그 시기에는 공식적으로 시기별·동별 통계 데이터가 제공되지 않았다. 아쉬운 대로 용인시청으로부터 남아 있는 자료(〈그림 4-1〉)를 받기는 했지만 그것도 보는 바와 같이 중간중간 흐름이 끊겨 있었다.

하지만 숫자가 비어 있는 해에도 이곳 머내에는 사람들이 살고 있었다. 그 삶의 기억들을 함께 돌아보고 변화의 흔적들을 찾아가다 보면 빈 숫자들은 그리 중요하지 않았다. 삶은 쉼 없이 이어지고 있으므로.

그림 4-1 동천동과 고기동의 가구수, 인구수

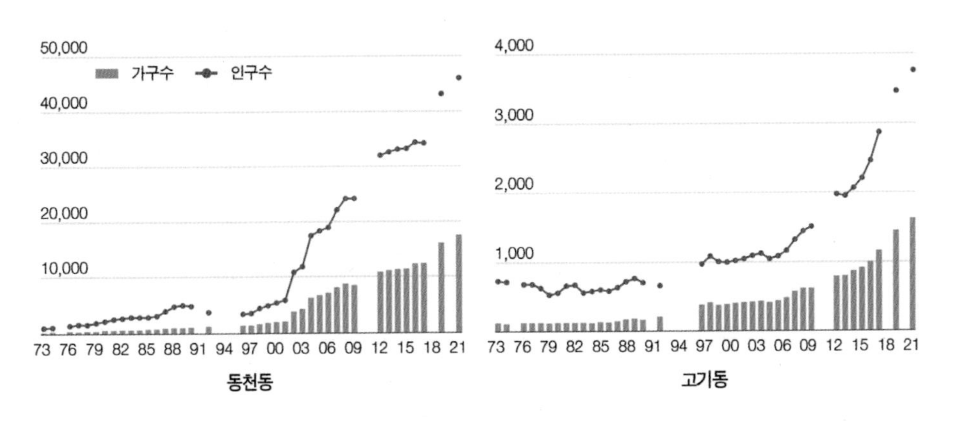

1. 동천동의 인구 변화

1) 1970~1980년대: 경부고속도로 개통 이후 공장지대로 변화

1968년 12월 경부고속도로 첫 구간(서울-수원)이 개통되고 교통이 편리해지면서 머내 일대는 여러 공장들이 밀집한 산업지역으로 변모하기 시작했다. 1973년 해외섬유(SK 자회사)가 지금의 동천동 동문5차 아파트 자리에 공장을 지어 들어온 것이 그 시작이었다.

용인 수지의 동천동은 1970년대 초반까지만 해도 200여 가구의 주민들이 드문드문 모여 살던 작은 농촌 마을이었다. 서울과 수원 사이를 오가는 버스의 정류장이 광주(현 성남)와의 경계(주막거리)에 있었을 뿐, 1994년 수지중학교와 수지고등학교가 설립될 때까지 관내에 공립 중·고교도 존재하지 않았다. 초등학교로는 2001년 개교한 동천초등학교가 처음이었다.

그런데 공장들이 들어오며 작은 마을의 인구가 급격히 늘기 시작했다. 1977년부터 1980년까지 3년 동안은 가구수가 289가구에서 556가구로 92.4% 증가했다. 산업화와 더불어 전입 가구가 많이 늘었으리라 생각된다. 산업 인구의 유입으로 동천동 최초의 식당인 '이리식당'도 이때 개업했다.

인구수를 가구수로 나눈 단순 가구별 가족원 수는 많은 것을 시사한다. 농경사회에서는 많은 가족원이 필수였지만 1977년을 정점으로 그 수가 줄어갔다.

산업화가 가속화된 1989년 일시적으로 5.3명으로 늘어났는데, 이것은 통계 처리상의 문제일 수 있다. 이때는, 지금은 자취를 감춘 오디오 카세트테이프의 대표 업체였던 선경매그네틱뿐 아니라 섬유·염색 등의 꽤 큰 공장들이 머내 초입에 위치해 있었다. 공장에 취업해 이곳으로 온 젊은 노동자들이 기숙사 또는 회사 인근에서 하숙 생활을 하면서 '6인 이상 비친족 집단가구'를 이루어 생활하던 시기였다. 이는 여러 칸의 방을 만들어 주변 공장 직원들에게 하숙으로 내주었다는 동네 어른들의 회고와 기숙사 등의 시설을 지었다는 옛 신문기사를 통해 확인할 수 있다.

표 4-1 동천동의 연도별 가구수, 인구수 및 가구별 가족원 수

연도	동천동		
	가구수	인구수	가구별 가족원 수
1974	233	1,134	4.9
1977	289	1,631	**5.6**
1980	556	2,278	4.1
1983	614	2,924	4.8
1986	686	3,103	4.5
1989	957	**5,044**	**5.3**
1992	1,219	**3,754**	3.1
1996	1,324	3,515	2.7
1999	**1,697**	4,878	2.9
2002	**3,758**	10,870	2.9
2005	6,617	18,175	2.7
2008	8,615	23,883	2.8
2012	10,787	31,629	2.9
2014	11,211	32,674	2.9
2017	12,323	33,700	2.7
2019	15,887	42,518	2.7
2021	17,288	45,830	2.7

산업화로 급격한 변화를 겪은 동천동은 수도권의 확장으로 곧 또 다른 변화를 맞는다.

2) 2000년대: 수도권 확장에 따라 주거지역으로 변모

1990년대에 들어서면서 분당이 아파트 밀집 지역으로 개발되고 그 범위가 수지로 넓혀지는 가운데 동천동도 그 변화의 흐름에서 결코 벗어날 수 없었다.

1998년 동천동의 첫 아파트 동문그린(227세대)과 진로(271세대)의 입주를 시작으로 공장들은 하나둘 떠내를 떠나고 농지도 자취를 감추며 아파트가 스카이라인을 이루는 밀집 주거지역으로 변모했다.

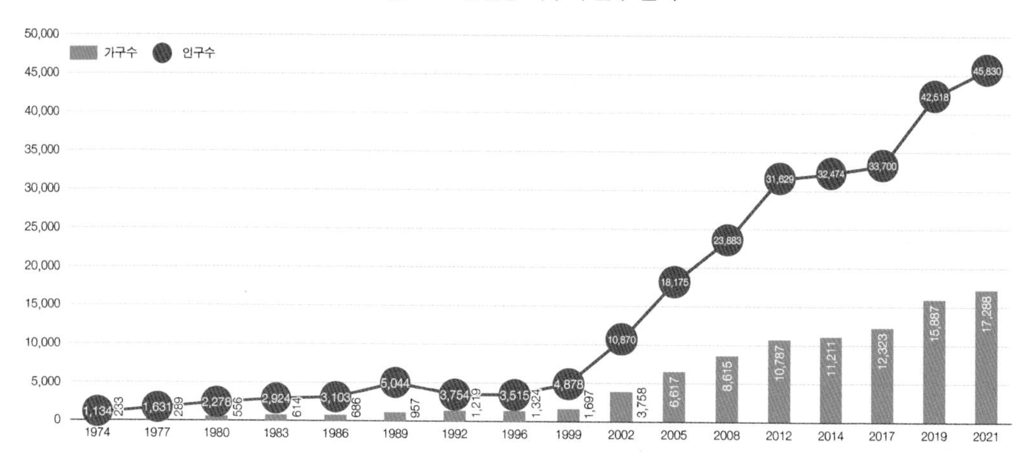

그림 4-2 동천동 가구와 인구 변화

2002년 현대홈타운 1·2차 1594세대 입주 이후로 지속된 가파른 증가세는 2004년 써니밸리 일대 1629세대, 2007년 동문 5·6차 1554세대, 2010년 래미안 2393세대 등으로 이어졌다. 최근 동천 2·3차 도시개발지구 계획의 결과로 2018년 동천자이 1차 1437세대, 2019년 동천자이 2차 1057세대, 2020년 더샵 동천이스트포레 980세대가 추가되면서 동천동은 이제 거의 아파트 포화 상태에 이르렀다.

2. 고기동의 인구 변화

1) 1970~1980년대: 전형적인 농촌에서 변화의 싹이 트다

조선 시대부터 몇몇 성씨의 세거지였던 고기동은 이들이 중심이 되어 형성한 전형적인 농촌 자연마을이었다. 1970년대 초까지도 대부분의 주민이 농사를 짓거나 땔감으로 나무를 하며 자급자족 생활을 영위해 왔다.

고기동은 1927년 고기강습소(현 고기초등학교)가 개소되어 지역에서 기초교육이 가능했다. 동천초등학교가 2001년에 개교한 것과 크게 대비된다. 그러나 1970년대 초까지만 해도 주민들 상당수는 이 초등학교를 졸업한 뒤 더 이상 상급학교로 진학하지 않았다. 중학교에 가려면 풍덕천동의 문정중학교(사립)까지 걸어 다녀야 했기 때문이다(고기동에 대중교통이 들어온 것은 1980년대의 일이었다).

1974년 고기동의 가구별 가족원 수는 6.8명으로 대가족의 성격을 띠고 있었다. 농촌사회의 특성과 1950년대 말~1960년대 초 낙생저수지 공사 때 들어온 이주민들로 지역 인구가 꽤 많던 시기였다. 하지만 1970년 중반부터 시작된 산업화는 고기동에도 영향을 미쳤다. 통일벼의 보급으로 쌀 생산량이 증가해 소득수준이 올라갔다. 또 새마을사업으로 길이 확장되고 통행이 편리해지면서 젊은 가족들이 하나둘 외지로 공부 또는 일을 하러 나갔다. 이와 더불어 인구 감소가 10여 년 동안 지속되었다.

2) 1990년대 이후: 도심에서 가까운 전원주택지로 변화

고기동이 전원주택지로 주목받기 시작한 것은 분당 입주가 본격화된 1990년대 중반부터다.

〈표 4-2〉 인구표에서도 1992년 204가구 653명에서 1996년 370가구 960명으로 크게 상승했음을 알 수 있다(각각 81.4%, 47% 상승). 그런데 이 수치를 자세히 보면 가구는 164가구 증가한 데 비해 인구는 307명이 늘었음을 알 수 있다. 즉, 늘어난 가구당 평균 가족원이 1.9명에 불과했다. 이는 대부분 노후를 전원에서 여유롭게 보내려는 장년층이었다고 추정해 볼 수 있다. 그러한 사정은 다음과 같은 한 고기동 주민의 회고에서도 확인된다.

> 그 당시 전체 인구의 연령 비율은 알 수 없지만, 30대였던 우리 부부가 고기동에 정착한 2006년만 해도 우리처럼 어린아이를 둔 젊은 가족은 주변에서 매우 보기 힘들었다(한덕희).

표 4-2 고기동의 연도별 가구수, 인구수 및 가구별 가족원 수

연도	고기동		
	가구수	인구수	가구별 가족원 수
1974	104	712	**6.8**
1977	119	669	5.6
1980	118	559	4.7
1983	117	562	4.8
1986	126	581	4.6
1989	176	**751**	4.3
1992	**204**	**653**	3.2
1996	**370**	960	2.6
1999	379	992	2.6
2002	410	1,077	2.6
2005	**433**	1,070	2.5
2008	**599**	1,402	2.3
2012	780	1945,	2.5
2014	854	2,038	2.4
2017	1,145	2,843	2.5
2019	1,427	3,424	2.7
2021	1,602	3,755	2.3

또한 바로 그 무렵 고기동 계곡의 개천 주변에 식당 영업허가가 나면서 현재의 식당들이 건물을 짓고 정식 영업을 시작했다. 물론 그 이전 1970년대 말에도 고기동은 유원지로 각광받았지만 그것은 어디까지나 불법영업이었다.

그 이후 판교 지역의 개발과 용인-서울고속도로 개통으로 교통이 편리해진 2000년대 후반부터 고기동은 또 한 차례 큰 변화의 시기를 맞았다. 공동주택 생활의 아쉬움을 마당이 있는 주택에서 달래려는 젊은 가족들의 이주가 이 무렵 본격화되었다. 공동주택이 거의 없고 단독주택이 대부분인 이 지역에서 2005년부터 2012년 사이에 가구수, 인구수 모두 80% 이상 증가한 것은 매우 큰 변화였다.

2020년 이후 고기동은 크게 들썩이는 중이다. 바로 옆 동네인 성남 대장동에 도시개발사업의 결과로 5000세대 이상이 들어오면서 고기동에도 과거 전혀 볼 수 없던 공동주택들이 생겨나고, 대규모 개발계획이 줄을 잇고 있기 때문이다.

그림 4-3 고기동 가구와 인구 변화

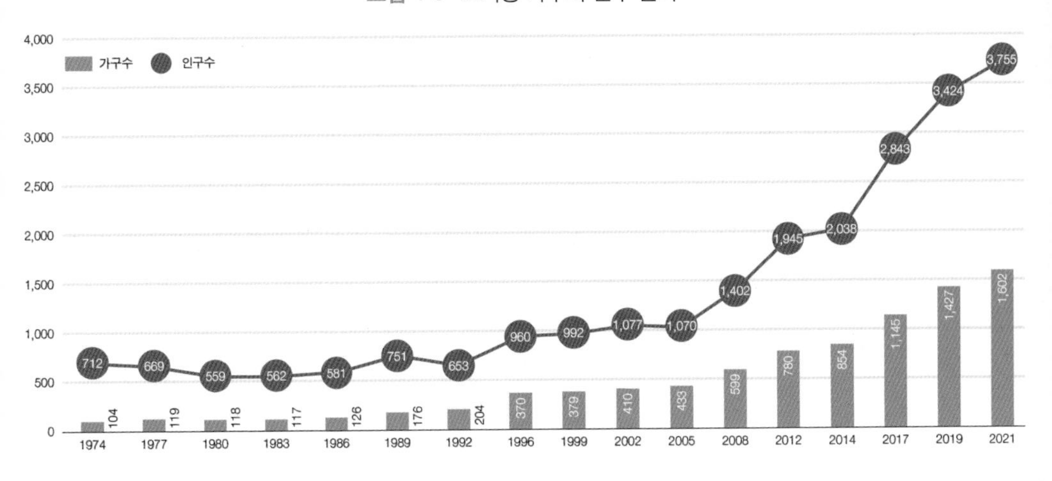

그림 4-4 1996년과 2006년 고기2리 항공사진

대부분 농지였던 곳이 주택지로 바뀌었고, 사진 위쪽의 바라산 자락의 산림 영역까지 상당 부분 대지로 바뀌었다.

3. 머내의 현재

'행정동'으로서의 동천동(여기에는 '법정동'인 동천동과 고기동이 모두 포함된다)은 주거 형태가 대부분 아파트인 전형적인 신도시다. 가족구성원을 보면 2015년 4인의 비율이 가장 높았지만, 2020년 3인 가족 또는 2인 가족 비율이 더 높아졌다. 전국과 경기도는 1인 가구 비율이 가장 높은 것에 비해 머내 일대는 대체로 아직 청소년기 이하의 자녀를 둔 가구가 가장 많다고 할 수 있다. 그런 만큼 평균연령도 2세가량 낮은 편이다.

거주 형태의 비율(아파트가 전체의 85.1%)이 비슷한 인근 성남시 금곡동과 비교해 보더라도 3~4인 가구 비율은 월등히 높다. 그런데 금곡동의 주거 형태에는 '주택 이외의 거처'라는 형태가 있다. 바로 오피스텔이다. 그 비율(전체 주거 합산)도 21.5%로 꽤 높은 편이다. 동천동은 2015년 기준으로 그 비율이 1.3%로 낮은 편이지만 2016년 동천역이 개통하며 그 주변에 주거형 오피스텔 또는 1인 가구를 대상으로 하는 소형 아파트가 등장하기 시작했고, 큰 평수의 집을 나누어 쓰는 쉐어 하우스도 등장하는 등 주거 형태가 변화했다. 2020년에 들어 '주택 이외의 거처' 비율이 전체 주거 중 6.1%를 차지하는 등 점차 1인 가구가 늘어나는 추세다.

그렇다면, 동천동의 연령별 인구는 어떻게 될까? 동천동/수지구/전국의 연령별 통계를 최근 5년 단위의 자료로 비교해 보았다.

동천동은 전국에 비해 평균연령이 3살 정도 낮고, 15세 이하 청소년 비율도 5% 이상 높은 편이다. 하지만 그 흐름은 15세 미만의 인구 비율은 점차 줄어들고 65세 이상의 노년 인구가 그만큼 상승하는 전국적인 추세와 동일하게 나타난다. 고령화 시대로 급변하는 추이는 이곳 머내에서도 다르지 않다.

하지만 가족원 수 통계와 10세 미만 어린이들의 인구율을 보면 아쉬워만 할 필요는 없는 듯하다. 10세 미만의 인구는 12.1%로 전국 평균보다 4.4%나 높고, 가구원 수도 3~4인 가구가 비교적 많은 것으로 나타나 1인 이상의 자녀를 둔 가

표 4-3 동천동(고기동 포함)과 타 지역의 인구, 가구, 주택수 변화 비교

연도(년)	동천동 (2010)	동천동 (2015)		동천동 (2020)		전국 (2020)		경기도 (2020)		금곡동 (2020)	
총인구(명)	29,985	33,287		48,072		51,829,136		13,511,676		27,727	
남성(명)	14,723	16,439		23,658		25,915,207		6,828,367		13,029	
여성(명)	15,252	16,848		24,414		25,913,925		6,838,309		14,698	
내국인계(명)	29,760	32,833		47,071		50,133,493		12,928,214		27,337	
외국인계(명)	225	454		1,001		1,695,643		583,462		390	
가구계(가구)	9,480	11,198		17,549		21,484,785		5,294,836		11,292	
일반가구(가구)	9,424	11,045		17,332		20,926,710		5,098,431		11,173	
1인 가구		1,579	14.3%	3,418	19.7%	6,643,354	31.7%	1,406,010	27.6%	3,113	27.9%
2인 가구		2,511	22.7%	4,395	25.4%	5,864,252	28.0%	1,350,139	26.5%	3,266	29.2%
3인 가구		3,049	27.6%	4,604	26.6%	4,200,629	20.1%	1,119,823	22.0%	2,606	23.3%
4인 가구		3,124	28.3%	4,090	23.6%	3,271,315	15.6%	951,370	18.7%	1,769	15.8%
5인 가구		607	5.5%	687	4.0%	761,417	3.6%	218,173	4.3%	336	3.0%
6인 가구		144	1.3%	106	0.6%	147,172	0.7%	42,094	0.8%	59	0.5%
7인 가구		31	0.3%	32	0.2%	38,298	0.2%	10,822	0.2%	24	0.2%
집단가구(가구)	7	6				16,388		4,080		6	
외국인가구(가구)	49	147		213		541,687		192,325		113	
주택계(호)	9,728	10,327		15,718		18,525,844		4,495,115		8,950	
단독주택(호)	899	1,220	11.8%	1,824	11.6%	3,897,729	11.2%	505,382	11.2%	116	1.3%
아파트(호)	8,654	8,681	84.1%	12,942	82.3%	11,661,851	70.0%	3,146,667	70.0%	7,620	85.1%
연립주택(호)	139	173	1.7%	173	1.1%	521,606	2.9%	130,354	2.9%	617	6.9%
다세대 주택(호)	15	202	2.0%	718	4.6%	2,230,787	15.1%	677,652	15.1%	580	6.5%
비거주용 건물 내 주택(호)	21	51	0.5%	61	0.4%	213,871	0.8%	35,060	0.8%	17	0.2%
주택 이외의 거처(호)	57	136	1.3%	1,017	6.1%	1,000,903	6.2%	298,634	6.2%	2,453	21.5%

자료: 통계청 국가통계포털(kosis.kr).

구가 상대적으로 많은 것으로 보인다. 그렇지만 대학 진학과 취업으로 이동이 시작되는 20대 연령의 비율은 전국 비율보다 2% 이상 낮다. 일정 수의 청소년이 중고교 졸업 후 이 지역을 떠난다는 얘기다.

베이비붐 시대가 끝난 뒤인 1960년대 중반 이후 연도별 전국 연령별 인구수를

표 4-4 동천동(고기동 포함) 연령별 인구 변화와 전국 인구 변화 비교

연령별	동천동(2010)		동천동(2015)		동천동(2020)		전국(2010)		전국(2015)		전국(2020)	
합계	29,760		33,287		48,072		47,990,761		51,069,375		51,829,136	
0~4세	2,044	6.9%	1,910	5.7%	2,583	4.6%	2,219,084	4.6%	2,258,670	4.4%	1,722,081	3.3%
5~9세	2,277	6.9%	2,155	6.5%	3,256	5.0%	2,394,663	5.0%	2,267,851	4.4%	2,264,595	4.4%
10~14세	19,00	7.7%	2,170	6.5%	2,728	6.6%	3,173,226	6.6%	2,427,792	4.8%	2,267,481	4.4%
15~19세	1,289	6.4%	2,076	6.2%	2,322	7.2%	3,438,414	7.2%	3,179,079	6.3%	2,449,561	4.7%
20~24세	1,589	4.3%	1,769	5.3%	2,538	6.4%	3,055,420	6.4%	3,531,108	6.9%	3,364,804	6.5%
25~29세	2,415	5.3%	1,625	4.9%	2,752	7.4%	3,538,949	7.4%	3,265,288	6.4%	3,666,212	7.1%
30~34세	3,552	8.1%	2,104	6.3%	3,106	7.7%	3,695,348	7.7%	3,811,610	7.4%	3,301,331	6.4%
35~39세	3,170	11.9%	2,942	8.8%	4,618	8.5%	4,099,147	8.5%	3,926,862	7.7%	3,805,470	7.3%
40~44세	2,513	10.7%	3,719	11.2%	4,654	8.6%	4,131,423	8.6%	4,338,827	8.5%	3,906,665	7.5%
45~49세	2,066	8.4%	3,249	9.8%	4,505	8.5%	4,073,358	8.5%	4,388,157	8.6%	4,325,697	8.3%
50~54세	1,477	6.9%	2,516	7.6%	3,820	7.9%	3,798,131	7.9%	4,263,447	8.3%	4,372,054	8.4%
55~59세	1,153	5.0%	2,182	6.6%	3,045	5.8%	2,766,695	5.8%	3,956,849	7.7%	4,210,645	8.1%
60~64세	933	3.9%	1,572	4.7%	2,680	4.5%	2,182,236	4.5%	2,821,457	5.5%	3885,297	7.5%
65~69세	608	3.1%	1,216	3.7%	1,915	3.8%	1,812,168	3.8%	2,144,023	4.2%	2,734,187	5.3%
70~74세	373	2.0%	989	3.0%	1,501	3.3%	1,566,014	3.3%	1,770,741	3.5%	2,027,679	3.9%
75~79세	199	1.3%	565	1.7%	1,057	2.3%	1,084,367	2.3%	1,362,669	2.7%	1,600,867	3.1%
80~84세	136	0.7%	299	0.9%	564	1.3%	595,509	1.2%	814,222	1.6%	1,120,781	2.2%
85세 이상		0.5%	229	0.7%	428	0.8%	366,609	0.8%	525,723	1.0%	803,729	1.6%
85~89세			146	0.4%	274	0.6%	271,166	0.6%	372,987	0.7%	563,930	1.1%
90~94세			67	0.2%	120	0.2%	78,329	0.2%	124,723	0.2%	192,663	0.4%
95~99세			15	0.0%	31	0.0%	15,279	0.0%	24,796	0.0%	41,512	0.1%
100세 이상	0					0.0%	1,835	0.0%	3,217	0.0%	5,624	0.0%
15세 미만	6,387	21.5%	6,235	18.7%	8,567	16.2%	7,786,973	16.2%	6,954,313	13.6%	6,254,157	12.1%
15~64세	21,124	71.0%	23,754	71.4%	34,040	72.5%	34,779,121	72.5%	37,497,684	73.4%	37,287,736	71.9%
65세 이상	2,249	7.6%	3,298	9.9%	5,465	11.3%	5,424,667	11.3%	6,617,378	13.0%	8,287,243	16.0%
평균 연령	35		37.8		38.9		38		40.4		42.9	
중위 연령	37		39.7		40.1		38		41.1		43.9	

자료: 통계청 국가통계포털(kosis.kr).

그림 4-5 전국 연도별·연령별 인구 비율과 2020년 동천동 연령별 인구 비율

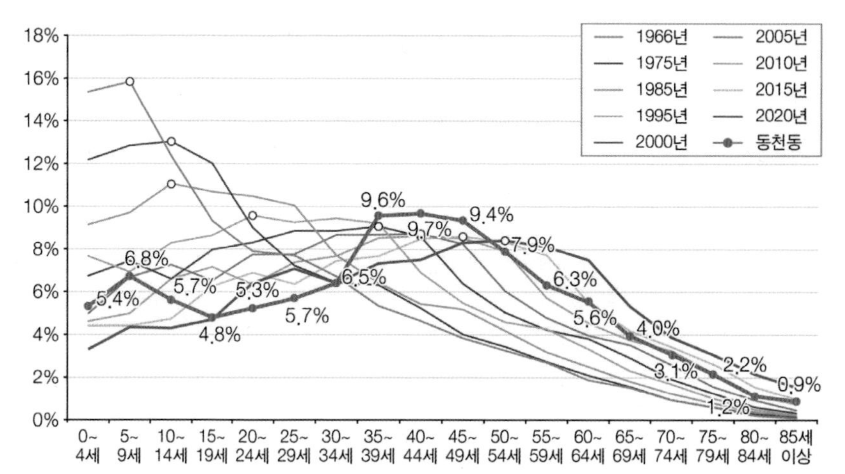

* 머내 지역인 동천동과 고기동의 연령별 통계다.

자료: 통계청 국가통계포털(kosis.kr).

백분율로 환산해 그래프를 그려보았다. 각 꺾은선 그래프의 정점(인구 비중이 가장 높은 연령대)을 같은 색의 점으로 표시했다. 각 연도별 선은 전국 통계이고 굵은 주황색 선은 동천동의 2020년 자료다.

동천동도 한 박자 천천히 가고 있지만 그 흐름을 따르고 있음을 여기서도 다시 한번 확인할 수 있다. 다음 연령별 인구가 발표될 때에는 그 정점이 또 한 칸 우측으로 옮겨가고 시작점은 더 아래로 내려갈까? 그렇게 되리라고 예측하는 것은 매우 괴롭긴 하지만 수용할 수밖에 없는 것 같다.

天下大將軍

제2부

동천동 이야기

제5장

끝없이 흘러가는 마을, 동천동

1. 들어가며: 이곳에 살기 위하여 땅의 기억을 묻다

〈그림 5-1〉은 머내 지역 항공사진 네 장이다. 각각 1966년, 1976년, 1985년, 2004년 사진이다. 사진 속 뚜렷이 보이는 Y 자형은 머내 지역을 관통하며 흐르는 두 개천이다. 광교산 물줄기는 위쪽 고기동을 지나 동막천을 이루어 흐르다가 아래쪽 손골을 따라 흐르는 손곡천과 만나 한 줄기가 되어 탄천으로 흘러간다. 상전벽해라는 말을 듣는 머내지만 마을을 관통하는 두 개의 개천, 동막천과 손곡천만은 그 자리를 그대로 지키며 지금도 유유히 흐르고 있다. 덕분에 우리는 이 사진만으로도 머내의 역사를 한눈에 확인할 수 있다.

1966년의 머내는 농촌사회였다. 1961년 낙생저수지가 만들어지면서 하류 지역인 동천동과 분당 오리뜰 일대에 농업용수가 공급되기 시작했고, 이 일대 돌밭들은 논으로 많이 바뀌어 갔다. 1976년과 1985년의 머내는 고속도로 개통과 전기 가설로 빠르게 산업화가 진행되었다. 1968년 서울 양재동과 수원 신갈을 잇는 경수고속도로가 개통되면서 1970년대 후반부터 머내 지역은 공장지대로 변모한다. 그러다 1998년 첫 민간아파트가 들어서며 머내는 또 한번 큰 격변을 맞는다. 공장들이 하나둘 떠난 자리에 대규모 아파트 단지들이 속속 들어섰고, 결국 2013년 동천동에서 논농사지와 수로는 자취를 감추었다. 2009년에는 용서고속도로가 개통되면서 머내의 도시개발은 가속화되었다.

그림 5-1 항공사진으로 보는 머내의 변화

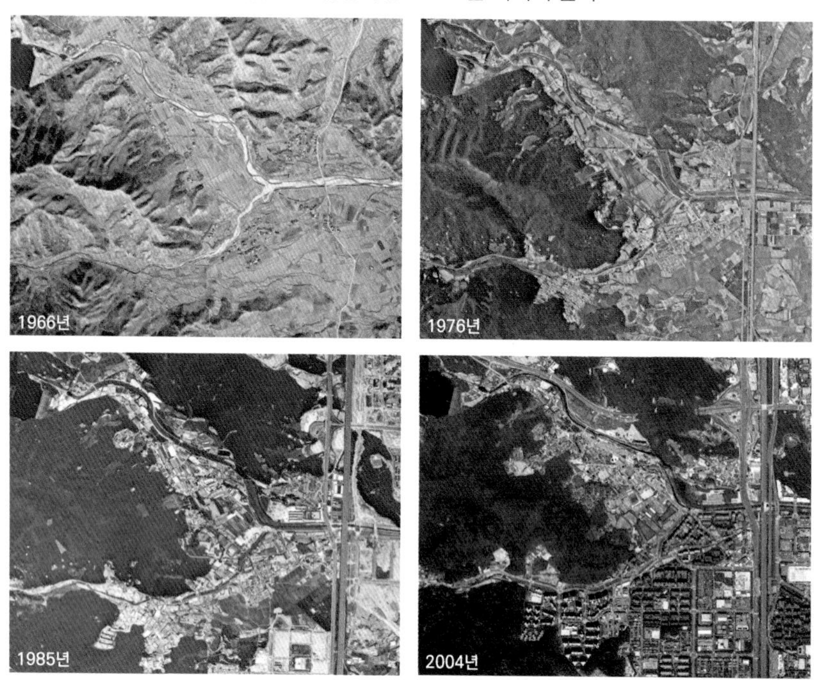

아파트 천국이다. 오래된 아파트라 해도 고작 10여 년 지났고, 근래 지어진 아파트 단지 옆으로 더 큰 대규모 아파트 단지가 한창 건설 중이다. 큰 시장이나 창고형 매장은 없지만 제법 구색을 갖춘 브랜드 슈퍼마켓이 몇 개 있고, 자동차로 10여 분이면 인근 분당신도시 상가들을 이용할 수 있다. 용서고속도로까지 개통되면 강남까지 20여 분이니 서울의 문화생활도 수월하게 누릴 수 있다. 2010년 용인시 수지구 동천동의 첫인상이었다.

이곳은 그런대로 생활 기반 시설이 부족하지 않은 신도시 아파트 단지마을이었다. 당시 이곳의 모습은 주변 안양이나 과천과도 비슷했다. 도로 구획과 정비가 부실한 점만 빼면 수도권 신도시의 여느 마을과 똑같았다. 이사와도 새로운 마을에 적응할 시간이 딱히 필요하지 않았다.

2016년 동천동의 마지막 논이 불도저로 사라질 무렵 이 땅의 옛 모습을 기억하는 원주민들을 만나 땅과 마을의 역사를 기록하는 주민 모임이 생겼다. 이곳의 옛 이름 '머내'에 김정호의 '대동여지도'를 합성한 '머내여지도'가 이 모임의 이름이었다. 우리는 옛 땅의 흔적이 거의 사라진 마을에서 원주민들의 기억 속 마을 모습을 하나씩 모아 나갔다.

사실 동천동은 역사적으로 유명한 인물을 배출한 적도 없고, 자연 풍광도 특별하달 것이 없었다. 게다가 이곳은 수도권 베드타운 도시의 전형이었고, 정주하려는 사람보다 언제든 떠날 채비가 되어 있는 이주민이 다수인 곳이었다. 당연히 '우리'나 '마을'의 개념이 희박했다. 그러다 보니, 이곳을 대상으로 과거의 흔적을 찾아가는 일에 과연 어떤 의미가 있을지 ……. 원주민들과 인터뷰하는 우리 자신에게 늘 따라다니는 질문이었다.

> 이미 논과 밭도, 길도 집도 사람도 다 사라졌는데 옛날이야기가 무슨 소용인고?

인터뷰 중에 불쑥불쑥 나오는 말에 우리는 그저 함께 웃을 수밖에 없었다. 이곳에 살아가는, 혹은 살아갈 사람들이 이곳이 어떤 곳이었는지 알고 싶은 마음이야 인지상정이지 싶다가도, 고향도 아니고 몇 년 후 떠나갈 사람이 절반 이상인 곳에서 오지랖 넓은 짓 하는 것이 아닌지 늘 뒷골이 당겼다.

그러나 바로 같은 때, 이곳에서도 마을공동체에 관심을 가진 사람들이 네트워크를 만들어 장터와 축제 등 다양한 마을 활동을 시작하고 있었다. 비록 고향도 다르고 이곳에 살게 된 이유도 각양각색이었지만, 함께 마을 일을 만들어가기 시작했다.

한동안 잊었던 '마을'이라는 표현이 이 무렵 우리에게 다시 다가왔다. 농촌 중심의 마을공동체는 이제 다시 살릴 수도 없고, 살려내려는 것도 아니지만, 신자유주의 체제 속의 우리 삶에서 '마을공동체'가 다시 살아나면 좋겠다는 바람만은 공감을 불러일으키며 여기저기서 다양한 움직임을 만들어냈다. 비록 몸의 고향은 아니지만 적어도 우리가 머무는 동안만큼은 각자 고립과 소외에서 벗어나 고향처럼 여기며 편하고 안전하게 살아갈 수 있는 곳, 이것이 우리가 만들고 싶은 마을이었다.

그러나 그것 역시 아직 막연하다. 마을공동체 활동에 결합한 주민들은 동천동 전체 인구 중에서 미미한 숫자일 뿐이다. 갈 길이 멀다.

지리적으로 우리 마을은 어디까지일까? 우리 마을 사람들은 또 누구인가? 어쩌면 이 질문에 우리 이야기의 지향점이 담겨 있지 않을까. 우리는 원주민들의 입을 통해 이 땅에 형성되어 온 '공동의 기억'을 찾아내고, 그 역사의 흔적 위에 다시 우리의 기억들을 쌓아 올리고 싶었다. 우리에게 마을은 '이곳에 살기 위하여'[1] 그 공동의 기억을 함께 묻고, 함께 대답하며, 나아가 함께 새로이 쌓아가는 사람들의 공동체라고 말할 수 있지 않을까.

머내여지도는 잠자는 기억의 수면 아래 켜켜이 쌓여 있다가 이제 막 사멸해 가려 하던 땅의 기억들을 다시 살려내고, 그 기억의 토대 위에 다시금 우리의 살아가는 모습을 한 켜쯤 보태려 한다. 달리 말하자면, '마을의 원형'을 찾아 그것을 우리 '마을 만들기'의 토대로 삼으려는 시도라고 할 수도 있겠다. 지금 장년층 원주민들의 기억은 대개 그들의 초등학교 시절이던 1960년대에서 시작된다.

2. 험한 땅, 밭농사를 짓다

> 수원장 가는 하루는 고되다. 이른 아침 산에서 해 온 나무를 단단히 묶어 지게에 올린다. 요 땔감들이 올해 중학교 들어갈 큰놈 입학금이다. 입에

1 「이곳에 살기 위하여」는 프랑스 시인 폴 엘뤼아르(Paul Éluard)의 대표작 제목이다. "하늘이 나를 버렸을 때, 나는 불을 만들었다/ ……// 낮이 나에게 베풀어 준 모든 것을/ 나는 그 불에게 바쳤다/ 울창한 숲과, 작은 숲, 보리밭과 포도밭을,/ 보금자리와 새들, 집과 열쇠를/ 벌레와 꽃들, 모피들 그리고 모든 축제를// ……."

풀칠하기도 빠듯한 농사일로는 입학금을 마련할 수 없다. 그나마 집 주변에 널린 게 나무니 조금만 부지런 떨면 수입이 수월찮다. 아들놈 입학금이 2000원인데 이 나무 한 짐은 대략 700원, 아직 몇 번 더 팔아야 한다. 마차로 나무 팔러 가는 아래손골 김씨네에 싼값에 넘길 수도 있다. 그러나 직접 장에 가야 몇 푼이라도 더 받는다. 손곡천 따라 아랫마을까지 내려간 뒤 아홉살이 고갯길 성황당을 지나 굽이굽이 산길 넘어 수원장 가는 길이 만만치 않다. 그저 바라는 것은 이 나무들이 좋은 값에 팔리는 것뿐이다.

"아재는 어디서 왔소?"

"저기 용인 머내요!"

"머내?"

"네. 용인 서쪽 끄트머리인데 광주 탄천 쪽 바로 옆 동네가 용인 머내지요."

머내로 돌아오는 고갯길은 그래도 수월하다. 텅 빈 지게는 가볍기만 하고 장터에서 얻어먹은 막걸리 두어 잔에 콧노래가 절로 나온다. 머내 주막에서 들리는 왁자지껄 소리에 한 잔 더 하고 싶지만 참는다. 오늘 장터에서는 다행히 값을 더 쳐준 손님 덕에 그럭저럭 수지가 좋았다. 입학금으로 쓸 돈이지만 한 손엔 보리쌀 한 되까지 팔아오는 길이다. 어느새 해는 기울고 손곡천 물소리도 좋고 주머니 속에 잡히는 지폐도 든든하다.

1967년경 윗손골[2]에 살던 원주민의 장날 이야기다.

현재 원주민들의 기억을 기준으로 할 때, 머내의 살림살이는 크게 세 시기로 나누어 살펴볼 수 있다. 각각 농업사회, 근대화, 도시화의 시기다. 광교산 자락 아래 동막천과 손곡천 두 냇물을 끼고 이곳 사람들은 수백 년 동안 농사를 지어 왔다. 근대화 시기는 1968년 경부고속도로의 1단계 개통 이후인 1970년 후반부

2 상손곡 혹은 윗손골이라는 이름의 마을은 현재 용인시 수지구 동천동의 일부다. 2020년대 초반 상황에서는, 동천동 한빛중학교에서 손골성지까지 길을 따라 양옆으로 형성된 마을이다.

터다. 1970년대 영세공장과 물류센터들이 조금씩 생겨나기 시작하면서 이곳은 공장지대가 되었다. 그리고 세 번째는 도시화 시기다. 1990년대 말 신도시 아파트 개발이 활성화되면서 이곳 또한 서울 강남으로 이어지는 수도권 베드타운 아파트 단지로 변모한다. 마을 모습을 급격하게 변화시킨 아파트 개발은 현재 모습을 이루기까지 대략 20여 년 걸린 셈이다.

1) 험한 땅, 머내

이곳에서 나고 자라 그나마 이 마을의 옛 기억을 가진 원주민들 다수는 공장이나 아파트 개발보다는 농사에 대한 기억이 더 뚜렷하다. 지금은 초등학교가 들어서고 편의점이 있지만, 그들의 옛 기억 속 그곳은 누구의 밭 혹은 논으로 소환된다.

그렇게 머내 지역의 주업은 농사였지만 논농사에 적합한 넓은 들이 있었던 건 아니다. 돌도 많아 마을 주민 대부분은 밭농사를 지었다. 원주민들은 험한 땅과 고된 농사 이야기로 기억의 실마리를 풀어낸다.

> 여긴 질땅이라 흙이 찰져서 농사가 잘 안 돼. 땅이 마르면 굳어서 딱딱해져. 여기선 200평을 한 마지기로 치는데 우리 땅은 1300평 정도였어. 그럼 소출은 예닐곱 가마 정도 나와. 잠시 처인구 백암에서 농사지은 적이 있는데 거기선 건달로 지어도 한 마지기에 세 가마 정도 나왔어. 그 정도로 여긴 땅이 안 좋아. 소출량이 적으니 대부분 장리쌀[3]로 생활하고 가을에 수확하면 갚고, 또 봄이 되면 빌려서 생활했지. 쌀로 못 갚으면 노동으로 갚기도 했어. 한 말 정도 빌리면 사흘 정도 힘든 일만 시키는 집도 있었지(박대균, 1947년생, 아랫손골).

3 장리쌀은 예전에 장리(長利)로 빌려주거나 꾸는 쌀로, 본디 빌려주는 쌀의 절반 이상을 한 해 이자로 받기로 하고 빌려주는 곡식이다. 흔히 봄에 꾸어주고 가을에 받는다.

이 동네가 땅이 기름지지 못해서 낙생저수지가 생기기 전에는 논농사가 없었어요. 농사짓는다 하면 거의 다 밭작물이었지. 보리와 콩을 심었는데 그 사이사이 수수나 조도 심었어요. 그래도 우리 아버지는 농사에 밝아 6·25 전쟁 이후 수원농업시험장에서 교육을 받기도 하셔서 60~70년대에 고구마를 많이 심으셨어요. 그것으로 우리 형님을 대학까지 보내셨지요(이종민, 1944년생, 동막골).

머내 일대가 땅이 썩 좋지 않았지. 우리 할아버지, 아버지 때까지는 나무해서 생계를 이어가는 집들이 대부분으로 어렵게 살았어. 산에 가서 나무해오면 그걸 또 예쁘게 묶어 수원장으로 팔러 갔지. 그나마 예쁘게 쌓으면 잘 팔렸어. 나무 팔아 보리쌀로 바꿔오는 거지(김연배, 1941년생, 아랫손골).

장년층 토박이들의 한결같은 기억이다. 부지런히 논과 밭을 일구었지만 넉넉한 살림이 되기는 어려웠다. 그나마 논농사를 지을 수 있는 집은 사정이 좀 나은 편이고, 밭농사로 연명하는 사람들은 식구들 입에 풀칠하기도 어려운 살림이었다. 그래서 땔감 장사는 긴 세월 머내 주민들에게 중요한 수입원이었다. 장날 나무 지게를 진 남정네들이 새벽 일찍 아홉살이 고개를 넘어 수원장 가는 모습은 원주민 모두의 기억 속에 뚜렷이 남아 있다.

사정이 그러니 마을 뒷산은 마을의 중요 자산이었다. 각 마을공동체에서 뒷산을 엄격히 관리했고 공동체에 속하지 못한 주민은 멀리 광교산까지 가서 나무를 해왔다. 어떤 방식으로든 대부분의 집들은 나무를 직접 베어서 내다 팔았고, 일부는 이웃들 나무까지 매입해 수레에 실어 장에 내다 팔아 이익을 제법 남기기도 했다.

지금은 마을 도로 대부분이 포장되어 비좁은 골목을 찾기 어렵다. 그러나 1960년대만 해도 마을 길은 온통 흙길이며 돌길이었다. 비 오면 진흙탕이요 땅을 파면 돌이 계속 나왔다. 구불구불하고 척박한 땅만큼 생활은 어려웠다. 우리가 지금 머내라고 부르며 살아가는 이곳은 지리적으로도 용인 서북부 끄트머리에 위치한 데다 이렇게 과거 용인에서 가장 낙후된 지역 중 하나였다.

2) 동천리의 네 부락

머내, 우리는 동천동의 옛 이름을 머내라고 부른다. '험천(險川)'의 우리말인 머내는 조선 시대 한양에서 동래로 내려가는 제4대로의 한 지점이었다. 이 길은 조선 시대에 한양과 전국을 잇는 10개 대로 중 하나로서 영남대로라고 불리기도 했다. 북으로 10리(약 3.9km) 거리의 판교와 남으로 20리 거리의 용인 읍치를 연결하는 중계 지점이었다. 옛 용인현 지도에는 파발과 여행객들이 잠시 들러 쉬거나 식사를 하고 잘 수 있는 주막이 표기되어 있다.

용인군 수진면에 속하던 머내는 『대동여지도』 등 19세기 지도에는 '원천(遠川)' 또는 '원우천(遠于川)'으로 표기된다. 역사적으로 험천과 원천이 혼용되었지만 19세기 이후에는 대체로 '험천'보다 '원천'으로 표기되었다.[4]

그리고 지금의 '동천동'은 동막리(東幕里)와 원천리(遠川里)에서 유래했다. 1914년 행정구역 통폐합에 따라 당시 동막리와 원천리를 병합하여 동막천을 사이에 두고 한 글자씩 사이좋게 나눠 가져 동원리(東遠里)과 동천리(東川里)로 분리했다. 동천리는 용인군에, 동원리는 광주군에 속했으며, 현재는 동천동과 동원동이 되어 용인과 성남에 각각 속한다.

그리고 과거 동천리는 머내(주막거리), 아랫손골(하손곡), 윗손골(상손곡), 동막골, 크게 이 네 개 마을로 이루어졌다. 그 가운데 윗손골 일대는 다시 윗손골(상손곡)과 중손골(중손곡)로 나눠 두 마을로 보기도 한다. 1970년대까지 가구수를 살펴보면 머내는 10호가 채 안 되었고, 윗손골과 동막골 각 30호 정도, 아랫손골은 그보다 조금 많아 40호 정도였다.

4 머내의 한문 표기에 대해서는 이 책의 제1장 "머내가 어디 있는 동네인고?"에서 자세히 다루었다.

그림 5-2 1987년의 동천동 지도에서 확인되는 옛 지명들

이 지도상의 동막천을 경계로 용인시와 성남시(옛 광주군)가 나뉜다. 여기서 '동막'은 용인 쪽에, '머내'는 성남 쪽에 각각 표기되어 있지만, 동막천 양쪽이 모두 같은 이름으로 불렸다. 굳이 구별하려고 할 때 주민들은 '용인 머내'와 '광주 머내', '용인 동막골'과 '광주 동막골' 등으로 나누어 불렀다.

이 옛 마을들의 이름은 1980~1990년대 용인군 지도에도 그대로 등장한다. 실핏줄 같은 마을의 옛길들은 현재 상당 부분 사라졌지만, 광교산과 백운산 계곡에서 흘러내리는 동막천 및 손곡천과 그 옆으로 자연스럽게 형성된 마을의 간선도로들은 큰 변화 없이 그대로 존속해 옛 마을의 위치와 모양을 추정할 수 있게 해준다.

이 가운데 아랫손골과 머내는 하나의 행정동으로 묶여 동천1리에 속했고, 윗

손골이 동천2리, 동막골이 동천3리였다. 그러다가 공장지대가 조성되면서 인구가 급격히 늘어난 1980년대에 동천1리에서 4리와 5리가 분리되고, 동천3리에서도 6리가 떨어져 구획되었다. '머내' 같은 옛 마을의 이름은 원주민들의 기억과 '머내 버스 정류장' 또는 '머내슈퍼' 등의 이름 속에 숨 쉴 뿐이다.

재미있는 것은 이 지역의 옛 이름 '머내'에 대한 원주민들의 인식이다. 옛 지도의 표기에 따라 동천동은 머내로 불리지만 동천리 안으로 시선을 돌리면 머내는 네 개 마을 중 동천동 초입의 옛 주막거리에 해당하는 작은 마을이었을 뿐이다. 현재는 '머내·기업은행' 버스 정류장 뒤편의 골목길 마을이 바로 그곳이다. 가구 수도 현저히 적다 보니 행정상으로 아랫손골에 묶여 동천1리가 되었고, 대개 이장도 아랫손골에서 나오곤 했다. 그런데 예전 이장님도, 주민들도 머내를 아랫손골과 묶어 부르기보다 꼭 분리해서 부른다.

그렇다면 머내라는 이름을 주막거리라는 작은 범위를 넘어 동천동 전체 또는 동막천과 손곡천에 걸쳐 있는 동네 전체(동천동과 고기동)의 이름으로 부를 수 없느냐는 질문에 원주민들은 왜 말귀를 못 알아듣느냐며 답답해하는 표정이 된다.

답답한 건 듣는 이도 마찬가지다. 이런 인식의 간극에는 원주민과 전입자 사이에 '마을'을 바라보는 관점의 차이가 담겨 있다. 도돌이표처럼 반복되는 이야기를 요약하면 이렇다.

'머내' 또는 '험천(險川)'이나 '원천(遠川)'은 본디 냇물의 이름이고 그것은 동막천과 손곡천을 하나로 묶어 부르는 이름이었다. 조선 시대에 두 냇물의 이름이 따로 있지 않았다. 그러니 이 두 냇물을 끼고 자리 잡은 마을 역시 '머내'일 수밖에 없었다. 외지인들에게는 다 거기가 거기였다. 그러나 주민들에게 '마을'은 실제 생활을 공유하는 관계 혹은 범위였다. 그러니 외부인들과 접촉하는 동구(洞口)에 해당하는 주막거리는 외부인들이 부르는 대로 '머내'라고 하더라도 그 밖의 다른 마을들은 각자의 색깔과 특성에 따라 '아랫손골', '동막골' 등의 자기 이름을 따로 가졌던 것이다.

'머내'라는 명칭에 대해서는 이렇게 '넓은 범위'와 '좁은 범위'의 인식 차이가 있

그림 5-3 향토사학자 이석순 선생이 그린 동천리의 옛 모습

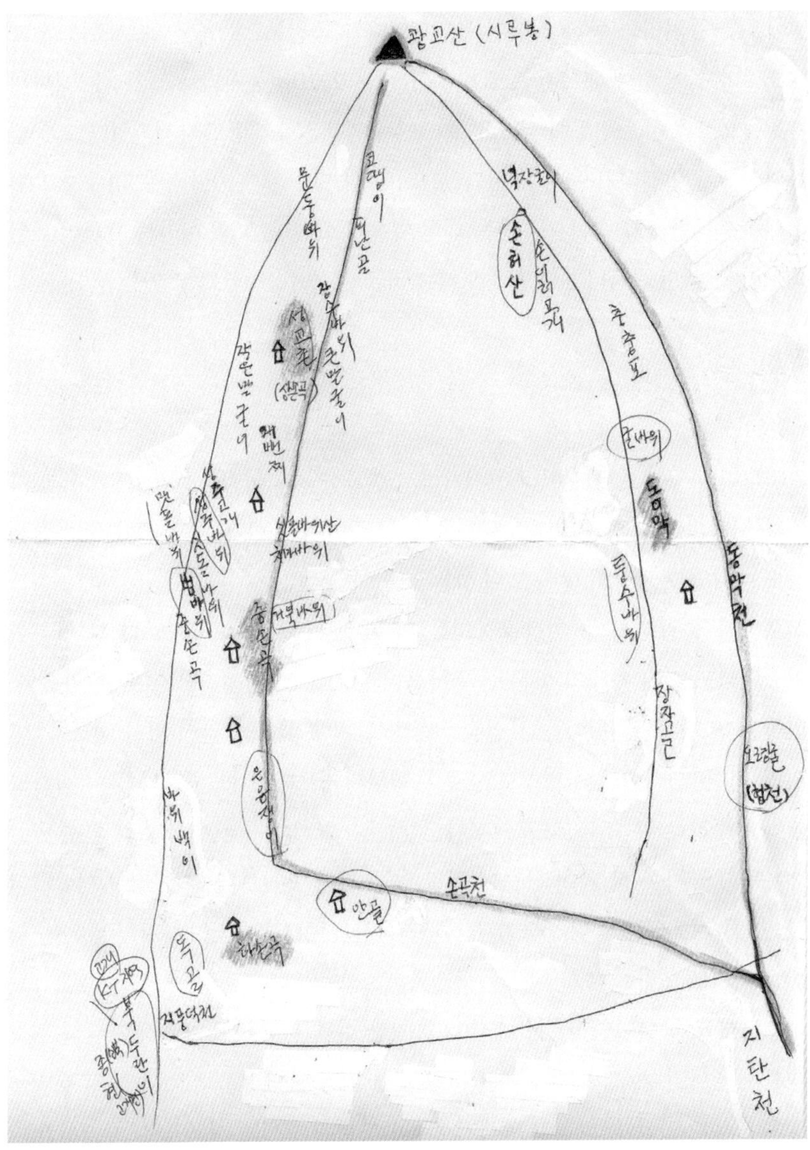

동막천과 손곡천을 기준 삼아 옛 마을의 위치와 각각의 지명을 표기해 주었다. 마을과 마을은 야산을 경계로 나뉘었다. 마을마다 대동회가 있었고 1980년대까지 공동체적 성격이 강했다. 개발로 야트막한 산들이 사라진 뒤 수십 년이 지났지만, 원주민들은 마을의 모습과 지형지물의 위치를 또렷이 기억하고 있다.

다는 점만 확인하고 넘어가도 될 것 같다.

아무튼 동천리는 동천6리까지 분할되었다가 동천동으로 승격된 뒤로는 통 조직으로 바뀌어 현재 45개 통으로 나누어 있다. 2001년 동천리와 고기리는 하나의 행정동으로 묶여 동천동이 되었고, 2005년 수지읍은 수지구로 승격되었다. 2006년 동천동에 주민센터가 처음 설치되었는데 당시 인구는 7500명 정도였다. 2020년 현재는 약 4만 5000명이 거주하는 대형 마을이 되었다. '마을'이라는 표현이 조금 쑥스럽다. 행정동 하나가 지방 소도시에 버금가는 인구수를 품고 있는 셈이다.

3) 농촌의 살림살이

기록이나 구전으로도 머내는 척박하고 빈한한 지역이었다. 이곳은 서울과 가깝고 영남대로의 한 지점이었지만, 농업이 주업이던 시기 동안 딱히 살기 좋은 땅도 아니었고 사람이 많이 모여 사는 곳도 아니었다.

오히려 '손골성지'나 '피난골'이라는 명칭이 보여주듯 이곳은 서울과 가까이 있으면서도 숨어 지내기 좋은 산골 마을이었다. 6·25 전쟁 당시에도 이 마을 주민들은 전쟁이 일어났다는 사실을 한동안 알지 못했다는 말이 있을 정도다. 어쩌면 '험천(險川)'이라는 명칭도 냇물이 험하다기보다는 그 주변의 땅이 험하고 척박해서 붙은 이름일지도 모르겠다.

아무리 농사를 잘 지어도 논이 별로 없는 지역이다 보니 먹는 것이 형편없었다. 특히 겨울에는 콩나물죽이나 시래기죽을 많이 먹었고 보릿겨를 넣은 수제비를 먹기도 했다.

그렇게 험한 땅일망정 이곳에서 나고 자란 이들은 이 땅을 개척해 조금씩 경작지를 넓혀나갔다. 척박한 땅에서 비교적 잘 자라는 메밀을 심기도 했고 호밀을 심는 사람도 있었다. 그리고 낙생저수지가 조성된 후에는 여느 농촌 마을처럼 꽤 넓은 논을 보유하고 동네 주민들에게 곡식을 빌려주는 부유한 집도 생겨났다.

때때로 생산 품종을 바꿔 돈을 버는 영리한 농사꾼들도 나왔다. 동막골의 한 농부는 일본에서 '은천참외' 씨앗을 들여와 참외 농사를 짓기 시작했는데 토종 참외에 비해 달고 아삭하다 보니 꽤 비싸게 팔려 제법 돈을 많이 벌었다. 그 뒤 한동안 참외는 동막골과 고기리의 주요 농업생산품 중 하나였다.

하지만 참외 농사는 계속 이어지지 못했다. 참외는 연작이 어려운 품종이기도 하지만 공장이 들어서고 아파트 개발이 이루어지면서 땅값이 계속 오르니 농사꾼 입장에서는 농사보다는 다른 쪽으로 눈길을 돌릴 수밖에 없었다.

4) 공동체의 흔적들

농촌의 살림살이에서 마을공동체의 역할은 빼놓을 수 없다. 특히나 머내는 농사에 썩 좋지 않은 땅이 많았고 가구수 또한 많지 않은 마을이었다. 이웃의 품앗이 도움 없이는 농사를 짓기도, 농한기 힘든 시절을 견뎌내기도 어려웠다. 자연스레 동천리의 네 마을에는 각각 대동회가 있었고, 대동회는 마을의 대소사를 결정하는 데 중요한 의결 기구였다.

복달임 행사는 중손골에서 제법 큰 마을 잔치였어. 농번기에 한창 바쁘게 농사일하다 초복쯤 복달임을 했지. 농사짓느라 몸에 기름기가 빠져나갔으니 보충해야지. 마을회관이 크지 않아서 마당 넓은 누구네 집이나 공터에서 주로 했지. 멍석만 펴면 되니까 장소를 미리 정하지 않았어. 그리고 정월 대보름에는 모여서 윷놀이를 하고(이보영, 1953년생, 중손골).

동막골 입구에 장승이 하나 있었지. 용인 동막골에는 천하대장군이, 동막천 건너 광주 동막골에는 지하여장군이 서로 마주보고 있었어. 매년 10월이면 용인과 광주 동막골이 함께 이 장승 주변에 모여 큰 솥 걸어놓고 소머리국밥을 끓여 나눠 먹었어. 지금의 소머리국밥은 아니고 거의 죽에 가까웠어. 마을에서 소를 잡지는 않았지. 귀한 소를 잡을 순 없잖아. 마을 잔치는 용인과 광주 주민들이 품앗이로 준비했는데 잔칫날은 저녁까지 불을 밝혀 어울려 놀았던 기억이 있어. 이 장승들은 1970년대쯤 없앴던 것 같아. 도로를 넓히기 전에 사라졌지. 장승 없어지고 그 뒤에 용인과 광주 사람들이 어울리는 잔치도 없어졌어(박대군).

마을의 대동회는 지금도 명맥을 유지하고 있다. 이제 마을의 대소사를 결정하는 의결 기능은 없어지고, 원주민 친목 모임 정도로 축소되었다. 정기적으로 모임이 열려도 이주와 고령화로 원주민 수가 현저히 줄어들어 대동회라는 이름이 무색해졌다. 머내의 네 부락 중 대규모 아파트 단지가 줄줄이 들어선 아랫손골과 동막골은 오래전에 대동회 주최의 마을행사 자체가 사라졌고, 중손골에서는 지금도 대동회 주최로 정월 대보름날 척사(윷놀이)대회가 열린다. 그러나 이 행사도 원주민 중심이어서 새로운 전입 주민들이 참여하지는 않는다.

머내의 네 마을은 야트막한 야산들을 경계로 나뉘어 각각의 공동체를 형성했다. 지리적으로 바로 이웃한 마을들이지만 마을 사이의 교류나 협력은 깊지 않았던 것 같다. 한 예로 상여를 보관하는 상여독(상엿집)이 아랫손골에 있었지만 이웃한 동막골 주민들은 장례를 치를 때 필요한 상여를 아랫손골이 아닌 수원에서 돈을 주고 빌려서 사용하곤 했다.

마을공동체 중심의 문화는 동천리 일대가 공장지대가 되면서 눈에 띄게 무뎌졌다. 새로운 전입자들은 마을과 상관없이 집을 구하고 공장으로 일하러 다녔으며, 원주민들 또한 그들을 상대로 세를 놓고 공장 따라 들어선 가게와 식당들을 종종 이용했다.

그리고 농촌 사회였던 시기에 이곳에서 태어난 주민들 상당수는 머내를 떠났다. 농사로는 입에 풀칠하기 어려우니 외지 사람들에게 땅을 팔고 대개 서울과 수원 등으로 이주했다. 농지와 산을 묶어 시세보다 헐값에 넘기는 사람들도 있었다.

역설적이게도 돌밭이었던 땅, 지긋지긋한 농사에서 벗어나 빨리 떠나기를 원했던 이곳이 이제는 쉬이 돌아오기 어려운 땅이 되어버렸다. 40년 전 한 평에 1만

원에 팔리던 땅이 지금은 1000만 원에 거래되고 있다. 떠난 이들의 한탄 소리가 높아지는 대목이다. 쉬이 팔지 말았어야 했는데 말이다. 누가 이곳이 이렇게 변할 줄 알았을까.

3. 1968년 경수고속도로 개통, 공장지대가 되다

수백 년, 어쩌면 수천 년 동안 농업사회였던 머내가 달라졌다. 1968년 서울-수원 간 고속도로가 개통되어 머내의 코앞으로 지나가고, 1972년 머내에 전기가 들어오면서 이곳에도 새로운 사람들이 유입되기 시작했다. 1970년대 중반 해외섬유가 들어선 것을 필두로 하나둘 공장들이 생겨났고, 어느새 전국 각지에서 사람들이 일자리를 찾아 올라왔다.

공장 일 마치고 쏟아져 나온 사람들로 토요일 머내 거리는 시끌벅적했다. 머내의 식당과 술집들은 다양한 지방 사투리들이 뒤섞인 가운데 불야성이었다. 밤이 깊을수록 젓가락 장단에 맞춘 유행가 소리도 커지고, 어디선가 술주정 소리도 들려왔다. 경부고속도로에 인접한 동천리에 공장이 들어서며 머내는 용인 변두리 외딴 동네에서 소규모 산업도시로 급격히 변모해 갔다.

1) 경부고속도로 첫 구간 개통

동천리가 사람들로 북적이기 시작한 계기는 1968년의 역사적 사건, 바로 서울-수원 간 고속도로 개통이었다. 지금은 쓰이지 않는 표현이지만 '경수고속도로'는 경부고속도로의 첫 구간으로서, 정확하게는 서울의 양재동과 수원 인근 신갈을 잇는 고속도로였다. 이 구간은 1968년 12월 21일 우리나라 최초의 고속도로인 경인고속도로(서울-인천)와 함께 개통되었다.

경부고속도로 개통 이전에는 서울과 부산을 오가는 가장 빠른 방법이 경부선

그림 5-4 경수고속도로의 개통

1968년 12월 21일 개통한 경수고속도로의 모습이다.

철도를 이용하는 것이었다. 그마저도 꼬박 12시간이 걸렸다. 그러나 경부고속도로는 고속버스의 탄생과 함께 서울-부산 주행 시간을 5시간으로 단축해 전국을 반나절 생활권으로 만들었다.

결과적으로 경부고속도로라는 편리한 교통망의 형성은 수도권과 고속도로 노선 주변으로 산업단지들의 형성을 부추겼고, 수도권으로 대규모 인구 집중을 불러왔다. 그런가 하면 1990년대 이후 정부의 신도시 건설과 택지지구 개발로 이어지는 역사적 시발점이었다고도 볼 수 있다. 당장 경부고속도로 주변의 수원시와 용인시만 보아도 현재 인구가 각각 100만 명을 넘어섰고, 성남시도 거의 근접한다.

시선을 용인과 머내로 좁혀보자. 경부고속도로의 개통은 무엇보다 서울에 인접한 동천리를 포함한 용인을 빠르게 변화시켰다.

용인군이 시로 승격된 것은 1996년으로, 수도권 인근 도시 중에서 가장 급격한 인구 증가를 보였다. 1970년에 9만 6561명, 1980년에 13만 5610명, 1991년에 17만 2510명, 1995년에 24만 4763명 등의 추세였다. 현재는 약 110만 명으로 1970년 인구와 비교해 10배 이상 늘었다. 1990년대 말 이후 인구 증가는 대규모 아파트 개발에 따른 결과였지만, 1970~1990년대의 빠른 인구 증가는 고속도로 개통 이후 도로 인접 지역을 중심으로 물류센터와 공장지대가 들어선 결과로 추정해 볼 수 있다.

특히 용인군은 경부고속도로뿐 아니라 영동고속도로 개통 이후 경기도의 다른 지역과 비교해 교통이 엄청나게 편리해졌다. 이 무렵 용인군의 변모를 요약하면 이렇다. 즉, 용인군은 서울 인근 지역에다 교통의 요충지로 1970년대 산업화 초반에는 공장지대가 형성되었고 전국에서 일자리를 찾아온 사람들로 인구가 가파르게 증가했다. 그러다 1990년대 중반 이후 신도시 건설 바람을 타고 대규모 아파트 단지 도시로 변모했다. 이러한 용인군의 변화는 동천리의 역사에도 고스란히 담겨 있다.

경수고속도로 개통 당시 동천리의 사정은 어땠을까? 서울과 신갈을 잇는 고속도로의 개통으로 무엇보다 동천리의 서울 접근성이 높아졌다. 물류 수송이 유리해지면서 용인군에는 많은 물류센터와 산업단지가 들어섰는데, 동천리도 예외가 아니었다. 1968년 직후는 아니지만 1970년대 말부터 서서히 큰 공장과 물류센터들이 용인군 내에서도 상대적으로 서울과 가깝고 임야가 많으며 땅값도 저렴한 동천리로 들어왔다.

다른 한편, 동천리에서 경부고속도로의 개통에는 남다른 의미가 있었다. 그것은 조선 시대 영남대로의 부활이었다. 작은 마을이었지만 용인은 한양에 인접한 동네로 영남대로의 길목이었고, 그중에서도 험천은 조선 시대 영남지방에서 한양 입성을 앞두고 마지막으로 거쳐 가는 지역이었다.[5] 경부고속도로의 개통으로 경부선 철도로 사라졌던 영남대로의 길이 다시 복원된 셈이다. 경부선 철도는 영남대로의 길이 아니었다. 1905년 개통된 경부선은 서울과 부산을 잇는 철도이지만 서울에서 노량진을 거쳐 바로 수원으로 이어지는 길이었다. 하지만 경부고속도로는 경부선 철도에서 비켜 있던 용인군을 다시 사통팔달의 교통 중심축에 포함시켰다. 비록 옛길과 정확히 일치하지는 않지만, 경부고속도로의 개통으로 적어도 동천리는 다시 남북을 잇는 길목 중 한 지점이 될 수 있었다.

5 험천에 대해서는 이 책의 1장 "머내가 어디 있는 동네인고?"에서 자세히 다루었다.

2) 동천리, 공장지대가 되다

경부고속도로 개통 후 동천리에는 공장이 점차 늘어났다. 게다가 1972년 용인군 내 다른 지역보다 빠르게 전기가 들어왔다.[6] 당시 한센인 마을 지원책으로 전기가 공급되는 일이 많았는데, 동천리의 염광농원 일대도 그 대상이었다. 전기 공급이 가능하고, 싼 땅값에, 고속도로에 인접해 수송의 용이성까지 갖추다 보니 동천리는 생산 시설과 물류 시설의 입지로는 최상급이었다.

원주민들은 1980년대 동천리에 10여 개의 꽤 큰 공장들과 그 주변에 많은 영세공장이 자리 잡고 있었다고 말한다. 그들은 큰 공장의 위치와 이름을 대체로 정확히 기억하고 있다.

원주민들이 전하는 여러 기억을 맞춰보면, 가장 먼저 들어선 공장은 해외섬유다. 해외섬유는 선경[7]이 인수한 첫 번째 기업이었다. 선경그룹의 전신인 선경직물은 1966년 해외통상을 인수하고 상호를 해외섬유로 바꾼다. 해외섬유는 선경합섬(주)과 더불어 섬유류 수출입에 주력했다. 동천리에 들어오는 시기는 1970년대 중반이었다. 생산설비를 작동하기 위해서는 전기가 필요한데 동천리에 전기가 들어온 시기가 1972년이고, 그 뒤 1976년 지도에 해외섬유가 표기된 것을 보면 1972~1975년 사이에 동천리에 공장이 세워진 것으로 추정할 수 있다. 당시 해외섬유는 지금의 동문5차 아파트 영역의 상당 부분을 차지했다.

그 밖에도 1970년대 후반 몇몇 공장의 유입이 확인된다. 해외섬유 주변으로 제사공장과 염색공장들이 나란히 들어서고 뒤이어 피혁공장도 들어섰다. 1970~1980년대 섬유산업의 활황기의 바람을 타고 동천리의 주력 업종도 섬유산업이 되었다.

6 수지면 일대의 전기 공급은 이 책의 7장 "머내의 섬 '염광농원'의 빛과 그림자"에서 자세히 다루었다.

7 선경은 1953년 수원에서 선경직물로 출발하여 1976년 선경(주)으로 상호를 변경하며 종합상사를 설립했다.

그러나 동천리의 산업화 시절 가장 크고 중심이 된 공장은 뭐니 뭐니 해도 선경매그네틱[8]이었다. 1981년 선경매그네틱은 해외섬유공장 부지를 그대로 이어받아 동천리로 옮겨 왔다. 선경매그네틱은 오디오카세트 제조업체였다. 이 회사의 전신은 1976년 수원전자로서 1978년 선경매그네틱으로 사명을 변경했다. 선경그룹 창업주 최종건 회장의 동생 최종옥이 세웠고, 1991년 선경그룹에서 독립했다. 1990년대 선경매그네틱의 카세트테이프는 세계시장 수요의 20% 이상을 공급할 정도로 사업이 번창했다.

선경매그네틱을 중심으로 점차 동화섬유(현 동천성당 옆), 오성피혁(현 동문5차 후문 쪽) 등이 들어서고, 동막천 건너 동원동 쪽으로는 경보산업이 생겼다. 이 공장들이 당시 동천리에서 제법 큰 규모에 속했다. 그리고 그 주변으로 여러 하청업체가 들어서고, 그 밖에 동막천 주변으로는 영세한 염색공장과 피혁공장들이 즐비했다. 여기에 영세한 가구공장들까지 뒤섞인 동천리 공장 단지는 1990년대 후반까지 15년 정도 활황기를 누렸다.

그러나 1990년대 후반이 되면서 공장지대였던 동천리는 큰 격변을 겪는다. 공장들은 땅을 팔고 하나둘 떠나기 시작했다. 공장이 떠난 자리에는 아파트가 건설되거나 상가나 가구 대리점들이 생겨났다. 섬유공장이 즐비했던 동천리는 1990년대 말에 '전국 1위의 대규모 가구단지'로 탈바꿈했다.

동천리에서 가장 큰 규모였던 선경매그네틱도 2003년 원주 문막으로 공장을 옮겼다. 1990년대 말부터 카세트테이프의 수요가 급격히 줄어들며 회사 사정은 갈수록 악화됐다. 회생하기 위한 자구책으로 동천리 사옥부지 주변으로 아파트 건설을 계획했으나 그마저도 어려워져 법정관리에 들어가자 결국 동천리 공장

8 1980년 정부가 대기업 및 주력기업 전문화 정책의 일환으로 재벌들의 문어발 경영 해소를 촉구하자 선경은 계열기업을 정리하며 섬유와 석유사업에 집중하기로 했다. 이에 따라 선경은 해외섬유 월곡공장은 ㈜선경에, 동천리공장은 ㈜선경매그네틱에 각각 넘겼다. 그렇게 해서 수원에 있던 일부 생산 라인이 동천리에 들어오기 시작했고 사업이 번창하면서 계속 규모를 키워갔다.

을 매각할 수밖에 없었다.

3) 동천리에 들어선 공장들

(1) 1970년대

표 5-1 1976년 지도에 표기된 공장

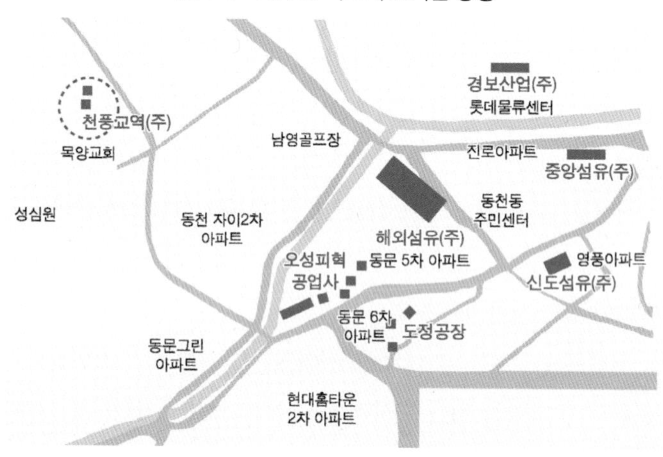

공장명	위치(2018년 기준)	가동 시기	비고
해외섬유(주)	동문5차 아파트 단지	-	선경의 자회사
오성피혁공업사	동문5차 아파트 단지	-	-
천풍교역(주)	목양교회 위치	-	-
경보산업(주)	동막천 건너편 (롯데물류센터)	-	-
중앙섬유(주)	진로아파트	-	-
신도섬유(주)	영풍아파트	-	-
도정공장	동문6차 아파트 후문	-	옛 정미소 터
경일목장	-	-	-
경일농원	-	-	-

(2) 1980년대

표 5-2 1987년 지도에 표기된 공장

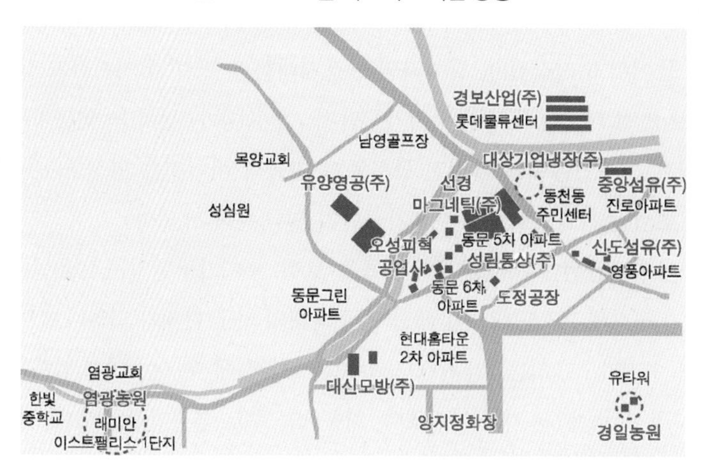

공장명	위치(2018년 기준)	가동 시기	비고
선경매그네틱(주)	동문5차 아파트 일대 (해외섬유 인수)	1981~ 2002	동천동 최다 지역 주민 고용 근무자 1000여 명 중 지역 주민 150여 명 카세트테이프 생산 수원에서 통근 버스 이용자 다수
오성피혁공업사	동문5차 아파트 후문	-	가죽 염색
유양영공(주)	동천성당 근처	-	동화섬유, 동화BNB로 업종 변경
성림통상(주)	롯데마트 건너편 동문5차 아파트 후문쪽	-	제사 공장
대신모방(주)	동문3차 아파트	-	-
신도섬유(주)	영풍아파트	-	-
대상기업냉장(주)	벽산아파트	-	-
중부섬유(주)	진로아파트	-	-
양지정화장	효성아이파크	-	-
경일	유타워	-	-
염광농원	래미안이스트팰리스	-	닭·돼지 사육
도정공장	동문6차 아파트 후문	-	-

4) 수지가구단지, 아파트 개발에 밀리다

1980년대 중반 이후 섬유, 피혁, 화학 등의 공장들과 별도로 가구공장들이 동천리에 들어서기 시작했다. 말하자면 공장지대화의 두 번째 시기라고 할 수 있다. 이로 인해 1990년대 후반 수지가구단지(혹은 염광가구단지)는 염광피부과 의원과 함께 외지인들에게 알려진 동천동의 대표적 이미지를 형성했다. 지금도 동천동 초입의 진입도로에는 '수지가구단지' 안내판이 서 있다.

2000년에 발간된 『수지읍지』의 기록을 보면, 수지가구단지는 1980년대 중반 형성되기 시작해 1990년대 후반에는 전국 최대의 가구 단지가 되었다고 한다. 기록 당시 수지가구단지는 1만 6000평(약 5만 2900m^2)에 3000여 명이 일하고 있었으며, 자칭 전국 제1의 가구 단지였다. 처음에는 주로 염광가구단지라고 불렀다. 아마도 염광농원 영역 안팎에 영세 가구공장들이 먼저 들어서고, 그 뒤 주변으로 유명 가구회사의 전시장들이 우후죽순으로 들어섰기 때문으로 보인다.

염광농원 일대는 당시 가구공장으로는 최적의 조건이었다. 수도권의 다른 농촌 지역과 비교해 상대적으로 이른 1972년에 전기가 들어왔고, 임대료도 낮았다. 가구공장은 특성상 넓은 작업장이 필요해 땅값 또는 임대료가 올라가면 그것이 낮은 쪽으로 옮겨 갈 수밖에 없다. 본디 서울 천호동 중심이던 가구공장 단지가 땅값이 싼 곳을 찾아 헌인릉(세곡동) → 판교 → 수지로 점차 이동해 온 것이 그런 점을 잘 보여준다. 게다가 염광농원은 한센인 정착촌이라 어느 정도 불문율로 '치외법권'이 인정되는 마을이다 보니 당국의 간섭도 비교적 덜했다. 영세가구업자들에게는 여러모로 나쁘지 않은 입지 조건이었다.

염광농원 주민들도 양계업보다는 임대업이 훨씬 더 경제적으로 나았다. 이런 변화는 염광농원뿐 아니라 한센인 정착촌의 대체적인 경향이었다. 정부의 적극적 지원으로 시작된 한센인 정착촌의 양계축산업은 잠시 호황을 누리기는 했지만, 수급의 불안정과 환경 문제로 오래가지 못했다. 전국의 정착촌들이 대체로 축사를 가구공장에 임대하는 경향을 보였다. 자연스레 수지가구단지는 염광피

그림 5-5 1994년 동천리 항공사진

동막천과 손곡천의 교차 지점 남서쪽 아래가 과거 선경매그네틱 공장이 있던 위치다. 동천리 내부 도로상의 노란색 원 부분은 최근인 2022년에도 미라지 가구대리점이 자리하던 곳으로, 그 길을 따라 염광피부과의원까지 길게 가구단지가 형성되어 있었다.

부과의 유명세에 편승해 병원으로 가는 진입로를 따라 형성되어 10년 사이 제법 큰 규모를 갖추게 되었다.

그러나 수지가구단지의 유명세도 오래가지 못하고 도시개발 사업으로 크게 흔들렸다. 지금의 써니밸리 아파트 주변이 동천택지개발지구에 포함되었는데 그 일대는 영세한 가구공장들이 밀집한 지역이었다. 그리고 2차로 2002년 염광농원 일대가 다시 도시개발사업의 대상지가 되면서 비닐하우스에 남아 있던 가구공장들의 흔적은 거의 사라져 버렸다.

> 신봉지구 도시개발사업에 이어 동천동 주민들이 염광농원 일원 13만여 평을 직접 택지로 개발하겠다고 나서 주목된다. 주민제안으로 환지 방식에 의한 도시개발은 신봉지구에 이어 두 번째다. 하지만 신봉지구 도시개발구역 지정이 최근 교통대책 미흡과 높은 인구밀도 등을 이유로 경기도 도시계획위원회에서 부결, 신봉지구보다 인구밀도가 높은 동천도시개발사업이 도시개발구역으로 지정될지 관심이 모아지고 있다.[9]

수지가구단지 거리의 영세 가구공장들은 이렇게 1990년대 후반 이후 동천구역 택지개발사업이 시작되면서 가구대리점 일부를 남기고 대부분 다시 어정 단지 쪽으로 옮겨갔다. 그러나 그 뒤 어정지역도 도시개발사업이 시작되면서 다시 일부는 땅값이 싼 처인구로 이주했다.

5) 열악한 작업환경, 영세 가구공장의 눈물

초기 가구공장들은 염광농원 내에서 축사로 쓰이던 비닐하우스를 그대로 이어받았다. 당연히 작업환경은 열악했다. 비닐하우스 안에 많은 목재가 쌓여 있어 작업 중 원인 모를 불들이 자주 일어났다. 한번 불이 붙으면 비닐하우스이다 보니 쉽게 타버리고 이웃 공장까지 태웠다. 그리고 불이 지나간 자리에 공장주들은 다시 비닐하우스를 지어 작업을 이어갔다. 원주민들의 기억 속에도 가구단지 이야기에는 화재 이야기가 빠지지 않는다.

사실 화재는 가구 단지뿐 아니라 섬유공장이 주류였던 동천리에서 주 1회 정도 일어날 정도로 '일상적인 사고'였다. 그중 일부 사고에 대해 가구공장 관계자들은 지주들이 가구공장을 얼른 내보내고 그 부지를 아파트 건설업자들에게 고가에 매각하기 위해 불을 지른 것 아니냐는 의심에 찬 눈길을 보내기도 했다.

9 "동천지구 도시개발사업 추진", ≪용인시민신문≫, 2002년 12월 12일 자.

이 영세 가구공장들은 가구 단지가 호황을 누리던 시절에도 그리 재미를 보지 못했다. 그러나 가구 단지의 최약자는 그 산업에 종사했던 외국인 노동자들이었다. 초창기 가구공장 노동자들은 대체로 내국인이었고 고기리나 동천리 원주민들도 간혹 공장에 취업했지만 1990년대 들어서는 외국인 노동자들의 취업이 증가하면서 외국인 노동자가 다수를 차지했다.

1990년대 말 분당과 수지 지구의 아파트 건설 붐을 타고 가구 판매 등은 호황을 누렸지만, 외국인 노동자들의 근로조건은 상당히 열악했다. 임금 체불과 구타가 다반사였고 불법체류자 단속 때는 온 동네가 시끄러웠다. 외국인 노동자들이 연대해 근로조건 개선을 위한 시위를 벌이기도 했다.

그러나 성과는 미흡했다. 이들이 권리 개선을 요구하던 시기에 동천리에서는 아파트 건설이 시작되었고 결국 그들은 소리 없이 사라졌다. 지금은 그들의 흔적도, 그들을 기억하는 사람도 거의 없다. 1990년대를 중심으로 10년 이상 삼삼오오 왁자지껄 동료들과 얘기를 나누며 동천동 밤거리를 헤맸을 그들의 모습이 상상이나 되는가.

6) 깻잎 냄새가 사라지다

동천동에서 역사가 가장 오래된 식당으로 꼽히는 '이리식당'의 안주인은 동천리의 옛 기억을 깻잎 냄새로 말한다. 오랜 식당 일로 마을을 느낄 기회는 별로 없었지만, 성남과 동천리를 오가는 마을버스 문이 열릴 때 풍겨오는 깻잎 냄새가 유독 좋았다고 말한다. 누구에게나 그렇듯 고향 특유의 이미지는, 그것이 풍경이든 냄새든, 외지 생활에서 바짝 곤두선 우리의 신경을 신기하게도 어루만져주는 효과가 있지 않은가. 지금은 상상하기 어렵지만, 이리식당 아주머니에겐 깻잎 냄새가 동천리의 냄새였다.

그러나 그 냄새는 염색공장들의 화학약품 냄새에 묻히고 말았다. 동천리 일대는 염색과 피혁공장에서 나오는 악취로 진동했다. 악취뿐만 아니다. 상수도 시

그림 5-6 동막천으로 야유회 나온 사람들

공장들이 들어서기 전 동막천은 마을 사람들의 빨래터이자 쉼터였다(동신이발소 제공).

설이 변변치 못하다 보니 동네 빨래터가 되기도 하고, 때때로 마을 야유회가 펼쳐지기도 했던 동막천의 오염은 더욱 심각했다. 동막천 주변으로 영세 피혁공장들이 들어서면서 고기리의 맑은 계곡물이 이곳 동막천에 이르러서는 악취가 진동하는 쓰레기 물이 되었다. 바람이 심하게 불 때면 고기리에서도 악취를 맡을 수 있을 정도였다고 한다.

1980년대 중반부터 10여 년 동안 동천리는 공기 좋고 물 맑은 시골 마을에서 급격히 악취 나는 공장지대로 바뀐 것이었다. 당시 동천리에서 가장 큰 공장이던 선경매그네틱에 제기된 주요 민원도 대기오염과 냄새였다.

민원이 정말 많았어요. 우리가 동천5리였는데 주변 마을이던 1리와 6리에서 주민들이 계속 시위를 했어요. 나중에 성남 벌말 주민들까지 냄새가 난다며 항의했죠. 시위는 과격해서 어떤 때는 유리창을 부수며 컨테이너 차량 진입을 막기도 했어요. 우리 회사가 카세트테이프를 만드는데 세척용액으로 솔벤트를 사용해요. 이게 문제가 된 거지요. 그러나 우리는 악취가 나지는 않아요. 악취는 염색과 피혁공장이 주범이지만 우리가 큰 공장이다 보니 표적이 됐어요. 환경부 조사부터 주민 건강검진까지 요구를 다 들어줬죠. 그리고 동천1리에 마을회관을 지어주고 5리와 6리에는 마을발전기금을 기부했죠. 그 뒤에도 마을행사 등에 협찬을 제공하면서 상생을 도모했습니다. 도시가스 유입이 빨랐던 것도 선경의 힘이었지요. 도시가스가 들어오니 아파트 개발도 훨씬 수월했지요(유환근, 1958년생, 선경매그네틱 민원 담당).

그림 5-7 1993년의 한 현수막 사진

"공해업체 이주시켜 내 가족 건강찾자." 1990년대 중반 동천리 중심가에 내걸린 플래카드 사진이다. 동천리 공장에서 사용하는 화약약품들의 악취는 당시 마을의 가장 큰 골칫거리였다.

선경매그네틱 직원의 기억이다. 이 회사에서 카세트테이프 세척액으로 사용한 솔벤트는 휘발성 화학물질이다. 호흡을 통해 인체에 쉽게 흡수되어 신경계·호흡계 질환을 유발한다. 이 회사는 물 사용도 많았다. 당시 상수도 시설이 부족한 상태에서 선경은 동막천으로 관을 뚫어 물을 끌어와 사용했는데 이 불법 시공이 문제가 되어 큰 소동이 일기도 했다.

『용인현대사 연표』 2(용인문화원 발간)에는 언론을 통해 본 1997년 기록 중 1월 29일 자 기사에 "용인 수지 동천리 (주)SKM 인근 주민들, 공장에서 배출되는 화공약품(솔벤트) 악취로 만성 두통 증세, 24시간 공장 가동으로 창문도 못 여는 등 큰 불편"이라는 짤막한 요약 글이 기록되어 있다. 그런가 하면 민원은 동천리 주민들뿐 아니라 인근 동네에서도 제기됐다.

수지1지구 주민들은 인근 동천리 마을 가구공장의 폐목재, 비닐, PVC 등을 태우는 소각장에서 풍겨오는 악취에 시달리고 있다. 주민들은 "소각 냄새 때문에 출근길 기분을 망치기 일쑤"라며 "주민들의 건강을 위해 소각장을 폐쇄해야 한다"고 촉구했다. 최근 노동환경건강연구소가 죽전취락지역 일대 먼지를 수거, 측정한 결과 이곳에서 발생하는 먼지 속에는 인체에 유해한 납(Pb)이 0.8㎍/m³(마이크로그램 ·1㎍은 100만분의 1g)로 우리나라 연간 평균기준치(0.5㎍/m³)보다 높은 것으로 나타났다.[10]

지역 주민들이 대기오염과 악취에 대해 지속적으로 민원을 제기해도 행정적 해결이나 제대로 된 환경영향평가 등이 이루어지지 못했던 것으로 보인다. 그런 중에도 선경이 의뢰한 환경 평가와 주민 건강검진의 결과는 늘 '이상 없음'이었다.

7) 새로운 주민의 유입, 마을공동체도 흔들리다

동천리에 공장지대가 형성된 1980~1990년대에 자연히 마을 사람들의 구성도 크게 달라졌다. 자연부락 중심의 마을공동체는 서서히 해체되었다. 아랫손골, 윗손골, 동막골 등의 마을마다 있던 대동회 행사들도 대개 1980년대 후반 이후 사라졌다. 그나마 근대화의 물결에서 비켜 있던 고기리와 중손골 마을은 지금까지 마을공동체 행사를 이어오고 있지만, 그것도 옛날 같지 않다. 소수 원주민의 친목 모임 수준이다.

공장지대화 시기에 동천리에는 외지인들이 대거 유입됐다. 1974년 등록된 동천리 인구수[11]는 1631명 정도였고 1980년에는 2278명이었다. 그러다 1989년이

10 "난개발 용인 '후유증만 쌓이네'", ≪동아일보≫, 2001년 4월 19일 자.

11 동천리의 인구 문제는 이 책의 제4장 "동천동과 고기동의 인구 이야기"에서 자세히 다루었다.

되면 5044명으로 급격히 증가한다.

당시 이웃 동네였던 고기리의 인구변화와 비교해 보자. 고기리의 인구는 1974년 712명, 1980년은 559명으로 오히려 줄고 1989년은 다시 751명으로 파악된다. 동천리가 농촌 마을에서 조금씩 공장지대로 변모하면서 주민이 전국 각지에서 급속히 유입되었던 반면, 여전히 농업 중심인 고기리에는 인구변화가 거의 없었다. 고기리 주민 중 일부는 동천리 공장들에 취업하기도 했지만, 일자리를 찾아 더 멀리 서울과 수원으로 떠나는 것이 일반적이었다.

당시 선경매그네틱에는 전국 각지에서 올라온 여성 노동자들이 근무했다. 호황기에 이 공장의 직원 수는 1000여 명이었고, 그중 여성 노동자가 800~900명이었다. 선경은 기숙사를 지어 그들을 수용했다.

> 공장들이 생겨도 동천리 원주민들 숫자가 많지 않으니 전국에서 사람들이 왔지. 유입된 공장 아가씨들과 동천리 총각들이 눈이 맞아 결혼들을 많이 했어. 동천리는 이때부터 '전국구'가 된 거야. 그리고 농사짓던 원주민들은 공장에 취업하기보다 자기 집을 잠만 잘 수 있는 작은 방들로 개조해 공장 아가씨들에게 월세를 많이 놨지. 사실 농사짓는 건 돈이 안 되잖아. 세를 주는 사람들이 많아지니 자연스레 임대를 알선하는 부동산업자도 많이 생겼지. 당시 중개업자는 원주민들이 다수였고 자격증을 가진 사람은 거의 없었어(이보영).

이렇게 1980년대 동천리는 점차 공장지대로 변하고 있었고, 마을의 모습은 농촌과 공장지대의 혼합형이었다. 공장의 일꾼들은 전국에서 몰려온 청년들이었다. 원주민의 자녀들은 농사보다는 공장 취업을 선호했다. 그러나 원주민 대부분은 이전부터 살아온 방식대로 여전히 농사를 더 많이 지었다.

그런 중에 원주민들은 방을 쪼개 월세를 놓고 그 수입으로 경제적 이익을 얻었다. '하꼬방'[12]으로 불리던 이 방들은 기존의 방에 판자를 덧대 방의 개수를 늘린 형태다. 대부분 새로 건축하기보다 창고를 개조하거나 기존의 방을 쪼갰다. 전기 패널을 깔아 난방은 되지만 칸막이만으로 방을 나누다 보니 방음이 될 리 없었다. 공장 기숙사가 있어도 노동자들은 이런 열악한 방이라도 자취방을 선호해 인기가 꽤 많았다. 이 방은 주로 잠만 자는 용도였다.

마을의 모습이 달라지고 사람이 달라지니 거리 풍경도 달라졌다. 식당과 다방들이 생겨나고 술집도 생겼다. 술집은 머내 주막거리 중심으로 성업했고, 식당은 지금의 동문6차 아파트 상가 쪽으로 부산식당, 이리식당, 진미식당 이 세 곳이 있었다. 부산과 진미식당은 아파트 개발로 사라졌지만 1977년에 개업한 이리식당은 몇 번의 이사 끝에 동막골로 자리를 옮겨 여전히 영업 중이다. 그리고 선경 공장 앞 중앙슈퍼는 주변 상가 중에서 가장 재미를 본 곳으로 주민들 사이에 기억되고 있다.

> 동네가 많이 바뀌었지. 공장이 들어서고 외지에서 사람들이 대거 몰려오면서 아랫손골 쪽은 가구수가 급격히 늘어났어. 아랫손골은 동천1리로 크게 묶여 있었는데 점차 동천4리, 동천5리와 6리까지 분할되었지. 바위배기(현재 동천동 한빛중학교 일대) 쪽은 사람이 없었는데 염광농원이 들어서면서 동천4리가 되었고 선경 공장 일대가 동천5리, 머내로 불리던 주막거리는 6리로 나뉘었지(김연배).

당시 인구조사는 주로 마을 이장들이 담당했는데 기록된 인구수 외에 통계에 잡히지 않은 노동자들도 많았다고 한다. 아무래도 일자리를 찾아 뜨내기로 들락날락했던 노동자도 많았고, 여러 사정상 본가에 주소를 그대로 두기도 했으니 통계상의 수치보다 더 많은 노동자가 동천리로 유입되었던 것으로 추정된다.

12 판잣집을 속되게 이르는 말이다. 어원은 상자를 뜻하는 일본어 'はこ(하꼬)'에 방을 덧붙인 것이다. 6·25 전쟁 전후 부산으로 내려온 피난민들이 지은 매우 작은 칸막이 판잣집 방이 그것이었다.

이래저래 1980~1990년대의 동천리는 이미 한적한 시골 마을이 아니었다. 전국에서 올라온 새로운 전입자들에 심지어 외국인 노동자들까지 뒤섞여 좁은 거리는 마치 국제도시의 뒷골목처럼 북적였고, 공장들과 주민, 주민과 주민 사이에서는 다툼이 끊이지 않았다. 염색과 피혁 등 섬유공장과 가구공장이 많았던 곳이라 화재 또한 일상사였다.

이것도 근대화라면 아주 급격한 국적 불명의 저급 근대화였다. 그리고 그렇게 근대화된 마을에 현금이 돌기 시작하면서 농업과 전통적 인간관계에 기반을 둔 마을공동체도 자신의 의지와 관계없이 급격히 쇠락해 갔다. 공장들이 들어선 동천리는 한동안 어지럽고 어수선했다.

4. '동천리'에서 '동천동'으로, 아파트 도시가 되다

프랑스 학자 발레리 줄레조(Valerie Gelezeau)는 우리나라를 '아파트 공화국'[13] 이라고 표현했다. 그녀의 눈에 우리나라는 국민 대다수가 대단지의 초밀집 공동주택에 거주하는 조금은 특이한 나라로 느껴졌나 보다. 아파트 공화국이라는 명칭은 이제 우리에게도 전혀 낯설지 않다.

1980년대 중반까지 대한민국 전체 주택에서 아파트의 비율은 13.5%였다. 그러다 1995년 37.5%, 2005년 53%, 2016년 60.1%로 꾸준히 늘어났다. 지금도 부동산 가격 폭등으로 수도권 전세난이 심각해지자 다시 공급에 대한 요구가 많아 앞으로 서울과 수도권의 아파트 비율은 더욱 높아질 전망이다.

동천동은 아파트 공화국의 단적인 예다. 잠깐만 둘러보아도 어디서든 아파

13 '아파트 공화국'은 2007년 후마니타스 출판사에서 출간한 그녀의 저서 한국판 제목이기도 하다. 그녀는 1993년 서울을 처음 방문했을 때 거대한 아파트 단지에 놀라 이를 연구해 보기로 계획했고, 한국의 아파트를 다룬 박사학위 논문은 프랑스에서 2003년 책으로 출간되었다.

트의 거대한 숲과 마주치게 된다. 광역버스를 내려 마주하는 높은 건물들은 대부분이 아파트다. 주민들의 주택 비율에서 아파트가 차지하는 비율은 90% 이상이다. '아파트 단지'의 기준은 일반적으로 '최저 5층 이상의 공동건물, 최소 300세대 이상, 그리고 단지 내 관리사무소 설비' 등이다. 이 기준으로 본다면 동천동에는 아파트 단지가 즐비할 뿐 아니라 그것도 대개 15층 이상의 고층아파트 단지들이고, 그 사이사이에 일부 상가와 4, 5층 빌라들이 숨구멍처럼 존재하는 동네다.

한편으로 동천동은 1990년대 후반 대규모 택지개발과 난개발이 혼재된 지역으로 개발 과정의 문제점을 고스란히 드러내고 있다. 20여 년에 걸친 대규모 아파트 건설로 동천동에서 옛 땅의 흔적들은 순식간에 사라졌다.

1) "아파트 불빛이 꽃 같았어요!"

1990년대 말 아직 동천리라 불리던 시기, 이곳에 아파트 건설이 본격적으로 이루어진 배경은 크게 세 가지로 정리해 볼 수 있다. 첫째는 1989년 노태우 정부가 발표한 주택 200만 호 건설 계획에 따라 만들어진 분당신도시 개발이고, 둘째는 1995년 시작된 지방자치제, 마지막으로 김대중 정부의 그린벨트[14] 해제 정책이었다.

이러한 정책 시행의 결과 1980년대 말 절정을 이뤘던 서울 내 아파트 개발은 1990년대 이후 수도권 위성도시나 신도시 개발로 옮겨갔고, 중앙정부 주도의 대규모 개발 방식에서 지자체 단위의 중소규모 건설 계획으로 양상이 바뀌었다. 용인군은 이러한 도시개발의 전형을 보여준다. 용인군 내에서도 특히 동천리는

14 그린벨트는 박정희 정권이 1964년 '대도시인구 집중방지대책'에서 시작된 개발제한구역이다. 정부는 도시의 무분별한 확산과 난개발을 막고 도시 주변의 환경을 보전하자는 취지에서 수도권을 시작으로 부산권·대구권 등 14개 권역에 개발제한구역을 지정했다. 그러나 그 뒤 새로운 정권이 들어설 때마다 그린벨트 규제 완화 요구가 거셌고, 계속 일부가 해제되어 갔다.

경부고속도로에 인접한 마을이면서 땅값이 비교적 저렴하고 서울 강남으로 접근성이 뛰어날 뿐 아니라 이웃한 분당신도시의 인프라를 공유할 수 있어 개발은 시간의 문제였는지도 모른다.

주택 200만 호 건설 계획은 1980년대 말 부동산 투기의 극성으로 인한 주택가격의 급등과 전세 시장의 불안, 저소득층의 주거불안 등 심각한 주택 문제의 해결 방안으로 발표되었다. 수도권에 90만 호, 지방에 나머지 110만 호를 짓는데, 여기에 서민들을 위한 영구임대주택 25만 호가 포함된 계획이었다. 이 계획의 핵심은 5개 신도시 건설이었다. 이 신도시들을 우리는 1기 신도시라고 부른다. 성남 분당(9만 7500호)과 고양 일산(6만 9000호)의 규모가 가장 컸고, 부천 중동과 안양 평촌, 군포 산본이 각각 2만 5000호로 계획되었다. 이 건설 계획의 발표 이후 주택 건설이 본격화되면서 1990년에는 주택 건설 물량이 46만 2000호였고, 1991년에는 75만 호의 주택 건설이 이루어졌다. 엄청난 공급이었다. 그리고 그 뒤 신도시를 조성해 대규모 단지를 이식하는 방법은 수도권 도시개발의 주요 형태가 되었다.

> 일산이나 분당 모두 다른 신도시들처럼 택지가 농지를 밀어냈다. 미국식 대로가 바둑판 모양으로 들어서고 그 안에 주거단지가 건설된 이 신도시들은 대도시에 의존하지 않는 독립된 도시 기능을 갖추고자 했다. 공간 구조에서는 '빌라'나 '맨션' 형태의 고급주택가 등 어느 정도 혼합 형태를 띠는 경우도 있지만, 16~20층 높이의 초고층 건물들이 주를 이루는 수직적 도시 계획이 그 특징이다. 서울과 부산을 잇는 경부고속도로에서 바라본 분당의 야경은, 농촌의 벌판 위에 창마다 불을 밝힌 건물들이 줄지어 우뚝 솟아 있는 모습으로, 논 한가운데서 빛나는 숲처럼 장관을 이룬다.[15]

15 발레리 줄레조(Valerie Gelezeau), 『아파트 공화국(Seoul, Ville Geante, Cites

발레리 줄레조는 분당신도시의 야경을 논 한가운데 빛나는 숲으로 표현했다. 어두운 밤을 배경으로 환하게 켜진 아파트 불빛은 당시 많은 사람의 이상이 되었다. 동천리의 한 원주민도 이 지역의 첫 아파트인 동문그린이 지어졌을 때의 소회를 "환하게 켜진 불빛이 '꽃' 같았다"라고 말하기도 했다. 그는 여러 공장이 들어섰을 때보다 아파트가 들어서고서야 이제 우리 동네도 도시가 되었다고 생각했다.

돌이켜 보면 1990년대에는 대한민국 국민 대다수에게 아파트와 자동차는 도시 중산층의 상징이었다. 당연히 고층아파트의 불빛은 동천리 주민들에게 꽃처럼 동경의 대상이 되었고, 아파트 개발에 대한 거부감을 상당히 상쇄했다. '아파트 개발이 이뤄질수록 우리 마을은 점점 더 살기 좋은 곳이 되리라!'는 생각이었을 것이다.

분당신도시의 개발 바람은 인근 동천리로 바로 불어닥쳤다. 동천리는 분당과 대왕판교로를 경계로 이웃한다. 개발 당시 분당신도시 택지는 대부분 농지였고, 심지어 산업단지가 조성된 동천리보다 땅값도 쌌다. 그러나 신도시 계획이 발표되고 분당 부동산 가격은 몇 배로 뛰었고, "천당 아래 분당"이라는 말이 회자될 정도로 수도권 인근 최고의 신도시로 급성장했다. 당연히 분당과 경계한 동천리 그리고 용인군[16] 수지읍 일대에 주택 건설 바람이 비껴갈 리 없었다. 분당의 인프라를 공유할 수 있는 수지구는 택지개발사업에 유리했다. 자연스레 용인군의 택지개발은 수지구부터 시작되었다.

당시 용인군과 한국토지주택공사(지금의 LH한국토지주택공사)는 수지를 시작

Radieuses)』(후마니타스, 2007), 49쪽.

16 1996년 3월 1일 용인군은 도농복합형태의 용인시로 승격했다. 시 승격 당시 인구는 약 29만 명이었다. 2001년 12월 24일 수지읍이 수지출장소로 승격되면서 동천동이 신설되었다. 그리고 2005년 10월 31일 수지출장소가 수지구청으로 승격되고 2002년 9월 5일 용인시의 인구는 50만 명을 돌파했다. 그리고 2019년에는 100만 명까지 넘어섰다. 시 승격 이후 불과 23년 만에 엄청난 증가를 보인 것이다. 수지와 기흥 지역에 집중된 대규모 택지개발과 산업단지 조성이 주요 요인으로 꼽힌다.

표 5-3 동천동 아파트별 준공 시기와 세대수

시기	아파트명	세대수	개발방식
1998.12	동문그린	227세대	민간
1998.12	풍림	271세대	민간
2000.4	진로	269세대	민간
2001.11	동문굿모닝힐 3차	181세대	민간
2002.4	현대홈타운 1차, 2차	1594세대	민간
2003.5	푸르지오	190세대	민간
2003.7	영풍	149세대	민간
2004.1	써니밸리	627세대	택지개발사업
	효성	344세대	
	우미이노스빌	396세대	
	신명스카이뷰	262세대	
2004.3	동문굿모닝힐 5차	1334세대	민간
2007.10	동문굿모닝힐 6차	220세대	민간
2010.5~ 2010.10	래미안 이스트팰리스 1단지/2단지/3단지/4단지	460세대 428세대 885세대 620세대	도시개발조합
2018.7	동천 자이 1차	1437세대	도시개발조합
2019.5	동천 자이 2차	1057세대	도시개발조합

으로 수지지구, 죽전지구, 기흥동백지구와 구성지구 등 차례로 대규모 택지 개발 계획을 발표했다. 1995년 용인군의 인구가 24만 2000명을 넘으며 전국에서 인구가 가장 많은 군이 되고 1996년 용인시로 승격된 것도 다름 아닌 대규모 아파트 개발사업의 결과였다.

1995년 지방자치제의 부활도 200만 호 주택 건설 붐과 맞물리며 지자체 주도의 아파트 개발을 더욱 부채질했다. 그 이전 택지지구 개발계획은 국가가 주도하는 사업으로 중앙정부에 허가권이 있었다. 그러나 지방자치제도가 시행되면서 지자체장도 주택공급의 허가권을 갖게 되었다. 용인군은 제1기 신도시로 지정되지는 못했지만, 지방자치제도 시행과 맞물려 1990년대 중반 이후 본격적으로 아파트 개발을 용이하게 시작할 수 있었다.

그리고 1998년 김대중 정부의 그린벨트 해제 정책도 용인군의 아파트 개발을 가속화했다. 당시 외환위기 극복을 위해 수도권 입지규제 완화 등을 적극적으로 추진하며 역대 정부 중 가장 많은 면적을 해제한다. 특히나 용인군은 "생거진천 사거용인(生居鎭川 死居龍仁)"이라는 말이 있듯 조선 후기 명문 집안의 종중 임야가 많았다. 이 임야 대부분이 그린벨트로 묶여 있었다. 1990년대 말 이 땅에 대한 개발 제한이 풀리면서 다른 수도권 도시보다 용인군의 택지개발 속도에는 더욱 불이 붙게 된다. 택지개발의 첫 단추이자 핵심은 소위 지주(토지) 작업으로 개발부지 확보가 가장 중요하다. 종중 토지는 수만에서 수십만 명이 소유하는 땅이기는 하지만 종중 집행부 몇 명의 동의나 설득만 이뤄내면 전체 부지를 확보할 수 있는 환경이었다. 용인에서 수지 쪽 개발이 가장 먼저 이뤄진 데는 분당신도시 개발의 영향뿐 아니라 종중 땅의 비율이 높았던 점도 일정 작용한 것으로 이해된다.[17]

2) '난개발'은 오히려 점잖은 비난일 뿐

2001년 12월 24일 수지읍이 수지출장소로 승격되고, 동천리는 동천동이 되었다. 1990년대 말 수지지구에 이어 동천지구 택지개발사업으로 동천동에는 우미이노스빌, 신명스카이뷰, 효성아이파크와 써니밸리로 이어지는 대규모 아파트

17 2005년 7월 21일 종중 임야 매매와 관련해 대법원에서 성인 여성을 배제하고 남성만 종중 회원으로 인정해 온 관습과 수십 년 된 판례를 깨고 대법관 전원일치 의견으로 여성도 종중 회원으로 인정해야 한다는 새로운 판례를 내놨다. 당시 용인 이씨 사맹공파 출가 여성 다섯 명은 종중이 1999년 3월 종중 소유 임야를 건설업체에 350억 원에 판 뒤 성년 남자에게는 1억 5000만 원씩 지급하고 미성년자와 출가녀 등에게는 종중원의 지위를 인정하지 않은 채 증여 형태로 1인당 1650만 원에서 5500만 원씩 차등 지급하자 종중 회원 확인 등 청구소송을 제기했다. 1990년대 말 이후 수원지법에는 용인 지역의 종중 땅 매매와 관련한 소송이 끊이지 않았다.

단지들이 세워졌다.

그러나 이 아파트 단지들이 동천리의 첫 아파트는 아니었다. 동천지구 택지개발사업 이전에 민간기업에 의한 300세대 미만의 아파트들이 먼저 들어섰다. 동문그린아파트와 풍림아파트가 1998년 12월에, 그리고 뒤이어 2000년 진로아파트가 각각 들어섰고, 그 이듬해에는 동문굿모닝힐 3차 아파트로 이어졌다.

2002년 현대홈타운 1차와 2차 아파트 등 총 1594세대가 들어오면서 동천동은 제법 아파트 단지들이 조성된 마을로 변모했고, 인구수 또한 급격히 증가했다. 1999년 4878명이던 인구는 2002년 1만 870명으로 두 배 이상 증가했다. 그러다 염광농원 일대에 건설된 래미안 이스트팰리스가 입주한 뒤인 2012년에는 인구가 3만 1629명으로 치솟았다.

동천동은 분당 신도시처럼 한꺼번에 개발되는 방식이 아니라 차례차례 개발되었다. 1990년대 후반 논과 밭, 종중 임야와 공장들을 사들여 민간 건설사들이 300세대 미만의 아파트들을 짓기 시작했다. 그러다 2004년 동천지구의 택지개발사업 이후 대규모 아파트 건설은 도시개발사업으로 다시 계획되었다.

'택지개발사업'과 '도시개발사업'의 차이는 무엇일까? 택지개발사업은 1980년 제정된 택지개발촉진법에 따라 주택공급을 목적으로 도심 외곽이나 신도시 개발 등 대규모 주거단지를 조성하는 사업이다. 그에 반해 도시개발사업은 도시개발법에 따라 공공이나 민간이 다양한 용도 및 기능의 단지나 시가지를 조성하는 사업이다. 좀 더 쉽게 비교하면 대규모 주거지역을 개발하는 택지개발사업은 지방자치단체와 한국토지개발공사 등 주로 공공기관이 시행했다면, 도시개발사업은 민간이 제안해 추진하는 택지개발 방식으로서 사업 주체는 도시개발사업조합이 된다. 도시개발은 토지 면적의 2분 1 이상을 확보하고 토지주의 3분의 2 이상의 동의를 받으면 개발 요건이 충족되는데, 수도권 과밀화로 한동안 택지개발사업이 주춤한 사이에 이 도시개발법을 이용한 대규모 아파트 개발이 전국적으로 성행했다.

그림 5-8 수지의 항공사진

신설도로와 구도로가 얽혀 있고, 민간과 공공의 아파트 개발이 혼재되어 있다.

그림 5-9 분당의 항공사진

도로가 정연하게 바둑판 배열을 이루고 있다.

> 동천동 417-5번지 염광농원 일원 13만여 평의 땅이 공공기관이 아닌 토지주들에 의해 직접 아파트 등 택지로 개발된다. 도시개발법 시행 이후 도내에서 민간 제안으로 도시개발구역 지정을 받아 택지개발사업이 추진되기는 양주 가석지구에 이어 동천도시개발사업이 두 번째이며, 용인에서는 이번이 처음이어서 잇따르고 있는 주민 제안 지구단위계획에도 적잖은 영향이 미칠 것으로 보인다. 경기도 도시계획위원회는 지난 5일 행정부지사를 비롯한 도시계획심의위원들이 참석한 가운데 김포 고촌과 함께 용인 동천 도시개발구역 지정을 조건부로 심의·의결했다고 밝혔다.[18]

동천동도 마찬가지로 2004년 택지개발사업 이후 아파트 개발은 도시개발사업이 주류를 이루었다. 도시개발사업은 택지개발사업보다 규모가 작지만 입지 제한이 없을 뿐 아니라 택지지구보다 전매 제한 등 규제에서 다소 유리했다. 또 민간이 개발을 주도하면서 개발 속도도 비교적 빨랐다. 2000년대 이후는 염광농원 일대의 개발부터 동천 2지구와 3지구 모두 도시개발사업으로 조합이 사업 주체가 되어 대규모 아파트 건설을 주도했다.

이렇게 동천동에는 1990년대 말 이후 소규모 아파트부터 대규모 아파트 단지

18 "도, 동천 도시개발구역 지정", ≪용인시민신문≫, 2004년 3월 11일 자.

까지 다양한 개발 방식들이 시행되며 도시화가 급속히 진행되었다. 20년 동안 인구는 네 배 이상 증가했다. 현재 인구는 약 4만 5000명으로 행정동 하나가 지방 중소도시 인구와 맞먹는 수준이다.

그러나 민간 건설과 도시개발사업 방식이 주류를 이루다 보니 택지개발 방식의 분당과 달리 도시 기반 시설이 턱없이 부실했다. 예컨대 기존 구도로를 확장하지 않은 채 주먹구구식으로 개발을 시행한 결과, 난개발의 오명을 들을 수밖에 없었다. 20세기는커녕 19세기에 사용되던 도로를 그대로 두고, 주민센터 역시 옛 동사무소 수준의 사무 공간에 머물고 있으며, 공원도 턱없이 부족하다. 기반 시설의 계획 없이 건축 허가의 남발로 진행된 개발이 '난개발'이 아니면 도대체 어떤 것이 난개발이겠는가. 동천동의 도시상(都市像)은 21세기의 그것이기는커녕 오히려 전근대(前近代), 아니 야만에 더 가까운 것인지도 모르겠다.

이제 동천동에는 아예 마을의 경관이라고 부를 만한 것이 거의 남지 않았을 뿐만 아니라 도시의 모습 자체가 주민들의 불편함을 가중시키면서 난개발의 후유증이 일상이 되고 말았다.

3) 험한 땅이 비싼 땅이 되다

'난개발'이라는 비난은 사실 동천동뿐 아니라 용인시 전체에 해당하는 것이었다.

용인시의 개발 역사를 보면, 수지1지구(풍덕천1동 지역)가 가장 먼저 개발되어 1995년 입주했고, 수지2지구(죽전2동, 풍덕천2동 지역) 등이 1998~1999년에 개발되어 그 뒤를 이었다. 그리고 수지1지구와 2지구를 중심으로 가지를 뻗듯이 이웃 성복동과 신봉동, 동천동이 개발되었는데 수지구의 아파트 개발 과정은 분당 신도시 개발과는 전혀 다른 양상이었다.

수지 개발의 특징은 전체 도시계획에 따라 한꺼번에 개발되지 않고 차례차례 개발되었고, 또 민간과 공공 개발이 혼재되어 있었다. 게다가 도시경관과 시 전반의 체계적인 도시 기반 시설 계획이 없는 상황에서 용인시는 건축 허가를 남발했다. 그 결과 자연환경 파괴, 도로 및 편의시설 부족 등 난개발의 문제가 고스란히 도시의 숙제로 남은 것이다.

수지 안에서도 동천동은 특히 도로와 공원 등 기반 시설이 매우 취약하다. 현재 5만에 육박하는 인구임에도 불구하고 제대로 된 공원이 갖추어져 있지 않다. 어린이 놀이터 정도의 소공원 두 개와 동막천과 손곡천 주변이 그나마 주민들에게 쉼터 역할을 하고 있을 뿐이다.

도로 문제는 더욱 심각하다. 비록 300세대 미만이라고는 하나 동천리 첫 아파트들은 기존 좁은 마을 길을 정비하지 않은 채 그대로 건설되었고 도시개발조합이 시행한 아파트 역시 주변 도로 확장 없이 개발이 진행되었다. 일부 구간은 보행자 도로가 따로 없이 차와 사람이 얽혀 지나다니기도 한다. 입주한 아파트 주민들이 뒤늦게 도로 확장 등 민원을 제기해도 담당 부서는 지가가 매년 상승하다 보니 도로 건설을 위한 사유지 매입도 쉽지 않다고 답변할 뿐이다. 이게 무슨 도시 행정인가.

> 지금 생각하면 '우물 안 개구리'였다. 2001년 동천동이 신설될 때 인구가 7000~8000명이었다. 그때 앞으로 인구가 2만 명이 안 될 것으로 예상했다. 그러나 2020년 말 현재 5만 명에 육박한다. 동천동의 문제는 인구 대비 제대로 된 공원이나 도로 등 기반 시설이 태부족하다는 점이다. 이는 도시계획에 반영돼 미리 설계되어야 했지만 20년 전에 이 정도 인구 증가도 예상하지 못했다. 당연히 주민센터도 협소한 상태다. 현재 동천동에는 국공유지가 거의 없어 신축이나 증축이 쉽지 않다. 조만간 손곡천을 기준으로 동천 1동과 2동으로 나뉠 텐데 장기 대책을 세워나가야 하겠다(이보영).

처인구 주민들이 가끔 동천동에 오면 상전벽해라는 말을 자주 한다. 20년에 불과한 기간 동안 용인에서 처인구와 수지구의 변화는 극과 극으로 대조적이다. 용인군 시절 김량장동이 위치한 처인구는 오랫동안 용인의 중심 지역이었다. 그러나 최근 들어 아파트 개발의 영향으로 용인의 서북쪽 변두리 수지구가 급격히 성장했다. 수지구 안에서도 성남과 경계 지역으로 끄트머리에 위치한 동천동, 옛날에 '험한 땅'이라 불리던 이곳은 이제 대규모 아파트 단지로 변모했고, 땅값 또한 가파르게 상승했다. 처인구의 상대적 박탈감은 이제 대규모 개발 요구 민원으로 이어져 용인시를 난감하게 하고 있다.

4) 뿌리가 잘린 은행나무

원주민들이 '은앵쟁이'라고 부르는 곳이 있다. 그곳에는 큰 바위들이 많아 오랫동안 사람이 살지 않았다. 거기는 커다란 은행나무도 한 그루 서 있다. 아마도 그래서 '은앵쟁이'라고 불렸던 것 같다. 이 은행나무의 나이를 정확하게 아는 사람은 당연히 없다. 500살이라고도 하고 600살이라고도 한다. 우리가 태어나기 전부터 이곳에 있었고, 아마 우리가 이곳을 떠나도 은행나무는 남아 있으리라. 이 은행나무는 불도저로 옛것의 흔적이 모두 사라진 동천동에서 가장 오래된, 살아 있는 유물이다.

이 은행나무는 보호수로 지정되었지만 근래에 마을의 나무가 아닌 한 아파트 단지의 나무가 되어버렸다. 은행나무의 관리와 보호를 조건으로 용인시가 은행나무를 둘러싼 터 일대에 아파트 건설을 허가했기 때문이다. 주민들은 우려했지만, 시청은 건설 허가를 불허할 근거가 없다고 했다. 건설사는 은행나무를 보호한다는 명목으로 울타리를 쳤다. 그러나 울타리 밖 뿌리는 잘라 버렸고 나무의 상처 부위에는 시멘트를 발랐다.

시멘트가 덧칠되고 뿌리가 잘린 은행나무는 동천동 아파트 개발의 현실을 적나라하게 보여준다. 그 아파트의 거주자가 아닌 이상 이 은행나무를 출입 차단기 밖의 먼발치에서 쳐다볼 수밖에 없는 마을 주민들은 비록 뿌리가 잘렸지만 그래도 죽지 말고 잘 버텨내 주기만을 소원할 뿐이다.

그림 5-10 동천동의 유일한 보호수인 은행나무의 과거와 현재 모습

이 은행나무처럼 옛 마을공동체의 뿌리는 도시화 과정에 이르러 거의 해체되었다. 20여 년의 개발 과정에서 원주민들 다수가 다른 곳으로 이주했고 신축 아파트에는 매년 새로운 전입자들이 대거 이주해 왔다.

동천동의 숙제는 도시 기반 시설의 확충만이 아니다. 소수의 원주민과 다수의 전입자 사이의 소통 문제 또한 심각하다. 거주하는 원주민 수는 현저히 줄었지만 그들의 목소리는 행정에서 여전히 큰 힘을 발휘한다. 한편 새로운 전입자들은 각 학교의 학부모회를 중심으로 경기도와 용인시의 지원에 힘입어 새로운 마을공동체 활동을 활발하게 벌여나가고 있다. 서로에 대한 이질감으로 일부 원주민들은 전입자 중심의 마을공동체 활동을 경계하고, 전입자들은 원주민들의 오래된 공동체적 관습에 문제를 제기한다.

몇 년 사이에 '마을'이라는 키워드가 부상하며 동천동에서도 마을공동체를 꿈꾸는 사람들이 많아졌지만, 원주민의 참여가 턱없이 부족한 가운데 진행되는 마을 만들기가 때로 공허하게 느껴지기도 한다. 동천동에서 마을공동체 활동은 아직까지 '실험 중'이다.

그림 5-11
옛 주막거리의 '머내슈퍼' 간판

현재는 슈퍼를 운영하지 않는다. 지금 사시는 아주머니의 선대부터 운영되었던 이곳은 오랫동안 머내 유일의 버스매표소이기도 했다.

그림 5-12
동막골에 남아 있는 옛집

이제 동천동이 아파트 숲이 되기 전의 모습을 간직한 옛집은 얼마 되지 않는다.

5. 마을을 꿈꾸다!

우리 마을의 이야기를 동천동에서 시작했다. 동천동의 원주민들과 인터뷰 또는 대화를 한 뒤 우리도 어떤 장소를 설명할 때 지금의 장소 또는 건물 이름과 함께 옛 마을 이름들을 말하기 시작했다. 그곳에 살았던 누군가의 삶은 이 책의 "머내열전"에 따로 기록되어 있다.

그런가 하면 내가 걸어 다니고 내가 살아가는 지금 이곳이 자연스럽게 '우리 동네'가 되었다. 이곳에 깃든 원주민들의 기억과는 비교할 바가 아니지만, 그들의 옛 기억이 지금의 내 삶에도 얹혔다. 동네에 놀러 온 낯선 친구들에게 여기가 옛날 주막거리이고 저기가 밤나무밭이며 저쪽에는 큰 부자가 살았다는 등으로 혼자서 떠든다. 그들이 흥미를 보이건 말건 마을 이야기를 주저리주저리 늘어놓는 내가, 스스로 생각해 봐도 신기하다.

"옛날이야기가 무슨 소용이고?" 이 질문에 이제 우리는 답을 할 수 있을까. 이미 대규모 아파트 개발로 땅의 모습이 달라진 마당에 마을의 옛이야기를 듣

그림 5-13 2020년 전후 동천동의 아파트 단지와 건설 현장

염광농원 일대에 도시개발사업으로 들어선 아파트 단지의 모습이다(왼쪽).

동천3지구 아파트 개발 당시 모습이다. 공사 현장 너머로 동천동 아파트 단지들이 보인다(오른쪽).

고 자료를 찾는 게 무슨 소용이 있을까 싶었는데 인터뷰하고 자료를 찾아가는 과정 속에서 과거 땅의 모습이 그려지고 사라진 마을의 모습들도 언뜻언뜻 보였다.

사실 우리가 과거의 마을을 찾을 수 있으리라 기대하지는 않았다. 언감생심, 어떻게 그런 일을 할 수 있으랴 싶었다. 그저 하루아침에 불도저로 사라지는 땅의 기억들을 지금 기록하지 못하면 영영 정리할 수 없겠다는 간절함으로 시작한 일이었다. 아파트 단지가 생길수록 원주민들의 수는 계속 줄어들었고 그들의 삶이 우리를 마냥 기다려줄 수 있는 것도 아니었다.

우리는 머내에서 깻잎 냄새를 맡아본 적도 없고 이제는 당연히 깻잎 냄새를 맡지 못하지만, 한때 이 동네에 깻잎 냄새가 진동하던 때가 있었고 이제 그것이 사라졌다는 사실을 안다.

우리는 아랫손골의 원주민들을 불과 한 손에 꼽을 정도로밖에 알지 못하지만, 그들이 100년 전에는 혈연집단일 뿐만 아니라 천도교의 단단한 동아줄로 묶인 공동체였고, 그 바탕 위에서 머내만세운동도 가능했다는 사실을 안다.

우리는 지금은 없어진 염광농원을 눈으로 직접 본 적은 없지만, 그 농원이 어디에 어떤 형태로 자리 잡고 있었으며 그곳 사람들과 아랫마을 사람들이 어떤 갈등과 공존 관계를 형성했었는지 안다.

그림 5-14 2019년 마을 장터

마을 장터는 다양한 주민들의 만남의 장이다.

그림 5-15 2019년 '숲속음악회'

마을의 여러 음악동아리와 주민들이 어울려 매년 가을에 축제를 연다.

그런 앎의 바탕 위에서 우리는 새로운 마을살이를 꿈꾼다. 꼭 깻잎 냄새를 맡고, 염광농원을 자기 눈으로 보았던 사람만 머내의 과거와 현재를 이어가는 것은 아니지 않은가?

무모한 바람일까. 그럴지도 모르겠다. 옛 마을들이 산과 계곡을 기점으로 한평생을 함께하는 공동체였다면 도시화가 빠르게 진행된 지금 우리는 이곳에서 만나는 이웃들과 그런 공동체를 꾸려 갈 수는 없다. 삶의 목표와 방식이 달라졌는데 어떻게 전통적인 마을공동체로 복귀할 수 있겠는가.

그러나 우리가 만난 옛 마을의 새큼달큼한 이야기들은 우리가 새로이 마을을 꾸려가는 데 충분한 단서를 주었다고 생각한다. 우리가 만들어 갈 마을 모습의 예시로서 부족함이 없었다.

이 땅의 기억을 기록하는 것은 흐르는 시간 속에서 '마을'을 만나는 과정이었다. 우리의 활동은 이 땅의 과거를 탐색하는 활동으로 마무리되었지만, 현재로 이끌려 나온 마을의 역사는 지금 이곳을 사는 우리의 일상에 활기를 불어넣고, 그 옛이야기 위로 지금 공동의 기억과 경험을 조금씩 쌓아 올릴 수 있는 토대로서 부족함이 없다. 머내만세운동[19] 기념행사와 동고동락 사업[20]도 원주민과 전입자들이 함께 '우리 마을'을 확인하는 단서가 된다.

그것으로 족하지 않은가. 우리는 이미 용인의 변두리 머내의 옛 모습과 그곳의 급격한 변화상으로부터 차고도 넘치도록 많은 것은 듣고 배우고 보았다. 열심히 들여다보니 머내의 모습이 아주 조금씩이나마 보이기 시작했다. 이제는 우리가 그 바탕 위에서 머내의 새 모습을 만들어갈 차례가 아닌가.

19 머내만세운동은 이 책의 12장 "'살아 있는 역사' 머내만세운동"에서 자세히 다루었다.

20 경기마을공동체지원센터에서 지원받은 사업이다. 동고동락은 동천동과 고기동이 함께 즐겁고 행복한 마을을 만들자는 의미다.

제6장

주막거리 이야기

1. '험천점막'은 도대체 언제 생겼을까?

지금 머내 초입의 '주막거리'는 당초 '험천점' 또는 '험천점막'으로 불렸다. 19세기의 지도들이 지금의 주막거리 위치에 '험천점막'을 표기하고 있음을 이미 앞에서 살펴보기도 했다. 그것은 민간 숙박 시설이었다.

조선 시대에 정부가 운영하거나 지원하던 '역(驛)' 또는 '원(院)'이 아니고 순수한 민간 시설로서의 '험천점'은 도대체 언제 성립된 것인지 궁금하다. 현재 우리가 확보할 수 있는 역사 기록들 가운데 험천점이라는 지명이 등장하는 가장 오래된 문건은 영조 19년(1743)에 간행된 『용인현읍지』다.[1] 거기에 용인현 내의 11개 점막 가운데 하나로 처음 그 이름을 선보였다. 여기서 험천점은 "읍치에서 서쪽으로 15리 떨어져 수진면에 있다(在縣西十五里水眞面)"라고 설명된다. 이 기록은 그 뒤 헌종 8년(1841)에 다시 간행된 『용인현읍지』에도 그대로 되풀이되었

1 '용인현읍지(龍仁縣邑誌)'라는 이름의 문서는 지금까지 네 건이 확인됐다. 여기 소개하는 영조 19년(1743)에 간행된 것이 가장 오래된 것이고, 그다음이 헌종 8년(1841)의 것이다. 그리고 고종 8년(1871)과 고종 28(1891)에도 간행되었다. 이 네 건의 읍지는 그 내용이 일부 겹치기도 하지만 조금씩 다르기도 해 18~19세기 용인의 변화상을 파악하는 데 여러 가지 중요한 시사점을 제공한다. 우리가 앞에서 살펴본 목판본 용인 지도는 이 가운데 마지막 해인 1891년 읍지에 수록된 것이다.

표 6-1 18세기 중반 영조 연간에 용인현에 있었던 11개 점막

	『용인현읍지』의 설명	현 지도상의 위치
읍내점(邑內店)	-	기흥구 마북동
하마비점(下馬碑店)	읍치에서 동쪽으로 5리 떨어져 읍내면에 있다.	기흥구 언남동 159 근처
행원점(行院店)	읍치에서 서쪽으로 5리 떨어져 서변면에 있다.	기흥구 보정동
험천점(險川店)	읍치에서 서쪽으로 15리 떨어져 수진면에 있다.	수지구 동천동 186
직동점(直洞店)	읍치에서 동쪽으로 20리 떨어져 수여면에 있다.	처인구 삼가동
신점(新店)	읍치에서 동쪽으로 20리 떨어져 수여면에 있다.	처인구 마평동
김량점(金良店)	읍치에서 동쪽으로 30리 떨어져 수여면에 있다.	처인구 김량장동
천곡점(泉谷店)	읍치에서 남쪽으로 40리 떨어져 상동촌면에 있다.	처인구 원삼면
빈양점(邠陽店)	읍치에서 남쪽으로 47리 떨어져 하동촌면에 있다.	처인구 이동면
장서리점(長西里店)	읍치에서 남쪽으로 60리 떨어져 하동촌면에 있다.	처인구 이동면 어비리
삼거리점(三巨里店)	읍치에서 남쪽으로 50리 떨어져 서촌면에 있다.	처인구 남사면

다. 이것이 문자 기록으로 확인할 수 있는 가장 오래된 험천점의 흔적이다.[2]

이렇게 18세기 중엽에 대거 자리 잡은 '점막'들은 이미 17세기 병자호란 직후에 등장하기 시작했다는 것이 일반적인 시각이다. 그 이전에는 집을 짓거나 마을을 형성할 때 개활지보다는 도로에서 멀리 떨어진 아늑한 공간에 자리 잡는 경향이 있었다고 한다. 그 이유는 도로가 전염병과 잡귀의 통로이며, 미풍양속을 해치는 부도덕한 것들이 전파되는 길이라고 생각했기 때문이다.[3] 따라서 가로변에는 역이나 원, 즉 그 주변에 형성된 역촌(驛村)이나 원촌(院村) 이외에 민간의 가옥이나 마을은 찾아보기 어려웠다.

그러나 두 차례 전쟁(임진왜란과 병자호란) 이후 국가가 역원 체제를 유지할 수 있는 능력을 잃자 역과 원은 급속히 줄어들었다. 전국에서 유지되는 것이 손꼽을 정도였다. 그러나 17세기 중반 상업이 발달하고 통행량이 대거 늘어나자 무

2 고동환, 『한국전근대교통사』(들녘, 2015), 374~381쪽.

3 최영준, 『한국의 옛길 영남대로』(고려대학교 민족문화연구원, 2004), 308~309쪽.

너진 역원 체제를 대신해 이들 여행객과 물동량을 수용할 수 있는 대체 시설이 필요했다. 이를 해결한 것이 민간의 점(또는 점막)이었다. 교통의 요지마다 자연 발생적으로, 요즘 식으로 표현하자면 '여관업'과 '요식업'을 겸하는 점막들이 여럿 생겨나고, 이들이 점촌(店村) 또는 주막거리를 이루었다. 조선 전기에는 별로 찾아볼 수 없던 가촌(街村) 또는 노변취락(路邊聚落)의 모습이었다.

이런 일반적인 양상은 험천점에도 고스란히 적용될 수 있겠다. 즉, 험천점이 성립된 것은 17세기 중반에서 18세기 중반의 어느 시점일 것이고, 애초에는 집이나 마을이 자리 잡고 있지 않던 동래대로 변의 한 위치에 자연 발생적으로 민간에서 형성한 것으로 보아도 큰 무리가 없겠다.

이 무렵 대거 생겨난 점막들이 그 이전에 장기간 존속하다가 소멸된 원(院)의 자리와 이름을 승계한 경우도 왕왕 있지만,[4] 험천점은 그렇지 않았던 것 같다. 왜냐하면 '험천'이라는 지명은 17세기 병자호란 때부터 공식 기록에 자주 등장하지만 『신증동국여지승람』(1530), 『동국여지지(東國輿地誌)』(1656) 등의 지리지를 포함해 어느 문건의 역원(驛院) 조에도 '험천역' 또는 '험천원'은 등장하지 않기 때문이다.

그런 점에서 이 험천점막은 조선 후기에 상업이 발달하고 그에 따라 재화와 사람의 이동이 급증하면서 새로 생겨난 신생 점막 중 하나임이 분명하다. 조선 후기 사회경제사의 흐름을 정확히 반영하는 장소라는 얘기다. 조선 사회가 두 차례 큰 전쟁의 피해를 떨치고 농업생산력의 비약적 발전을 이룬 가운데, 그 바탕 위에서 영조·정조 연간 조선 문예의 르네상스를 열어가던 시기의 활력과 자신감이 이 신생 주막에 고스란히 배어 있었을 것이다. '험천점'의 이름이 영조 연

4 고산자 김정호도 점막들이 과거 원의 명칭을 승계한 경우가 많다는 사실을 알고 있었다. 그는 『대동지지』의 「정리고」에 이렇게 기록했다. "옛 제도에 따르면 조정은 공무 여행자들의 숙식을 위하여 주요 도로를 따라 원을 세웠는데, 원의 대부분이 임진왜란과 병자호란 후에 문을 닫았다. 원은 점(店)으로 바뀌었으며, 점 중에는 과거의 원 이름을 가졌거나 비슷한 이름으로 불리는 것이 많다."

간에 간행된 이 지역 읍지에 처음 등장한 것도 우연이 아니다.

이 험천점의 구체적인 위치는, 이미 앞에서 살펴본 바와 같이, 당시의 지도들에서 확인된다. 1872년 간행된 『용인현지도』와 1891년 간행된 『용인현읍지』에 수록된 지도 등이 그것이다. 이 지도들에는 험천(지금의 동막천) 아래(즉 남쪽) 위치에서 동래대로의 왼쪽(즉 서쪽) 연변에 '험천점막'이 명시되어 있다.

그리고 그 험천점막의 위치가 현재 동천동의 하행선 버스 정류장 '머내·기업은행' 바로 앞에 초승달 모양으로 약 100m 정도 남은 골목이라는 점은 의심의 여지가 없다. 그것은 우리나라에서 체계적으로 항공사진을 촬영하기 시작한 1966년의 머내 지역 사진이 강력한 증거물[5]이고, 이 지역 토박이 노인들의 한결같은 증언도 같은 내용이기 때문이다.

2. 험천점막에서는 무슨 일들이 벌어졌을까?

조선 시대에 한양과 영남지방을 오가는 사람들에게 잠깐의 혹은 하룻밤의 쉼터를 제공하고 그들이 실어 나르던 물건과 정보의 가치를 보존 또는 확대 재생산하던 곳이 바로 이곳 험천점막이었다. 지방에서 한양으로 향하던 사람은 이제 여기만 지나면 광주군이니 요즘 개념으로 사실상 수도권에 들어간다고 할 수 있겠고, 한양을 떠나 지방으로 향하던 사람은 이제 평탄한 길은 끝나고 복잡한 산을 넘고 냇물을 건너는 여행을 막 시작하는 참이었다. 잠시 한숨 돌리며 앞으로의 여정을 궁리하기에 적격인 곳이 바로 험천점막이었다.

앞에서도 설명했지만 점막은 여관업과 요식업을 겸하는 장소였다. 말하자면 잠도 재워주고, 밥과 술을 팔기도 했다는 얘기다. 그런데 과거 역원이 여행객들

5 1968년 12월 1차 개통된 경부고속도로(서울~신갈 구간)가 머내 앞으로 지나가기 이전에 머내 지역의 도로와 취락 상황은 조선 후기 및 일제강점기와 사실상 다르지 않았을 것으로 생각된다. 그런 점에서 1966년의 이 지역 항공사진은 많은 것을 이야기해 준다.

표 6-2 머내 인근의 장시 및 장날

	용인	광주	수원	안양·과천
1·6일장	도촌장	세피천장, 판교장		
2·7일장	읍내장	성내장, 사평장		
3·8일장		경안장, 낙생장		안양장
4·9일장		풍덕장, 곤지암장, 모란장	수원장	과천장
5·10일장	김량장	송파장, 팔곡장		

* 용인의 장시들 가운데, 도촌장은 처인구 남사면에, 읍내장은 기흥구 마북동·언남동에 각각 있다가 소멸했으며, 김량장은 지금도 처인구 김량장동에서 열리고 있다.

** 광주의 장시들 가운데, 낙생장은 1871년 소멸했고, 판교장은 낙생장이 소멸한 자리에 1938년 부활했으나 1960년경 모란장이 만들어지고 광주대단지 이주민들로 인해 확장되면서 1970년대 초 소멸했다.

*** 강조한 부분은 머내 주민들이 이용했던 장시들이다.

의 안전을 국가가 책임진다는 차원에서 운영된 전통이 이어져서인지 이 점막들에서도 식대는 받았지만 숙박료는 받지 않는 것이 일반적이었다고 한다(고동환, 2015: 381쪽). 지금 생각하면 좀 신기한 양상이기도 하다.

그런가 하면 이 험천점막은 머내 지역의 주민들에게도 외부 세계와 만나는 접점이자 가장 활기찬 장소였다. 이곳에서는 늘 각종 상품이 분주하게 오가고 외부 세계의 소식도 들을 수 있었다. 삶의 활기를 제공하고 늘 새로운 시도를 하게 만드는 장소였던 것이다.

그러나 험천점막이 인근의 다른 점막들과 비교해 특별히 크거나 더 활기가 있었던 것 같지는 않다. 왜냐하면 인근 용인·광주·수원·안양 등지의 점막들이 대개 험천점막보다 일찍 성립된 데다 조선 후기의 어느 시점부터 장시(場市, 5일장)의 기능까지 겸하고 있었던 반면, 험천점막은 그렇지 못했기 때문이다.

『대동지지』가 보여주는 동래대로의 경로 중에 험천 주변만 보면 판교점-험천-용인-어정개-직곡-금령역-양지 …… 등으로 이어진다. 그런데 이 장소 가운데 험천을 제외한 상당수가 장시를 끼고 있다. 판교는 남한 지역을 대표하는 장터들 가운데 하나인 송파진으로 이어지는 길목이고, 용인 역시 수원·양지·이천 등지와의 접점이었다. 광교산 자락 넘어 수원은 두말할 필요도 없었다.

그런 점에서 험천점막의 규모와 기능은 주변 점막들에 비해 일정 정도 제한적일 수밖에 없었다. 장터를 자체 내에 품고 있거나 새로이 형성하지 못하다 보니 특별히 상업적 기능은 못했던 것 같고, 말 그대로 쉼터의 역할에 만족했던 것 같다. 기차역에 비유하자면, KTX는커녕 무궁화호도 정차하지 않고 지금은 폐지된 비둘기호만 정차하던 간이역 비슷한 존재가 아니었을까 싶다.

참고로, 머내 지역 토박이들의 증언을 들어보면 이들은 자기 지역 안에 장시가 없다 보니 모두 외지에서 생필품을 조달하고 또 외지에 농산물을 내다 파는 수고를 했다고 입을 모은다. 지금의 동천동 지역 사람들은 주로 수원장을 이용한 반면, 고기동 지역 사람들은 수원장과 함께 안양장도 많이 이용했다고 한다. 낙생장(나중에 판교장)은 보조적인 역할을 했다고 한다.

3. '험천점막'은 도대체 누가 운영했을까?

여기서 잠깐 한숨 돌리며 생각해 보자. 험천점막이 주위의 점막들과 비교해 규모가 다소 작았다고 해서 우리가 실망할 필요는 없다. 그건 주위와 비교해서 그렇다는 말일 뿐 점막의 규모에 절대적인 기준이 있을 리 없다. 또 이제 와서 우리가 100년 전 혹은 200년 전 이 험천점막의 구체적인 모습을 확인하는 일도 거의 불가능하다. 왜냐하면 아직까지 이 점막의 사진이 확인된 적도 없고, 관련 증언도 딱히 나온 적이 없기 때문이다. 이 지역 토박이 노인들의 증언도 "여기가 옛날 한양을 오가는 사람들이 쉬어가던 주막거리였다"라는, 대단히 막연한 수준을 넘어서지 못하기 때문이다.

그러나 이 주막거리의 모습을 추정해 볼 수 있는 약간의 단서는 있다. 1900년에 작성된 『광무양안초(光武量案抄)』와 1912년의 『토지조사부(土地調査簿)』가 그 단서를 제공한다.

먼저 『토지조사부』를 살펴보면, 지금 토박이 노인들이 '주막거리'라고 지적하

그림 6-1 『토지조사부』에서 찾아본 머내 주막거리

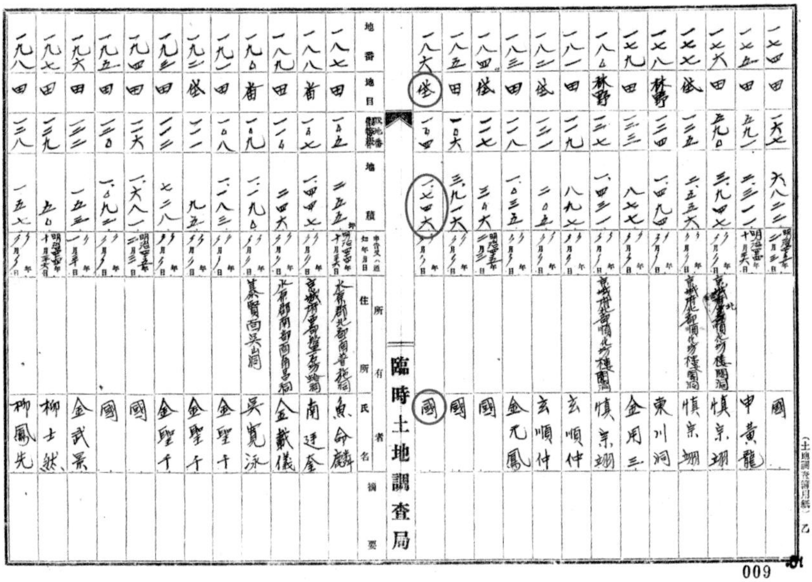

조선총독부가 1912년에 작성한 『토지조사부』의 동천동 필지 현황이다. 이 가운데 '대지(垈)', '1746평(一七四六)' '국유지(國)'라고 표기된 186번지가 이 지역 토박이들이 주막거리라고 부르는 영역과 정확하게 일치한다.

는 동천동 186번지는 지목이 '대지(垈)'이고, '국유지'로서 1746평이다. 그 배후지의 184번지도 대지로서 306평에 역시 국유지였다. 그에 반해 185번지는 똑같이 국유이긴 하지만, 지목이 '밭(田)'으로 되어 있고 3916평이었다. 주막거리가 '국유지'라는 사실은 무엇을 의미할까?

이와 같은 토지의 성격은 재미있다. 말하자면 험천점막이 과거 국가가 운영하거나 지원하던 역원의 계승체는 아니지만 무슨 이유에선가 그 자리는 국유지였고, 민간이 일정한 계약조건에 의해 그 땅을 빌려 집을 지은 뒤 주막업을 직접 운영했음을 의미하는 것이다.

그 양상을 추정해 볼 수 있는 단서가 또 있다. 그것은 『광무양안초』다. 머내의 동래대로 연변으로 추정되는 지역에 '선희궁(宣禧宮)' 소속의 땅이 대단히 많았다. 선희궁은 영조의 후궁이자 사도세자의 생모인 영빈 이씨의 신주를 모셨던 묘사(廟祠)였다. 조선 후기에는 이런 묘사에 딸린 궁방전(宮房田)[6]이 대단히 많았는데, 이런 토지는 '장토(莊土)', '궁장토(宮莊土)', '궁방둔전(宮房屯田)' 등으로 불렸다.[7] 이는 해당 궁방이 소유권이 아니라 수조권(收租權)만 행사되는 땅이었다는 의미다. 즉, 국유지였던 것이다.

『토지조사부』와 『광무양안초』의 주소 체계가 달라 일대일 비교는 어렵지만,[8] 이런 성격을 전제로 살펴보면, 선희궁 소속의 필지들 가운데 동천동 186번지의 국유지로 추정되는 곳이 있다. 총 두 필지로, 선희궁이 민간인에게 수조권을 행사해 일정한 비용을 받고 대여해 준 땅이며, 민간인은 이를 빌린 뒤 여기에 집을 짓고 점막의 영업을 했던 것으로 보인다. 그렇게 볼 수 있는 강력한 정황이 존재한다.

이 『광무양안초』의 '용인군 수진면' 제8책 중 '원천(遠川)' 부분(74b~80b)을 보면, '인(因)' 자 부의 53번째 필지(사다리꼴, 742평)와 그다음 '악(惡)' 자 부의 5번째 필지(역사다리꼴, 1080평)를 합치면 동천동 186번지의 1746평과 거의 비슷하다.[9]

6 궁방전은 주로 임진왜란 이후에 나타난 왕실 소속 토지제도다. 그 종류는 대단히 다양해서 선희궁과 같은 묘사, 내수사(內需司)와 같은 왕실 재정 담당 기관, 그 밖에 다양한 대군방, 공주방, 옹주방 등에 딸린 궁방전이 많았다. 왕실의 구성원들이 개별적으로 토지를 집적하면서 나타나는 토지제도이기 때문에 봉건적 토지제도가 해체되어 가는 과정의 한 형태로 이해된다.

7 용인시 수지구 고기동에 인접한 성남시 분당구 '대장동(大庄洞)', '장토리(壯土里)' 등의 지명이 선희궁 궁방전에서 유래한 것은 아닌지 검토해 볼 만하다.

8 국권피탈 이후 1910년대에 실시된 토지조사사업의 결과 작성된 『토지조사부』는 그 뒤 100여 년 동안 사용된 이른바 '지번(地番) 주소'의 원형을 제공했다. 지금도 우리에게 익숙한 '동천동 ○○○번지'의 형태가 그것이다. 이는 2014년 '도로명 주소'가 실시되기 전까지 사용되었다. 그러나 토지조사사업 이전에는 토지의 필지별로 고정된 주소를 갖지 않았다. 따라서 따라서 각기 다른 시기에 다른 주체에 의해 작성된 양안 또는 토지조사부의 필지들을 일대일로 비교하는 일은 쉽지 않다.

9 조선 시대에는 '양안'과 같이 많은 데이터가 이어지는 자료의 경우, 천자문의 글자들을 순서대로 부여해 단락을 구분하는 경우가 많았다. 이 가운데 '인(因)'은 천자문의 226번째 글자이고, '악(惡)'은 그다음 순서의 글자로, '화인악적(禍因惡積: 재앙은 악행을 쌓는

그림 6-2 『광무양안초』에서 찾아본 머내 주막거리

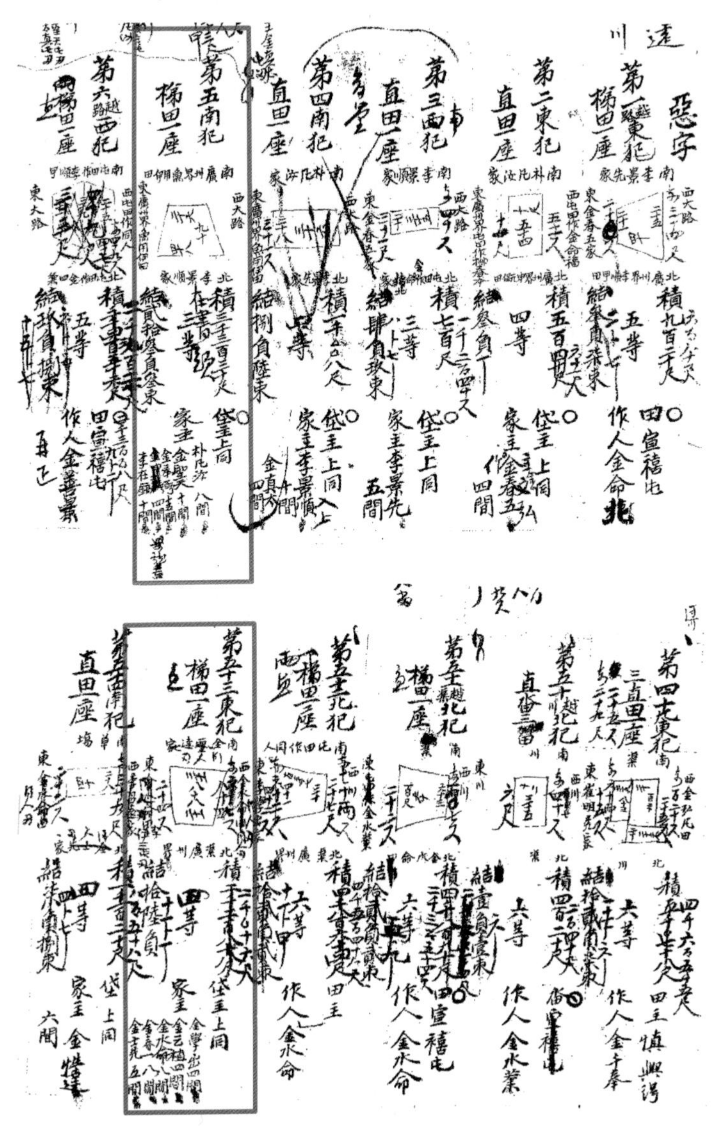

『광무양안초』의 '머내' 지역 필지들 가운데 '주막거리'로 추정되는 두 필지(붉은색 테두리)의 상황. 이 두 필지의 설명 아래쪽에 '대주(垈主: 땅주인)'는 모두 '상동(上同: 위와 같음)'이라고 되어 있어 '선희궁'임을 알 수 있는 반면, '가주(家主, 집주인)'는 이례적으로 다섯 명씩이나 된다. 그들의 이름과 그들이 각각 소유했던 집의 칸수를 확인할 수 있다.

그뿐이 아니다. 이 두 필지와 인접한 필지들은, 선희궁 소속이든 아니든, 대지 한 필지에 그저 한 채로 추정되는 집이 있을 뿐이다. 그러나 놀랍게도 이 두 필지에는 각각 다섯 명의 집주인(家主) 이름이 적시되어 있으며, 그 칸수는 필지별로 합치면 각각 29칸과 47칸으로, 둘을 합하면 76칸에 이른다. 전형적인 농촌 지역인 데다, 행정중심지도 아닌 이곳에 이토록 많은 건축물이 존재한다는 사실이 의미하는 바는 도대체 무엇일까?

이 건축물들은 지금으로 치면 다세대 주택과 비슷한 집합주택의 한 형태로서 여관업, 조선 시대로 말하면 점막 또는 주막업을 하던 장소였다고 추정하는 것이 가장 합리적이다. 그리고 이것은 험천주막이라는 곳이 누군가 한 사람이 집 한두 채를 지어 운영하던 여관이 아니라 그 필지가 수용할 수 있을 만큼 민간인들이 임대로 땅을 빌린 뒤 각자 집을 짓고 여관업을 했던 것으로 생각해 볼 수 있다. 앞서 언급한 조선 후기의 '점촌(店村)' 혹은 '주막거리'가 바로 이것이다.[10]

우리는 『광무양안초』에서 그 적극적인 성향의 점막 주인(家主)들의 이름을 확인할 수 있다. 김학출(金學出, 4칸), 김운식(金云植, 4칸), 김수명(金水命, 8칸), 김춘일(金春一, 8칸), 김사선(金士先, 5칸)과[이상 '인(因)' 자 부 필지의 가주(家主)들] 박범녀(朴凡汝, 8칸), 김성천(金聖天, 10칸), 김봉필(金奉弼, 15칸), 양용청(梁龍靑, 4칸), 이재호(李在鎬, 10칸) 등[이상 '악(惡)' 자 부 필지의 가주들]이 그들이었다.

근 120년 전 필지의 집주인들은 모두 이미 이 세상 사람들이 아니다. 만나고 싶어도 만날 수가 없다. 그들의 프런티어 정신에 대해 묻고 싶어도 직접 물을 수 없는 것이 안타깝다. 그저 김씨들이 많은 것이 눈길을 끈다.

이들은 지금으로부터 약 120년 전인 1900년에 점막을 개설하거나 선대로부터 물려받아 운영할 정도였다면 나이가 30~40대는 족히 되었을 터이니 1860년 전

데서 말미암는다)'에 따른 것이다.

10 주막촌의 성립과 형태·구조, 분포 등은 앞에 소개한 최영준의 『한국의 옛길 영남대로』, 306~329쪽에 상세히 소개되어 있다. '영남대로'는 '동래대로'의 다른 이름이다.

후에 태어난 인물들이었을 것이다. 이들의 후손이 지금도 그 주막거리 혹은 그 인근에 살고 있고 현재 30~40대라고 가정해 보자. 그렇다면 1980년 전후에 태어났을 것이니 앞에 언급된 사람들과는 대략 120년 정도의 세대 차가 나며, 따라서 고조부-고손자 정도의 관계가 될 것이다. 지금으로부터 멀다면 멀고, 가깝다면 가까운 세대다. 그렇게 생각할수록 그런 세대의 흔적을 확인할 수 없다는 사실이 안타깝다.

4. '험천점막'은 언제 없어졌을까?

예를 들자면 그 안타까움 가운데 한 가지는 이런 것이다. 도대체 험천점막은 언제까지 존속했을까 하는 문제다. 앞에서 1900년의 『광무양안초』를 근거로 험천점막 자리에서 점막을 운영했을 것으로 추정되는 여러 사람의 이름을 제시했다. 그러나 정확하게 말하자면 그 1900년 시점에 이들이 그 장소에 거주하고 있었던 것은 분명하지만, 그 시점에 점막을 운영하고 있었는지는 분명하지 않다. 왜냐하면 '양안(量案)'이라는 문서는 그 시점에 그런 이름의 사람들이 '가주(家主)'였음을 증명할 뿐이지 당시에 이들이 거기서 어떤 활동을 하고 살았느냐는 것은 알려주지 않기 때문이다. 즉, 이들의 점막 운영 여부에 대해서는 아무런 정보도 제공하지 않는다는 얘기다.

이들이 그곳에서 한때 점막을 운영했던 것만은 분명해 보인다. 앞에 설명한 바와 같이 대로변에 그런 노변취락(요즘식으로 말하면, 집합주택)을 이루는 일은 주막거리 외에는 어렵기 때문이다. 그 점은 의심하지 않아도 될 것 같다. 다만 이들이 언제까지 점막을 운영했는지가 분명하지 않다는 얘기다.

그런 아쉬운 마음에 몇 가지 자료를 더 살펴봤다. 대한제국 시기이자 앞에 소개한 『광무양안초』가 작성되기 바로 1년 전인 1899년 발간된 『용인군지』에 수록된 한 장의 지도는 우리의 관심에 한 가지 시사점을 제공한다. 이 지도에는

‘직동점막(直洞店幕)’만 표기되어 있다. 읍내에서 남쪽으로 내려가는 산중에 위치했다. 한때 11개나 되었다는 용인현 내의 점막들 가운데 이 직동점막 하나만 남고 험천점막 등 10개가 지도에서 사라져버린 것이다.

그렇다고 이렇게 10개의 점막이 19세기 말에 일제히 소멸하지는 않았을 것이다. 예컨대 읍내점막과 김량점막 같은 곳들은 훨씬 후대에까지 살아남았던 것으로 보인다. 그렇기 때문에 이 점막들이 지도에서 사라졌다고 현실에서도 사라졌으리라 단정할 수는 없다. 그럼에도 험천점막 등이 지도에서 보이지 않는다는 사실은 그 점막들에 대한 수요가 줄어들었음을 시사하는 것 아닐까?

이 점막들에 대한 수요라는 관점에서 또 한 가지 생각해 볼 수 있는 것은 철도 경부선(京釜線)의 부설이다. 말하자면 이 경부선은 조선 시대에 형성되어 수백 년 동안 사용되어 오던 동래대로, 일명 영남대로를 대체하는 것이었다. 철도가 생겼다고 과거의 길이 완전히 없어지지야 않겠지만, 철도가 놓이는 순간 기왕에 동래대로로 다니던 사람과 물화의 상당 부분이 그리로 옮아갈 것은 불문가지였다.

그것은 1905년 1월의 일이었다. 그리고 경부선 노선은 서울에서 출발해 용산에서 한강철교를 건넌 뒤 노량진, 영등포, 안양을 거쳐 수원으로 이어졌다. 말하자면, 험준한 관악산과 청계산의 서쪽으로 노선을 잡음으로써 그 동쪽의 용인을 우회하게 된 것이었다. 이것은 용인 지역에는 치명적인 손실을 입혔다. 수도권에 인접해 있으면서도 수도권과 사실상 관계없는 지역이 되어버린 것이다. 직접 서울로 갈 수 있는 철도와 버스 노선이 없었던 것이다. 걸어가지 않고 무엇인가 동력 수단을 이용해 서울로 가려면 일단 남쪽에 있는 수원으로 가야 했다. 이런 상황은 1968년 경부고속도로가 용인을 지나는 노선으로 개설되기까지 60년 이상 계속됐다.

이렇게 용인이 20세기의 상당 기간 동안 주요 간선에서 배제되었다는 사실은 용인에 재앙이었을까, 아니면 축복이었을까? 그것은 생각하기 나름이다. 아마 당대에는 재앙 쪽에 손드는 사람이 많았겠지만, 지금은 그 반대일 수도 있다.

그런 거창한 문제는 나중으로 미루고 다시 험천점막 이야기로 돌아가자. 험천점막이 언제 없어졌느냐는 문제가 지금 우리의 관심사임을 잊지 말자. 이에 대해 어떤 시사점을 줄 수 있는 또 한 가지 단서는, 1900년 대한제국 시기의 양전작업 때는 선희궁 소속의 궁방전이었고, 1912년 조선총독부에서 토지조사사업을 실시할 때에도 국유지였던 '동천동 186번지' 일대(즉, 과거 험천점막의 위치!)가 사유지로 바뀐 시점이다.

이 일대의 구(舊) 등기부들을 살펴보면, 사유지로 바뀐 시점이 모두 분명한 것은 아니지만 일부 필지(동천동 186-1)에서 1933년에 사유지로 보존등기를 한 사실이 확인된다. 그것이 등기부에서 확인할 수 있는 가장 빠른 사유화 시점이다. 아마 그 무렵 주막거리 일대의 다른 필지들도 사유화가 이루어졌을 것이다.

주막거리의 사유화 시점이 꼭 주막거리의 종말을 의미하지는 않는다. 그러나 험천점막은 당초 장시를 끼고 있거나 교차로와 같은 유리한 입지에 있지도 않았던 데다 1905년 경부선 부설로 동래대로의 효용이 현격히 줄어든 상황에서 점막으로서의 존재가치도 떨어질 대로 떨어진 상황이었다. 그런 시기에 점막의 토지들이 사유화된 것은 더는 점막의 기능이 필요 없어지면서 대개 그곳에서 점막 영업을 하던 사람들의 사유 공간으로 불하되었음을 의미한다고 추정해도 될 것 같다.

지금도 이 주막거리에 사는 한 주민은 자신의 5~6대 선조가 이곳에 거주했다고 알고 있으면서도 선대에 '점막'을 경영했다는 이야기는 들은 적이 없다고 한다. 그저 농사짓고 산 것으로만 안다는 것이다. 이는 구전이 가능한 시간의 범위(대략 3~4대) 안에는 '점막'을 경영한 경험이 없음을 뜻하는 것으로 추정된다.

그렇다면 험천점막은 '1899년과 1933년 사이의 어느 시점'에, 다시 말하자면 '1905년 을사늑약과 경부선 부설을 전후한 어느 시점'에 소멸한 것으로 보아야 할 것 같다. 현재로서는 그 시간의 범위를 더 좁히기 어렵다.

여기서 한 가지 더 생각해 볼 수 있는 것은 험천점막의 존속 기간이다. 앞서 소개한 대로 영조 19년(1743)에 간행된 『용인현읍지』에 '험천점'이 첫선을 보인

바로 그 무렵에 생겼다면 150여 년 동안 존속했다는 이야기가 되며, 역원이 점막으로 바뀌던 가장 이른 시기인 병자호란 직후인 17세기 중반에 생겼다면 250여 년 동안 존속했다는 이야기가 될 것이다.

이것도 보기에 따라 길다면 길고 짧다면 짧은 기간이다. 이를 어떻게 볼 것인지는 개인에 따라 다르겠지만, 우리가 여기서 확인할 수 있는 것은 150~250년 동안 주막거리에 존속하면서 이 거리가 품고 있는 역사와 이곳을 지나는 온갖 사람들을 지켜보아 온 험천점막들이 20세기 초, 즉 지금으로부터 약 100여 년 전의 어느날 소멸했다는 사실이다.

그렇게 해서 역사의 한 장이 넘어갔다. 그 뒤에는 이 거리에 '점막'이 아닌 '주막'의 역사만 남았다.

제7장

머내의 섬 '염광농원'의 빛과 그림자

한국한센총연합회 홈페이지 지부소개란을 보면 지역대표들의 연락처가 있다. 그 가운데 용인의 대표자는 두 명이고, 각각 '염광'과 '동진' 마을의 대표라고 되어 있다. 염광마을 대표자의 전화번호는 염광피부과의원으로 연결되었지만, 동진마을 대표자는 직접 전화를 받았다. 통화가 이뤄졌다는 사실이 반가워 먼저 우리 작업에 대해 간단히 설명한 뒤 과거 '염광농원' 이야기를 듣고 싶다고 했다. 전화기 너머로 한동안 침묵이 흘렀다.

> 이제 와서 그게 무슨 소용 있겠어요? 좋은 일도 아니고 ……. 아무 의미 없습니다. 쓸데없는 일 하지 마쇼.

'쓸데없다'는 한 마디에 그대로 얼음이 된다. 뭐라고 더 설득할 말을 찾지 못하는 사이에 전화가 끊겼다. 이분뿐이 아니었다. 염광교회와 염광피부과의원의 문도 두드렸지만, 반응은 마찬가지였다. 기록상으로 '염광교회'는 '염광농원'과 같이 1965년경에, '염광피부과의원'은 1976년에 각각 설립된 것으로 되어 있다. 둘 다 염광농원 내에 있었다.

다시 용기를 내 교회와 의원 측에 전화를 걸어 '염광(鹽光: 소금과 빛)'이라는 단어를 이름에 공유하니 설립 과정에 관한 이야기만이라도 듣고 싶다고 얘기했다. 그러나 여전히 냉랭했다. "기억하지 못한다", "얘기하고 싶지 않다", "이제 한센병이나 한센인과 관계없는 곳이 되었다"라는 것이 거절의 이유였다.

교회든 의원이든 이미 이곳에 드나드는 사람들이 완전히 바뀐 마당에 괜한 일로 오해를 사고 싶지 않다는 심정이 충분히 이해되었다. 우리 동네에 한때 자리 잡았던 한센인 마을을 추적하는 일은 이렇게 처음부터 상상 이상의 큰 벽에 부딪혔다.

음성나환자 정착촌 염광농원은 1965년부터 2006년까지 40년 이상 동천동에 존재했다. 옛 대한나협회(현 한국한센복지협회) 소유의 황무지에 세워졌고, 그 자리에 아파트가 들어서면서 사라진 마을이다. 한때 마을 규모가 커지면서 행정적으로 동천1리에서 분화해 동천4리였던 곳이다.

이 마을의 이야기를 듣는 것이 이제는 정말 불가능한 일인가? '두드리면 열릴 것이다'라는 믿음이 '두드려서는 안 되는 일인가?'라는 회의에 슬며시 자리를 내주었다. 회의가 커지는 만큼 그들에게서 옛 마을 이야기를 듣고 싶다는 열망도 그만큼 커졌다. 이곳을 떠나 다른 곳에 사시는 분들까지 알음알음으로 찾았지만, 인터뷰는 끝내 좌절되었다.

누군가의 혹은 한 집단의 기억을 마주하는 일을 너무 가벼이 여기고 시작한 것일까? 마을과 그 마을에서의 삶을 기억한다는 것은 무슨 의미일까?

1. 비틀거리며 기억을 더듬다

주류가 아닌 비주류의 삶, 그러한 비주류 중에서도 가장 철저하게 소외당했던 한센인의 삶을 우리가 기억한다는 것은 어떤 의미가 있을까?

"옛날 옛적에 이 자리에 한센인촌이 있었고, 거기 한센인이 살았다더라", "그 한센인들이 도시개발 사업으로 부자가 됐다고 하더라"라는 이야기가 지금 이 자리에 살아가는 우리에게 주는 의미는 무엇일까?

누군가의 삶을 듣고 기록하는 일은 개인에 대한 기억이자 그가 살았던 시대와 환경에 대한 기억이기도 하다. 시대와 자연환경은 개인의 삶의 무늬에 커다란 영향을 미친다. 똑같은 땅 위에서 살지만, 땅의 모습이 달라지면 삶도 그 모양새를 달리한다. 사람들이 살았던 곳들이 모두 그러하듯 시간의 흐름 속에 겹겹이 쌓여온 다양한 삶의 무늬들이 지금 머내 이곳저곳에 엉켜 지금과 같은 마을 모습을 만들었다. 우리가 알지 못했던 그 다양한 무늬들을 찾아내는 일, 그것은 과거를 안다는 단순한 사실에 그치는 것이 아니라 우리가 이 땅에서 앞으로 그려내고자 하는 삶의 방향을 탐색하는 일이기도 하다.

그러나 다른 한편으로 우리가 놓쳤던 부분이 있었다. 그 다양한 삶의 무늬들을 세세하게 밝혀내는 것이 달갑지 않을 사람도 있을 수 있다는 점. 티끌 같은 흔적조차 잊히기를 바라는 누군가에게는 옛일을 추적하는 일이 또 다른 폭력일 수도 있다는 점, 그것을 놓쳤다.

> 아마 한센인이 직접 나서서 인터뷰하지는 않을 거다. 요즘은 한센병에 대해 비교적 잘 알려져 포천 한센인 정착촌의 경우처럼 오히려 적극적으로 홍보하는 경우도 있지만, 대부분은 과거의 기억들을 지우고 싶어 한다. 특히 본인보다 혹여 자식에게 피해가 가지 않을까 걱정한다. 한센병에 대한 오래된 오해들로 인해 그분들이 겪는 고통은 우리가 상상할 수 없을 정도다(한국한센총연합회 실무자).

한센병은 '천형(天刑: 천벌)'이라 불릴 만큼 오랫동안 차별과 배제의 대표적인 병이었다. 과거에는 주로 '나병' 혹은 '문둥병'이라 불렸는데, 나병균에 감염되어 발생하는 일종의 피부질환이다. '제3군 법정전염병'[1]으로 지정되어 있지만, 격

1 우리나라의 현행 「전염병예방법」은 1954년 2월 법률 제308호로 제정된 뒤 2000년 1월 전면 개정되었다. 이 법에 따르면 법정전염병은 제1군, 제2군, 제3군, 제4군으로 구분되며, 제1군은 6개(콜레라, 페스트, 장티푸스, 파라티푸스, 세균성이질, 장출혈성대장균감염증), 제2군은 10개(디프테리아, 백일해, 파상풍, 홍역, 풍진, 일본

리가 필요한 질환은 아니다. 유전되지 않을 뿐 아니라 단순한 피부 접촉으로 감염되지도 않는다. 그럼에도 대체로 외관상 드러나는 환부로 인해 환자 자신은 물론이고 일반인들의 꺼리는 시선에 큰 절망감을 느낀다.

> 일단 얼굴이나 몸, 특히 손같이 보이는 곳에 있는 흉터를 보면 저절로 시선을 돌리게 된다. 양계장 할 때도, 농사를 지을 때도 염광농원 물이 물길 따라 아래로 내려오면 아래쪽 사람들은 그 물을 같이 쓸 수 없다고 싸우기도 했고, 버스를 타도 한센인이 있으면 내리라고 강요하거나 스스로 내리기도 했다(옛 동천동 가구공장 관계자).

한센인들이 겪어온 차별과 배제는 언론이나 문학 속에서도 익히 들어온 사실이다. ≪용인시민신문≫ 2008년 8월 13일자에 실린 염광농원 기사에도 우리 마을의 한센인들이 차별당했던 일화가 구체적으로 등장한다.

> 이들에겐 천형과 같이 따라다니는 병에 대한 오해와 몰이해는 물론이요, 편견 또한 적잖이 존재했다. 깊은 아픔을 간직하고 살 수밖에 없었다. 환우들의 아이는 입주 초기에 수지초교에 입학했다. 학교에서도 '미감아'로 분류하여 감염 또는 전염이 안 되는 병이었고 건강한 아이들이었지만, 전교생이 등교를 거부하는 사태를 빚게 됐다. 결국 교육 당국은 75년경, 염광분교를 신설해야만 했다.[2]

이제 의술의 발달로 한센병도 치료 가능한 피부질환이 되면서 환우 수가 많이

뇌염, 수두, 유행성이하선염, B형간염, 폴리오), 제3군은 18개(말라리아, 결핵, 한센병, 성병, 성홍열, 유행성출혈열 등), 제4군은 10개(황열, 뎅기열, 마버그열, 에볼라열, 리싸열, 아프리카 수면병 등)가 지정되어 있다.

2 "염광농원 마을의 변천사", ≪용인시민신문≫, 2008년 8월 13일 자.

줄었다. 하지만 환우들 대부분이 고령이어서 한센인의 삶은 여전히 고통과 상처의 기억뿐인지도 모르겠다. 그에 덧붙여 그들을 보는 우리의 시선은 의술의 발달과 별개로 여전히 편견의 늪을 벗어나지 못하고 있는지도 모르겠다. 불편한 기억은 잊고 싶은 것이 인지상정 아닌가?

그래서일까? 용인문화원에서 발간된 『용인시지(龍仁市誌)』 혹은 『수지읍지』와 같은 공식 기록을 들춰 봐도 염광농원은 아주 짧게 소개되어 있다. 용인 지역신문에서도 관련기사 자료를 찾기는 정말 어려웠다.

이렇게 한센인들과의 직접 대면도 힘들었지만 머내 지역 원주민 중에서도 염광농원의 사정과 변화를 들려줄 사람을 만나기 쉽지 않았다. 염광농원이 한센인 정착촌으로 40여 년간 동천동에 존재했다는 사실은 대체로 알고 있었지만, 그들이 어떻게 살았는지 제대로 알고 있는 사람은 거의 없었다. 한센인과 마을 주민들 사이에 거의 교류가 없었기 때문이다. 염광농원은 동천동에서 그저 하나의 섬처럼 존재했을 뿐이다. 행정적으로는 동천동에 속했지만 서로 전혀 다른 삶을 사는 별개의 마을이었다. 그리고 이제 한쪽은 스스로 기억되길 원하지 않고, 다른 쪽은 원주민들이 점차 줄어들어 기억이 희미해져 가는 가운데 한때 이곳에 둥지 틀고 처절하게 생명의 끈을 이어갔던 삶의 흔적마저 지워져 가고 있었다.

2. 바닷가에서 모래알 줍듯 자료를 찾다

그렇게 하릴없이 비틀거리던 중에 염광농원에 관한 종합적인 기록이 담긴 2008년 ≪용인시민신문≫ 기사를 찾은 것은 꽤 큰 소득이었다. 그러나 이 자료는 인터넷으로는 검색되지 않는다. 염광의원 측의 협조로 취재했지만 기사 게재 이후 한센인들의 반발로 인터넷 기사를 삭제했기 때문이다. 이 기사가 게재되던 2008년은 동천동 지역의 개발이 확정되어 염광농원은 이미 사라진 뒤였다. 한센인 대부분이 동천동을 떠난 뒤였음에도 당시 신문사는 거센 항의를 받았다고 한

그림 7-1 시대별 염광농원 지역 항공사진

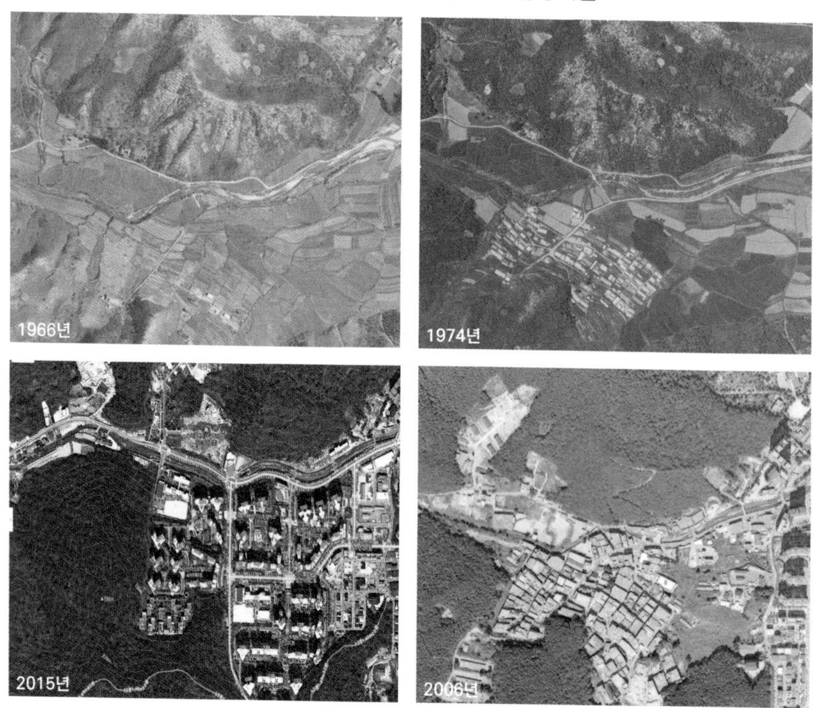

왼쪽 위부터 시계 방향으로 '염광농원' 지역의 1966년, 1974년, 2006년, 2015년 항공사진이다. 사람이 거의 살지 않던 '바위백이'에 1965년 염광농원이 들어섰지만 1966년만 해도 거의 사람과 인가의 자취가 보이지 않았다. 그러나 전국 각지에서 한센인들이 모여들면서 1974년에 이르면 양계와 양돈을 위한 축사가 조밀하게 들어서 있음을 알 수 있다. 다시 그로부터 30여 년이 흘러 2006년에 이르면 염광농원 아래 비어 있던 도로변으로 건물들(주로 가구공장들)이 빼곡히 들어서고 농원 지역도 한층 확장되었다. 바로 이 무렵 동천동도시개발조합이 구성되었고 아파트의 부지 조성 작업도 진행되었다. 2015년에는 아파트 건설이 완료되어 옛 모습을 찾을 길이 없다. 그러나 옛 염광농원 부지에 염광피부과의원이 다시 자리 잡았고, 염광교회도 새롭게 지어졌다.

다. 한센인들이 자신의 흔적과 기록에 대해 얼마나 민감한지를 보여주는 일화다.

그리고 신문기사 외에 또 하나, 서울대학교 사회발전연구소가 보건복지가족부의 의뢰에 따라 2011년에 작성한 「한센인 피해사건 진상조사」 보고서는 공식 기록이면서도 염광농원 당사자들의 육성을 기록했다는 점에서 중요한 자료였다. 어쩌면 이것은 당사자들이 국가로부터 피해보상을 받기 위해 처음이자 마지막으로 딱 한 번 스스로 유폐했던 기억들을 풀어낸 기록이라는 점에서 대단히 희귀하고 귀중한 자료다.

마지막으로 한 가지 자료가 더 있다. 국토지리정보원(www.ngii.go.kr)이 제공하는 동천동 지역의 연대별 항공사진(〈그림 7-1〉)은 염광농원의 변화 과정을 분명하게 보여주는 자료였다. 바위투성이의 황무지를 개간해 거기서 닭을 치고 돼지를 치며 한 뼘씩 농장을 늘려나가 거기에 번듯한 축사를 빼곡하게 채운 모습은 자못 감격스럽다. 그들의 숨소리가 들리고 그들의 땀방울을 눈앞에서 보는 듯했다.

이렇게 바닷가에서 모래알 줍듯이 자료와 기억의 조각들을 모으고 이어 붙여 염광농원의 삶의 흔적을 미흡하나마 그려보려 한다. 비록 염광농원은 없어지고 힘든 삶을 영위하던 한센인들도 이제 우리 시야에서 사라지고 말았지만, 그들이 만들었던 마을 모습과 삶은 지금도 동천동 아파트촌의 기저에 역사적 지층으로 분명히 남아 있다.

3. 음성나환자 자활촌, '사람 못 살 땅'에 들어서다

1990년대부터 용인 수지 지역의 택지개발 사업이 대대적으로 시행되어 옛 모습을 잃게 되자 용인문화원은 서둘러 『수지읍지』를 편찬했다. 수지 지역이 '구(區)'가 되기 이전에 '읍(邑)'이던 2002년의 일이었다. 이 『수지읍지』가 아쉬운 대로 머내 지역을 포함한 수지 전체의 과거 모습을 개괄적으로나마 보여주는 종합적인 자료다. 그러나 여기에도 '염광농원'은 단 한 문장으로 기술되어 있다. 40여 년 존속했던 마을에 대한 설명치고는 너무나도 짧다.

> 본래 이 마을은 음성나환자 자활촌이었는데, 나환자들이 병원을 설비하여 피부병 전문병원으로 전국에 이름이 나 있던 마을이 지금은 가내공업과 가구 단지로 급성장하여 현대식으로 발전한 마을이 되었다.

염광농원은 알려진 대로 한센인 정착촌이다. 한센병의 국가적 관리의 역사는 일제강점기로 거슬러 올라간다. 1932년 일본은 소록도를 확장하여 약 2000명의 나환자를 수용하기 시작했고 2·3차 확장계획에 의해 6000명의 환자가 수용 치료를 받았다. 광복 이후에는 여기 수용되지 못한 환자들을 격리 수용하기 위한 정책이 대대적으로 펼쳐져 국공립과 사립 나요양원과 집단마을이 설립되었다. 1946년에는 약 2만 명의 환자가 각종 시설에서 수용 치료를 받았다. 그러나 그 뒤 전국 보건소에서 한센병 환자의 외래 치료가 본격화되고 정착 사업이 추진되면서 한센병 관리는 '격리수용'에서 '재가치료 관리'로 전환되었다. 한센인 정착촌인 염광농원의 경우도 이러한 정책 변화에 따라 탄생한 곳이었다.

이런 정착 사업은 1950년대 후반 시범적으로 경상남도 의령군 내에 정착지를 정하고 시설, 자재, 소, 농기구 등을 주어 재활과 직업보도를 실시한 이후, 지속적으로 추진되었다. 1959년도의 보건사회부 계획에 따르면 재활 정착지는 약 300명을 단위로 하여 25개 정도를 만들 계획이었다.

이 계획은 1962년 박정희 정권에서도 국가정책으로 계승하여 실시했다. 이 과정에는 대한나협회(이하 나협회로 약칭)의 의견이 작용한 듯하다. 1948년 결성된 나협회는 6·25 전쟁으로 흐지부지되었다가 1961년 11월 재건되었는데, 여기에서 '정착부락운동'의 싹이 텄다. 당시 치유퇴원자의 처리 방침을 둘러싸고 한국 정부와 세계보건기구 간에는 상당한 의견 차이가 있었다. 세계보건기구의 전문가들은 주로 집단치료와 조기 환자 발견, 특수진료소 설치 등과 치유퇴원자의 완전 사회복귀 정책을 추천했다. 그 반면 한국의 나협회를 비롯한 전문가들은 정착촌 제도라는 상대적 사회복귀제도를 채택할 것을 주장했으며, 결국 후자의 입장이 정책으로 실현되었다.

정착촌 사업이 국가의 정책으로 채택된 이듬해인 1963년, 정착촌에 거주하는 주민이 1만 2460명으로 보고되었다. 1962년과 1963년의 시기는 등록환자 또한 2만 3290명에서 3만 146명으로 증가하는데, 이 급속한 증가분은 환자와 병력자 자체의 증가라기보다 정부의 파악 능력의 증대에 따른 결과였다. 한센인 등록자는 1953년 수용자 중심으로 파악된 이래 꾸준히 증가하다가 1963년 증가 폭이 훨씬 커졌고, 1969년 3만 8229명으로 정점에 이르렀으며, 그 뒤 다시 점차 감소하는 경향을 보인다.[3]

당시 세계보건기구는 우려했지만 1960년대 국가 주도의 한센인 정착 사업은 '상대적 격리'와 '경제적 자활'을 목표로 국가는 '보호'와 '수혜' 구조를 만들었다. 정착촌 대부분은 황무지로 마을과 일정 거리를 둔 곳에 세워졌다. 그러나 한편으로 국가는 한센인들에게 의료서비스뿐 아니라 축산업의 기술과 시장을 제공했으며 정착 농장에는 얼마간의 특권도 부여했다.

염광농원도 이러한 배경 아래 1964년 동천리 419-1번지, 약 2만 평 부지에 세워졌다. 나협회가 소유하던 이곳은 동천동의 중손골과 아랫손골 사이의 땅이었다. 큰 바위가 하나 있어 마을 사람들은 이곳을 바위백이(혹은 바위배기)라고 불렀다. 당시에는 사람이 살 만한 곳이 아니었다. 돌과 자갈이 대부분이라 농사도 짓기 어려워 거의 버려진 땅이었다. 처음 40명의 음성나환자가 모여 살기 시작했지만 농사는 언감생심이었을 테고, 다른 정착촌이 그러하듯 정부의 지원에 따라 양계와 양돈으로 고단한 삶을 이어갔다.

4. 철저한 침묵과 숨김

이곳 한센인들은 생존뿐 아니라 이웃과의 관계도 순탄할 수 없었다. 기존 마을공동체와 멀찌감치 떨어져 있어도 마찬가지였다.

"옛말에 폐병환자는 살아도 나병환자는 못 산다고 하지 않았는가. 고향이 있어도 가지 못하고 우리는 살아도 사는 게 아니야!"라는 한 한센인의 한탄처럼 그들은 정착 초기부터 마을 주민들과 분쟁을 겪었다. 염광농원만이 아니라 한센

3 「한센인 피해사건 진상조사」(서울대학교 사회발전연구소, 2011).

인 정착촌 대부분이 그랬다. 한센병에 대한 무지와 편견이 그들을 따라다니며 괴롭히던 시절이었다. 살아도 사는 게 아닌 삶, 천형의 삶은 결국 고통과 원망의 삶일 수밖에 없었다.

염광농원 사람들과 마을 주민 간의 분쟁은 「한센인 피해사건 진상조사」에 자세히 서술되어 있다. 주민들의 구술 속에는 그들의 안타까운 삶이 그대로 드러난다.

경기도 용인 염광농원에서 발생한 이주거부 사건

가. 사건의 개요

가-1. 피해신고 내용

김○○ 외 20명은 1965년부터 1970년대 초반까지 염광농원의 정착과 염광농원으로의 이주를 반대한 주위 주민들로부터 집단폭행을 당하였다고 개별 신고하였다.

가-2. 조사방법

본 사건은 문헌자료와 보도된 신문자료가 없어 신고자의 면접을 중심으로 피해사건을 파악하였다. 조사는 2011년 1월 25일 용인 염광농원을 방문, 신고한 이들을 집단면담하고, 농원대표 이○○ 씨(74세)를 개별 면담하는 방식으로 진행되었다. 당시 집단면담한 이들은 김○○(74세), 민○○(80세), 이○○(79세), 박○○(75세), 이○○(63세), 장○○(66세), 남○○(67세), 서○○(69세)이다.

나. 조사결과

나-1. 사건의 내용

본 사건은 각기 개별 신고하여 그 시기가 워낙 다양하나 사건의 주요 내용, 경과, 이후의 해결 과정에 있어서는 모두 주위 마을 주민들과의 갈등이 주가 되는 진술을 하고 있다. 이에 개별 사건으로 보기보다는 동일한 연유에 따른 공통된 사건으로 판단, 개괄적인 피해 내용으로 정리하였다. 염광농원의 정착과정은 1965년 5월경 대구 애락원에서 나온 한센인 3명이 수지면에 처음 천막을 치고 자리를 잡은 것에서 시작되었다. 이후 8월경 소록도에서 9가구가 추가로 이주했고, 다음 해에는 평택에서도 몇 세대가 이주해 와 67년 무렵에는 45세대의 규모를 갖춘 정착촌으로 자리 잡았다. 71년에 정착지로 정식 등록했으며 정착 토지는 당시 나협회가 불하해 주었으나 그 외 지원은 없었다. 이들은 정착 초기부터 이웃 주민들로부터 환영받지 못했다. 천막을 철거하라는 주민들의 요구가 빈번하였으며, 이◯◯ 씨의 증언에 따르면 수지면사무소에서는 관할 이장들을 불러 모아놓고 정착민들을 주의하라는 지시를 내리기도 했다고 한다. 이러한 적대적 시선에 대해 이들이 취할 수 있었던 전략은 '숨기기'와 '피하기'뿐이었다. 정착민 규모가 작았을 초기에는 한센인이라는 것이 주위 주민들에게 알려질까 봐 내부적으로 통제를 엄격히 했으며, 주민들이 근처에 올 경우에는 급히 산으로 피하곤 했다.

"처음 시작을 할 때는 우리 동네에서 만날 나환자라 하면은 우리가 인자 떨려날까 싶어가지고, 쫓겨나지 쫓겨나. 근데 그때는 나환자라고 우리 밝히지를 않았어요. 안 밝히고 숨기고 살았던 거야. 인자 그래가지고 어떤 사람은 여기가 고아원이 들어서니 뭐 그런 헛소문도 돌아다니고 그랬는데. 결국에는 우리가 나환자라고 하는 거 밝혀졌어요"(박◯◯, 75세).

"조금 인제 얼굴이, 외관상에 보기에 표가 나는 사람은 못 당기고, 또 주민들 올라오면 산으로 피하고 이랬었어요"(이◯◯, 79세).

"저 밑에서 동네 사람들이 올라오면 그 사람들(정착민들) 저 산으로 피하고 그랬었어요"(민◯◯, 80세).

그럼에도 한센인 정착지라고 알려지는 것을 피할 수 없었으며, 생계를 위해 정착지 밖으로 나와야 하는 것이 필연적이었기 때문에 이후 이웃 주민들과의 갈등은 일상적으로 일어났다. 정착 초기에는 산을 개간해 고구마나 옥수수 등을 심었지만, 그것으로는 부족해 밖으로 구걸을 다니는 사람의 비중이 상당하였다. 이후 돼지와 닭을 소규모로 키우기 시작하였는데, 축산식품을 팔기 위해 수원으로 걸어 다녀야 했다.

"여기, 여기, 동천동, 동천동. 그래서 그때 당시에 어느 한 사람이 주동이 돼가지고 응? 막 연명(서명)을 받으러 댕기고 막 어쩌고 그랬어요. 그, 그러기 전에도, 우리가 처음에 와가지고서 뭐, 이제 뭐, 살길이 없으니까. 그냥 뭐 감자라도 얻어먹기 위해서 응? 사러 가니까 당신들한텐 감자를 안 판다고 그러더라고요"(박○○, 75세).

이는 한센인에 대한 편견에 따라 그들을 같은 지역 주민으로 인정하지 않으려 하며, 그들의 이주 자체가 달갑지 않았음을 의미한다. 이와 같은 갈등관계는 이주 초기부터 시작하여 10여 년 가까이 지속되었다. 이러한 갈등이 직접적인 물리적 충돌로 이어지는 경우도 빈번했다. 다음의 구술은 그 예로 정착민이 생계를 위해 이동하는 도중 주민들과 부딪힌 경우다.

"(수원에서 계란을 팔고 산길로 돌아오는데) 날이 이미 새어서, 하도 배가 고프고 그래서, 막걸리를 한잔 사 먹고 가자, 그래서 주막집에 갔어요. 주막집 와서 인자, 거 누런 주전자 하나 시켜놓고 세 사람이 먹는데, 동네 청년들이 몇 사람 왔어요. 이래, 보더니, 근데 그 아줌마를, 술집 아줌마를 부엌으로 불러내요. 거 무슨, 이상하다, 무슨 얘기를 하는가. 그래 이야기를 하고 나오니, 아주머니가, 빨리 가라, 이거예요. 그러더니 인자 또 젊은 사람들이, 세 사람이 나오더니, 그때는 뭐, 당신들! 너거들! 왜 남의 동네 방해하느냐, 이거에요. 아 그래, 수원 갔다가 하도 배고파서 그랬다니까, 아 막 욕을 하면서 주전자를 탁 쳐서 쏟아버리는 거예요. 예, 그래서, 아! 참 얼마나 분한지, 거서 또 잘못하면 맞아 죽겠고, 그래서 올라왔어요, 동네에다 연락을 했어요. 내가 저기 머내(동천리)서 막걸리 한잔 먹었는데 이렇게 당했다. 그래서 몇 사람하고 내려갔죠. 주막집 아줌마보고 그 사람들 집이 어디냐고, 그래서 갔어요. 가니까 이미 피했는지 못 찾았어요. 그라고 한참 있는데, 어디서 막 단체로 막 한 열 명도 넘게 왔어요. 와가지고 막, 돌멩이질 하는 놈도 있고, 와서 멱살 잡고, 왜 남의 동네 돌아다니냐, 이거죠. 그래서, 술 사 먹으러 왔다. 술은 임마, 너거는 거서 해 먹으라, 카면서, 여기 내려오지 마라, 이거죠"(이○○, 63세).

나-2. 피해 내용

피해 신청을 한 이들과의 집단 면담과 농원대표와의 면담을 종합하면 이번 사건에서 한센인들이 받은 구체적인 인권침해 내용은 무엇보다 사회적 냉대에 따른 심리적·정신적 피해라고 판단된다. 이들은 정착 초기부터 이후 십여 년 동안 적대적인 이웃에 둘러싸여 고립된, 수세적인 삶을 살 수밖에 없었다. 정착 초기에는 천막을 걷으라는 주민들의 위협을 수시로 들어야 했으며, 주민들의 눈에 띄지 않기 위해 산에서 숨어 지내는 시간도 상당하였다. 또 마을 근처 버스 정류장을 두고도 외부로 나가기 위해서는 주민들의 위협을 피해 이른 아침과 늦은 밤 시간을 통해 30km에 이르는 산길을 넘어 다녀야만 했다. 정신적인 피해뿐만 아니라 실질적인 물리적 위협도 상당한 것이었다. 양계와 축산업을 소규모로 하기 시작하면서 외부와의 출입이 잦아졌고, 이는 종종 물리적인 충돌로 이어졌다. 이○○ 씨의 경험이 대표적이다. 돌팔매질이나 멱살잡이를 당하면서도 이들이 도움을 청할 공권력은 거의 없었다. 오히려 면사무소에서는 주위 마을 이장들을 불러 정착민들을 경계하라는 주의를 내렸다.

또 하나 간과할 수 없는 피해는 자녀들이 취학연령이 되면서 겪은 피해다. 취학아동은 지리적으로 근처 수지국민학교에 입학하는 것이 예정되어 있었으나 이웃주민들의 반대로 결국 입학하지 못했고, 이 과정에서 정착민들과 그 자녀들은 이웃 학부모들의 모욕과 협박을 견뎌야 했다. 증언에 따르면, 맨 처음 정착촌 자녀 박○○ 씨가 수지국민학교에 입학을 허가받았으나 학부모들의 항의로 결국 몇 개월 만에 나와야 했다. 이후 정착촌 아동들은 수원이나 신갈에 있는 학교에 다녀야 했고, 결국에는 80년에 세워진 수지국민학교 염광원 분교에서 학교를 다녔다.

자료: 서울대학교 사회발전연구소, 「한센인 피해사건 진상조사」(2011), 155~157쪽.

보고서의 내용에서 보듯 한센인들과 마을 주민들 간의 마찰은 꽤 오랫동안 계속되었다. 전염된다, 농사가 안 된다는 등, 일상적인 모욕과 차별은 빈번했고 사사건건 부딪쳤다. 염광분교의 경우처럼 한센인 2세대인 미감아들의 교육받을 권리 또한 제대로 이해되지 못했다. 한센인들은 공존하기 위해 노력했지만 마을 주민들은 그들이 격리되기를 원했다. 한센병에 대한 오래된 편견으로 그들은 장애인, 노숙자 등과 같은 사회의 약자층에 있으면서도 보호 대상이 아닌 경계 대상이었다.

이러한 염광농원과 마을 주민들의 갈등은 1970년대 초반 박정희 집권 당시 영부인 육영수 여사의 정착촌 방문을 계기로 조금 봉합된 것처럼 보이기도 했다. 결정적이었던 것은 수지면 일대의 전기 공급이었다. 육영수 여사는 방문 당시 정착촌에 전기 공급을 약속했는데, 당시 수지면에는 전기가 들어오는 곳이 없었다. 염광농원에 대한 전기 공급을 계기로 주변 일대에도 전기가 들어오면서 이웃 주민들과의 관계도 적대적 관계에서 일종의 방관자적 관계로 변화했다.

인권침해 진상 보고서에 기록된 한센인의 절규처럼 이들을 가장 힘들게 한 것은 신체적 고통보다 심리적 좌절감이었다.

이러한 갈등과 차별에 한센인들은 대부분 적극적인 행동보다는 숨김과 침묵으로 대응했다. 자식에게조차 한센 병력을 밝히지 못하는 경우가 많았다. 나중에 밝혀져 결혼한 자식들이 이혼당하는 경우도 더러 있었고, 힘겹게 결혼했는데 나중에 아내가 재산을 빼돌려 도망간 이야기들도 마을에서 회자되었다.

이제는 병에 대한 사회적 이해도가 뚜렷이 개선되긴 했지만,지금도 많은 이들이 자신의 병력과 살아온 이야기를 밝히기 꺼리는 이유도 자신보다 자신의 자녀에게 혹여 낙인과 차별의 피해가 갈까 우려하기 때문이다. 이제는 달라졌다고 말하지만, 고령의 한센인들에게는 한평생 따라붙었던 피눈물의 흔적이 쉬이 사라지지 않는 듯하다.

사람들을 피해 30km의 산길을 걸어 다닐 때의 그 심정을 우리가 이해할 수 있을까. 전기 가설을 계기로 한센인들에 대한 노골적 공격이 동네에서 사라졌다지만 보이지 않는 차별까지는 쉬이 사라지지 못했다. 같은 버스를 타고, 같은 물길로 농사를 지어도 동천동의 두 세계, 특히 손골의 염광농원과 여타 마을은 애써 상대를 외면하며 각자의 삶을 영위해 갔다.

5. 염광의원으로 주목받다

다른 정착촌들과 달리 얼마 후 염광농원은 전국적으로 주목을 받기 시작했다. 염광농원이 유명한 피부약을 제조하는 의원으로 이름을 알리게 된 것이다.

그 중심에 나 모 씨가 있었다. 나 씨는 본래 소록도에서 이곳으로 온 이주민들 가운데 한 사람이었다. 그는 면허를 취득하지는 않았지만, 환우들을 돌보도록 교육받은 일종의 치료사로서 피부병 약을 조제하는 능력이 뛰어났다. 나 씨를 중심으로 농원 주민들은 약사들을 고용해 염광약국을 세웠다. 한센인들에게 약을 만들어 보급하는 것은 물론이고, 이 약이 무좀 등 피부병에 좋다는 소문이 퍼지면서 외부 사람들에게도 알려지기 시작했다. 이내 소문은 전국으로 퍼져나가 1970년대 초반 평택에 흩어져 있던 환우들까지 모여 60명으로 염광농원 식구들이 늘어났다. 염광약국은 이제 병원 일까지 해야 할 정도로 확장되었고, 마침내 1976년 염광의원이 설립되었다.[4]

당시 이곳이 어느 정도 유명했는지를 알려주는 몇 가지 이야기가 전해진다. 동천리 입구와 성남을 오가는 1번 노선버스가 있었다. 이 노선에 염광농원까지 들어오는 연결 노선이 곧바로 추가됐다. 우선 협진여객에서 운영하는 마이크로 버스가 그 역할을 했는데, 승객이 많아지자 나중에는 아예 성남시 상대원동에서 염광농원까지 노선버스가 신설됐다. 하손곡으로부터 염광농원에 이르는 길 주변에는 상권까지 형성되기 시작했다.[5]

이러한 유명세로 염광피부과의원은 적지 않은 수입을 올렸다. 여기서는 외상도 안 통했는데, 의료보험 적용 시설도 아니었으니 당연한 결과였다. 이 수익분은 농원 내의 한센인 가구에 배당되었다고 한다.

6. 수지가구단지, 마을을 바꾸다

염광의원의 유명세로 한센인들은 주변 마을 주민에 비해 경제적으로 훨씬 안정되어 갔다. 상황이 바뀐 것이다. 그런 흐름은 한 단계 더 이어졌다.

4 용인시의사회의 자료에는 "동천리에 1976년 염광의원이 설립되어 박기일 씨가 피부과 진료를 시작하였다"라고 기록되어 있다.

5 "염광농원 마을의 변천사". ≪용인시민신문≫, 2008년 8월 13일 자.

정착 초기 한센인들은 양계와 양돈으로 생계를 이어갔는데 1980년대 후반부터 이 축사 비닐하우스를 가구공장들에 임대하기 시작한 것이다. 축산업에서 임대업으로의 전환은 그 무렵 경기도 일대 정착촌들의 대체적 경향이었다.

1988년 서울올림픽을 전후로 정착촌의 축산업은 시장개방 압력, 기업형 축산업 출현, 축산 폐수로 인한 도심권 축산업의 지속 불가능 등의 문제로 떠올랐다. 게다가 한센인 1세의 고령화와 2세들의 성장에 따른 내적 갈등도 심화되면서 정착촌 경제는 매우 어려운 형세였다. 이런 상황에서 정착촌 내의 토지와 건물을 이용한 임대업이 점차 성장했다.[6]

주민들이 운영해 오던 양계 축사는 주변 환경도 악화시켰지만, 축산물 가격 등락에 따라 수입구조가 불안하기 짝이 없었다. 그러던 차에 허름한 초가만 있어도 가구업자들이 세를 달라 하니 임대업은 불안한 양계업보다 훨씬 실속 있고 안정적이었다. 또 한 가지, 정착촌에는 '일종의 치외법권과 같은 분위기'가 형성되어 있었다. 웬만한 불법쯤은 당국에서도 눈감아 주거나 이해했고, 때론 주민들도 집단행동을 불사했다. 이렇다 보니 세입자들로서도 여러 면에서 좋았다. 염광농원 일대에 하나둘 영세 가구공장이 들어섰고, 염광피부과의원 가는 길을 따라 가구대리점들도 하나씩 생겨났다. 그뿐 아니라 1990년대 후반 주택 200만 호 건설 정책과 신도시개발사업도 가구단지 조성에 큰 영향을 끼쳤다. 그중에서도 염광농원이 위치한 용인시 수지구 동천동은 분당 신도시와 맞붙어 있는 위치였다. 가구단지가 들어설 최적의 조건이었다.

1980년대에는 염광농원 안 비닐하우스를 중심으로 영세 가구공장들이 들어섰고, 염광농원을 중심으로 손골 골짜기 따라 그 아래·위로 가구공장과 전시장들이 속속 입주했다. 1990년대에는 꽤 큰 규모의 공장들과 유명 가구전시장까지 들어서며 '염광가구단지'는 전국적인 유명세를 떨쳤다. 지금 남은 기록은 대개 '수지가구단지'로 정리되어 있지만, 당시에는 두 이름이 혼용되었다.

6 「한센인 피해사건 진상조사 보고서」(서울대학교 사회발전연구소, 2011).

가구단지 조성 이후 재력을 갖추어 임대업을 하는 한센인들이 생겨나는가 하면, 이 한센인을 대리해 활동하는 부동산업자들도 생겼다. 이들 가운데 일부는 지금도 여전히 손골 지역에 부동산을 소유하고 있는 것으로 알려졌다. 한센인들과 원주민들 사이의 관계가 일부 역전된 셈이다.

7. 경계하며 엮이다

이렇게 병원과 임대업으로 손골 지역의 한센인들은 대부분 경제적인 안정을 찾았던 것으로 보인다. 당시 '염광농원'의 이름으로 성금을 내거나 '모범저축자'로서 최우수상을 수상했다는 언론의 보도 등이 그런 정황을 보여준다. 그러나 동천동에서 염광농원은 여전히 '섬'이었다.

1970년대 전기가 가설되면서 그나마 주민들과의 관계가 조금 나아진 듯했다. 원주민들도 염광농원으로 일을 다니기도 하고, 한센인 2세들은 동네 청년들과 축구팀을 이루어 면민체육대회에 참가하기도 했다. 염광의원과 임대업이 활성화되면서 경제적으로도 안정되자 차츰 노골적인 무시나 차별은 옅어졌다. 그러나 염광분교의 예에서 보듯 지역 주민들의 병에 대한 두려움은 여전히 강했다. 미감자라 하더라도 식사를 하거나 피부 접촉을 하는 일은 여전히 꺼렸다.

한편 염광원 분교와 관련해 이런 이야기도 전해진다. 처음에는 교사들이 염광분교로 발령받는 것을 기피했지만, 한센인들이 자신의 아이들을 가르치는 교사들에게 극진하게 대하다 보니 점차 이 분교를 선호하는 교사들이 많아졌다는 것이다. 다행히 시간이 흐르면서 이들 교사처럼 원주민 중에서도 염광농원의 한센인 또는 그 2세들과 스스럼없이 지내는 경우도 꽤 많아졌다.

결국 이웃으로 같은 길을 걷고 같은 물길에 기대 일하는 가운데 함께 40여 년 세월을 보내다 보니, 한센인들과 주민들 사이에도 서로 침투할 수 있는 여지가 조금씩은 생겼던 모양이다. 하긴, 마을살이에 고정된 관계가 어디 있을까?

그림 7-2 수지초등학교 염광원분교의 졸업 앨범에 소개된 학교 건물

이렇게 서로 조심스럽게 응시하고 두려워하면서도 생활과 경제에서는 서로 엮여 들어간 관계를 무엇이라고 설명할 수 있을까? 이제 도시개발로 옛길과 물길이 사라지듯 염광농원도 사라졌으니 더 따져볼 필요가 없는 것일까?

한센인들의 흔적을 더듬다 보니 문득 궁금해진다. 우리는 지금 또다시 누구를 차별하고 배제하고 있지 않은가? 혹은 우리가 누군가로부터 차별과 배제의 대상이 되고 있지는 않은가? 어쩌면 이런 질문은 오늘날 염광농원의 옛이야기가 우리에게 던지는 질문일 수도 있겠다.

제8장

손골 교우촌의 성립과 역사

손골에서 숨죽여 꿈꾸던 사람들

1. 일부러 척박한 산골짜기로 숨어들다

'손골'은 손곡천(蓀谷川, 하천 연장 4.86km) 양쪽의 지역을 두루 일컫는 이름이다. 그러나 손곡천은 인근 동막천과 달리 유량이 많지 않고 그 유역도 좁은 편이어서 사람이 거주하거나 농사를 짓기에 유리한 조건이 아니었다.

그러나 역설적이게도 바로 그 점 때문에 손골은 역사에 자신의 이름을 남기게 됐다. 남의 눈을 피해 살기를 원하는 사람들이 어느 날 손곡천 상류, 즉 상손곡(上蓀谷) 지역의 척박한 땅에 스며들듯이 들어와 살기 시작한 것이다.

그 시기는 대개 1839년(헌종 5년, 己亥年) 전후로 추정된다. 그해에 우리나라에서는 가톨릭 교인들에 대한 박해가 대대적으로 벌어져 당시 국내에 들어와 있던 앵베르 주교(Laurent-Joseph-Marius Imbert)와 모방 신부(Pierre Maubant), 샤스탕(Jacques Chastan) 신부를 포함해 참수된 순교자만도 50명이 넘었다. 한국 가톨릭 역사에서는 이때의 일을 '기해박해'라고 부른다. 이 무렵 서울에서 멀지 않으면서도 경기도 일대에 일반 주거지역과는 떨어져 가톨릭 신자들이 숨어 살 수 있는 소규모 교우촌(教友村)이 수십 곳에 형성되었는데, 그중 하나가 바로 '손골 교우촌'이었던 것이다.

2. 손골, 작지만 결코 작지 않은 마을

가톨릭 측 기록에 따르면 손골은 여러 교우촌 중에서도 그 의미가 각별했던 것으로 보인다. 왜냐하면 1839년 기해박해 이후 비밀리에 국내로 들어오는 파리외방전교회 소속 선교사들 가운데 상당수가 이곳에서 적응 훈련을 받았기 때문이다. 페롱(Stanislas Feron, 1857년 부임), 조아노(Pierre Joanno)와 칼래(Alphonse Calais, 1861년 함께 부임), 오매트르(Pierre Aumaître, 1863년 부임), 도리(Pierre-Henri Dorie, 1865년 부임) 신부 등 적어도 다섯 명의 이름이 확인된다. 이들은 짧게는 반년, 길게는 1년 반 정도 손골 교우촌에 머물며 한국어도 배우고, 한국의 풍습도 몸에 익혔다.

그렇게 해서 한국인 신자들과 어느 정도 대화가 가능해지고 성사도 행할 정도가 되면 이 선교사들은 새로운 임지로 떠나가고, 손골에는 또다시 한국에 새로 배정된 신임 선교사가 찾아들곤 했다.

그런가 하면 손골 교우촌은 이 선교사들의 피정 장소이기도 했다. 여름 한 철 더위를 피해 며칠씩 와서 쉬어가는 일이 많았다. 또 프랑스 본국에서 새 선교사가 부임할 경우 고참 선교사들이 일부러 찾아와 자신의 경험을 바탕으로 조언을 해주기도 했다. 물론 신임 선교사들로부터 고향 소식을 듣기도 했을 것이다.

앞에서 소개한 페롱 신부 등 다섯 명은 우리나라에 들어온 직후 아예 손골에 상주하면서 적응 훈련을 받은 경우이고, 그 밖에 피정 등의 이유로 손골을 수시로 방문했던 선교사들의 이름도 여섯 명이 더 확인된다. 1860년대 중반 우리나라에 파견되어 활동하던 14명의 선교사 대부분이 이 손골과 관계를 맺고 있었다는 이야기다.

이런 역할로 미뤄볼 때 손골은 외형상으로는 보잘것없는 작은 마을이면서도 한국 가톨릭의 역사에서 결코 작다고 할 수 없는 역할을 했던 셈이다. 숨겨져 있는 손골이, 오히려 숨겨져 있어 큰 역할을 맡았다고도 할 수 있다. 그 기간은 20년을 훌쩍 넘겼다.

표 8-1 손골 교우촌을 거쳐 간 프랑스인 선교사들

이름	생애	손골 체류	참고
스타니슬라스 페롱 (Stanislas Féron)	1827~1903	1857.3~ 1857 말	1866년 중국으로 탈출
피에르 조아노 (Pierre Joanno)	1832~1863	1861.4~ 1861.10	1863년 4월 공주에서 선종
니콜라스 아돌프 칼래 (Nicolas Adolphe Calais)	1833~1884	1861.4~ 1861.10	1866년 중국으로 탈출
피에르 오매트르 (Pierre Aumaître)	1837~1866	1863.7~ 1864.10	1866년 3월 30일 보령 군문효수 1984년 5월 6일 시성
피에르앙리 도리 (Pierre-Henri Dorie)	1839~1866	1865.6.23~ 1866.2.27	1866년 3월 7일 새남터 군문효수 1984년 5월 6일 시성
마리 앙투안느 니콜라스 다블뤼 (Marie Antoine Nicolas Daveluy)	1818~1866	1853.9 (방문)	1866년 3월 30일 보령 군문효수 1984년 5월 6일 시성
시메온프랑수아 베르뇌 (Siméon-François Berneux)	1814~1866	1861 여름 (방문)	1866년 3월 7일 새남터 군문효수 1984년 5월 6일 시성
장 마리 랑드르 (Jean Marie Landre)	1828~1863	1861 여름 (방문)	1863년 9월 예산에서 병사
미셸알렉산더 프티니콜라 (Michel-Alexandre Petitnicolas)	1828~1866	1865 (방문)	1866년 3월 11일 새남터 군문효수 1965년 시복심사에서 탈락
마르탱뤽 위앵 (Martin-Luc Huin)	1836~1866	1865 (방문)	1866년 3월 30일 보령 군문효수 1984년 5월 6일 시성
베르나르루이 볼리외 (Bernard-Louis Beaulieu)	1840~1866	1865 (방문)	1866년 3월 7일 새남터 군문효수 1984년 5월 6일 시성

당시 손골 교우촌에 거주했거나 이곳을 방문했던 것으로 확인되는 프랑스인 선교사들의 현황은 〈표 8-1〉과 같다.

3. 가난한 마을, 행복한 삶

우리는 고맙게도 프랑스인 선교사들 가운데 손골 교우촌에서 다섯 번째로 한국 적응 훈련을 받은 도리 신부가 직접 남긴 기록을 통해 이 마을의 모양새를 대강 그려볼 수 있다. 이 기록은 도리 신부가 1865년 10월 16일 손골에서 부모님께 보낸 편지다. 좀 길지만 재미도 있고 의미도 있기에 상당 부분을 인용한다.[1]

> 그 이후 (베르뇌) 주교님께서는 저희들 각자에게 머물 곳을 정해주시면서 그곳에서 조선말을 배우게 해주셨습니다. 브르트니에르(Bretenéres) 신부는 서울에 머물게 되었고, 볼리외(Beaulieu) 신부와 저는 따로 지정된 마을로 길을 떠났습니다. 볼리외 신부가 머물게 된 마을을 거쳐 그를 남겨두고 그곳에서 약 6km 떨어져 있는 제가 머물 곳을 향해 또다시 길을 떠나 오후 5시경에서야 이곳 **'손골(Sonkol)'이라는 교우촌**에 도착하였습니다. 이 마을은 산에서 흘러 내려오는 **개울물로 인해 둘로 나눠져 있는데, 가난한 마을입**니다. 이 마을의 **북쪽, 서쪽 그리고 남쪽으로는 산이 둘러서 있고 동쪽으로는 계곡이 보이는** 곳입니다. 이 마을의 **주요 경작물은 담배**인데 주로 **산기슭에서 재배**되고 있습니다. **계곡 아래쪽으로는 몇몇 논밭**이 펼쳐져 있었는데, 지난 8월 말에 홍수가 나서 모든 농사가 엉망이 되어, 많은 사람들이 고통을 당하게 되었습니다. 왜냐하면 흉작으로 인해 내년까지 먹을 곡식이 부족했기 때

1 이 편지는 손골성지 소식지 ≪손골≫의 제77호(2012.5.1)에 윤민구 신부가 번역해 실린 것이다. 강조는 필자가 한 것이다.

그림 8-1 손골과 인연을 맺은 프랑스인 신부들

손골에서 한국 적응 훈련을 받은 다섯 번째이자 마지막 선교사로서 병인박해(1866) 때 손골에서 잡혀 순교한 피에르 앙리 도리 신부(왼쪽), 손골에서 가장 오랜 기간 머물렀던 피에르 오매트르 신부(가운데), 손골에서 멀지 않은 '뫼루니' 지역에 머물다가 도리 신부와 같은 날 체포된 베르나르 루이 볼리외 신부(오른쪽)의 모습이다.

문입니다.

제가 머물게 된 방을 보신다면 과연 부모님께서는 뭐라 말씀하실까요? 아마도 부모님께서는 이곳 사람들을 많이 흉보실지도 모르지만, 그런대로 제게는 썩 훌륭한 방입니다. 먼저 제 방에 들어오시려면 결코 서서 들어올 수는 없고, 네 발로 기어 들어올 수밖에 없으실 것입니다. 방문 높이가 1m밖에 되지 않고 너비도 보폭으로 한 걸음 반 정도밖에 되지 않는 매우 작은 문인데, 조선식이라고 할 수 있습니다. 게다가 방문은 종이로 붙여서 만들어져 있습니다. 아마 웃으실지도 모르지만 결코 거짓말이 아닙니다. 먼저 나무를 이용해서 직사각형으로 방문 틀을 짜고 거기에 종이를 대어 붙인 것입니다. 창문도 없습니다. 방에 들어가게 되면 먼저 의자를 찾게 되는 것이 보통이지만, 제 방에는 의자도 없습니다. 방 안에서는 항상 조선식으로 방바닥에 앉아야 합니다. 즉 두 다리를 꼰 다음 엉덩이를 바닥에 붙여 앉는 것입니다. 지금은 저 역시도 자연스럽게 이런 방법으로 앉을 수 있게 되었는데, 그리 힘들지는 않습니다.

그림 8-2 손골의 옛 모습

현재 남아 있는 손골의 가장 오래된 사진들 중 하나다. 그러나 이것도 도리 신부의 흔적을 찾아 1963년 한국에 왔던 조제프 그렐레(Joseph Grele) 신부가 촬영한 것이어서 그로부터 거의 100년 전인 1866년 병인박해 당시의 마을 모습이라고 단정하기는 어렵다. 나중에 이 초가집 자리에 손골성지 사무실이 들어섰다.

제가 미사를 봉헌하는 성당은 어떤지 아십니까? 부모님, 불행하게도 이 나라에는 프랑스에서와 같은 성당은 찾아볼 수 없습니다. 제 방이 곧 성당입니다. 제단은 벽에 걸려 있는 널빤지를 사용하는데 그 위에 종이를 깔아놓은 것이 전부입니다. 왜냐하면 이곳에서 박해가 일어나지 않았었더라면 종교의 자유를 벌써 누릴 수 있었을 텐데 아직은 그렇지 못한 상황이기 때문입니다. 그래서 아직까지도 저희들 외국인 선교사들은 숨어 지낼 수밖에 없습니다.

하지만 이 마을 안에서는 아무런 걱정도 할 필요가 없습니다. **마을의 모든 사람들이 신자**이고, 또 매일같이 미사를 봉헌하기 위해 제 방으로 모여들고 있습니다. 이 조선 사람들은 매우 열심한 신자들입니다. 매우 깊은 신앙을 가지고

들 있습니다. 이처럼 선하고 열심인 사람들 사이에서 저는 매우 만족해하며 행복하게 지내고 있습니다. 매일같이 저는 방문을 나서 저를 위해서 사람들이 만들어준 작은 길가에 나가보곤 합니다. 하지만 혹시라도 외교인(外教人)들이 저를 보게 될까 봐 멀리까지는 나갈 수 없습니다. 그러나 짚으로 된 지붕을 가지고 있는 제 작은 집에서 여러 가지를 기원하면서 기도하고 있어 그리 지루하지는 않습니다. 사실 프랑스에서는 이렇게 자주 기도하지 못했습니다. 그러니 큰 걱정은 하지 마십시오. 제가 묵고 있는 집 사람들은 제게 너무나 잘 해주고 있습니다. 저를 위해서 맛있는 것들을 많이 준비해 주고 비록 그렇게 맛이 좋지는 않지만 그래도 저를 위해서 빵을 만들어주기까지 합니다.

손골 교우촌의 정경이 손에 잡힐 듯 그려져 있다. 비록 물설고 낯선 곳, 그것도 신앙과 포교의 자유가 보장되지 않아 숨어 지내는 곳이지만, 그 가난하고 불편한 환경 속에서도 주민들이 보여주는 소박한 환대의 모습이 머릿속에 선명하게 그려진다.

도리 신부는 이 편지 외에도 또 한 차례 마을의 상황을 설명하는 편지를 보낸 일이 있었다. 1865년 9월 29일 손골에서 홍콩의 파리외방전교회대표부 랑대(Joseph Michel Landais) 신부에게 보낸 것이었다. 그중 일부는 앞에서 본 부모님께 보낸 편지 내용을 보완하는 것이기에 다시 인용한다.[2]

볼리외 신부와 나는 다시 지방으로 내려왔습니다. 여기에서 약 6km 떨어진 곳에서 그를 떼어놓고 온 나는 6월 23일에 이곳 손골로 들어왔습니다. **거대한 골짜기 깊은 곳에 위치한 12채의 가난한 초가집**들이 있는데, 바로 그곳이 제가 머물 곳이었습니다. 마을 사람들 모두가 신자들이었고, 옆마을에

2 이 편지는 손골성지 소식지 ≪손골≫ 제65호(2011.5.1)에 윤민구 신부가 번역해 실린 것이다. 강조는 필자가 한 것이다.

단 세 명의 승려들이 있을 뿐 다른 이방인들은 상당히 먼 곳에 살고 있었습니다. 내가 머물고 있는 집은 예전에 페롱, 요안노, 깔래, 오매트르 신부님이 머물던 곳과 같은 곳으로서, 바로 여기가 그 신부님들이 지금 나에게 조선말을 가르치고 있는 사람을 같은 스승으로 모시고 조선말을 배우셨습니다. 그 사람의 턱수염은 신부님은 물론 나 역시도 결코 가질 수 없을 만큼 엄청 길어서, 그 사람의 아내가 그를 처음 봤을 때 무서워했을 정도라고 합니다.

손골 교우촌의 대략적인 모습뿐만 아니라 12가구라는 구체적인 규모와 도리 신부가 머물던 집의 주인이자 그에게 조선말을 교습하던 인물의 모습까지 설명되어 있다. 다른 자료에 의하면 이 엄청난 턱수염을 하고 손골을 거쳐 간 모든 프랑스 선교사들에게 조선말을 가르친 그 스승의 이름은 '이군옥(李君玉)'이고, 세례명은 '요셉'이라고 한다.

4. '손골 교우촌'과 '손골성지'는 같은 곳일까?

도리 신부의 두 편지에 공통적으로 등장하는 마을이 손골 외에 한 군데 더 있다. 서울에서 손골로 오는 가운데 손골에 이르기 6km 전에 볼리외 신부를 남겨두고 왔다는 바로 그 마을이다. 다른 기록에 따르면 그곳은 당시 지명으로 '경기도 광주군' 중에서 '산답리(山畓里)' 또는 '묘론리(卯論里)'라고 기록된다. 한자 표기에 현혹되지 않고 잘 뜯어보면 알겠지만, 사실 두 지명은 같은 곳을 가리키는 말이었다. 당시 '산 중턱에 있는 논'을 '뫼논'이라고 입말로 불렀던 것 같은데, 그것을 그 뜻에 따라 훈차하면 '산답(山畓)'이 되고, 말소리를 적당히 음차하면 '묘론(卯論)'이 되었던 것이다. 지금의 '경기도 성남시 분당구 운중동'에 가면 '뫼루니'라고 불리는 지역이 있다. 바로 그곳이다. 머내에서 북쪽으로 고개 하나 넘으면 나오는 서판교 지역이다.

그림 8-3 새로 단장한 손골성지 성당

병인박해 150주년을 맞아 2016년 새로 단장되어 봉헌식을 한 손골성지 성당의 모습이다. 이로써 성지다운 위용은 갖춰졌지만, 150여 년 전 프랑스인 선교사들과 조선인 신자들이 숨어 살며 하느님 나라를 꿈꾸던 옛 손골의 소박한 모습은 이제 찾을 길이 없어지고 말았다.

이제 구체적으로 '손골 교우촌'의 모습을 살펴보기로 하자. 사실 도리 신부의 두 편지 외에 손골의 모습을 더 구체적으로 짚어볼 수 있는 자료는 별로 없다. 그러나 현재 한국가톨릭교회 수원 교구에서 관리하는 '손골성지'가 아주 중요한 출발점이 될 수 있다. 그 구체적인 장소는 '경기도 용인시 수지구 동천동 734'이다. 최근 대대적으로 정비사업이 벌어지고 새 성당도 지어져 2016년 5월 봉헌식이 열렸다.

손골성지는 광교산(582m) 중턱의 손곡천 발원지로부터 600~700m 정도 아래에 위치한다. 그곳은 서쪽에서 동쪽으로 흐르는 손곡천 최상류의 좁은 계곡이

그림 8-4 손골성지 인근의 피난골

지금의 손골성지에서 계곡을 따라 500m 정도 걸어 올라가면 약간 열린 지형(오른쪽 위)이 나타나고, 드문드문 집터 또는 경작지였음직한 자리들이 눈에 띈다. 손골의 토박이들은 이곳을 '피난골'이라고 부르면서 19세기에 가톨릭 교우촌이 바로 이 자리에 있었다고 증언한다. 오른쪽 아래 사진은 이 피난골을 찾는 데 지표가 되는 장군바위다.

끝나고 시야가 막 트이는 지점이며, 실제로 지금도 이 부근에는 도리 신부가 부모님께 보내는 편지에서 묘사했던 것과 같이 약간의 논과 밭이 여전히 눈에 띈다. 그러나 성지 서쪽의 손곡천 계곡 상류로는 개활지가 거의 없어 경작지, 특히 논은 거의 들어서기 어려운 지형이다.

그렇다면 도리 신부가 말한 것과 같이 "거대한 골짜기 깊은 곳에 위치한 12채의 가난한 초가집들"이 자리 잡고 있으면서 "매우 깊은 신앙"을 갖고 "신앙의 자유"를 갈망하며 모둠살이를 하던 교우촌의 위치는 정확하게 어디였을지 생각해 보게 된다. 그것은 지금의 손골성지 자리였을까, 아니면 그것보다는 조금 더 위의 계곡 속이었을까?

실제 손골성지에서 개울물을 따라 10~20분 걸어서 500m 정도만 올라가면 집터 또는 작은 규모의 경작지였으리라고 짐작되는 자리들이 여기저기 나타난다.

또 이 지역 토박이들은 바로 이곳을 줄곧 '피난골'이라고 불렀다고 증언한다. 그렇게 보면 12가구의 주민들이 산비탈에 담배 농사를 짓던 곳은 아무래도 지금의 손골성지와 같은 개활지보다는 바로 이곳 계곡 속의 '피난골'이었을 가능성이 커 보인다. 손골성지의 관계자들도 150여 년 전 교우촌을 형성했던 12가구가 지금의 성지 자리부터 계곡 안쪽 여기저기에 분산되어 자리 잡았던 것으로 추정한다.

그렇다고 해서 지금의 손골성지가 과거의 손골 교우촌과 전혀 관계없는 곳일 수는 없다. 도리 신부가 편지에 적은 대로 이곳은 당시의 손골 주민들과 이곳을 찾은 선교사들을 먹여 살리는 주곡(主穀)의 공급처였을 것이다. 그런가 하면 한여름의 뙤약볕 속에 논과 밭에서 곡식을 가꾸는 가운데 외부에서 마을로 접근하는 수상한 사람이 없는지 살피는 파수꾼의 자리였을 수도 있다. 이래저래 마을의 생명선 역할을 하던 지점이었다고 생각된다.

우리가 지금 150여 년 전 이곳에 살던 사람들을 불러내 물어볼 수는 없는 노릇이다. 그렇지만 손골성지 아래위로 개울을 따라 펼쳐진 모든 장소에 당시 손골 교우촌에 숨어 살며 '영원한 삶'과 '새로운 세상'을 꿈꾸던 사람들의 피땀이 스며 있으리라는 점만은 분명하다.

5. 이 마을에 살던 사람들은 도대체 누구였을까?

사실 우리는 이 마을에 어떤 사람들이 살았는지 궁금하다. 솔직히 말해 우리는 프랑스인 선교사들보다 이 마을에 살던 초기 가톨릭 신자들이 어떤 사람들이었는지가 더 궁금하다. 그들은 도대체 어떤 배경을 갖고 어떤 삶을 살았기에 이렇게 고생스러운 장소에서 예사롭지 않은 생활을 이어갔던 것일까? 19세기 중반에 12가구가 살았으면 주민은 대략 40~50명 정도였을 것이다. 그들 중에는 인근 경기도의 신자들도 있었겠지만, 충청도 등의 타지에서 박해를 피해 숨어들어온 신자 가족들도 있었음직하다.

현재 우리가 추적할 수 있는 자료 중에서 도리 신부를 비롯한 선교사들의 기록 외에 마을 주민 스스로가 남긴 기록은 확인된 것이 없다. 선교사들은 교우들을 보호하기 위해 가능한 한 그들의 실명을 감췄고, 교우들 스스로는 기록 자체를 남기지 않았으니 그들 삶의 모습을 확인할 수 없는 것이 당연하다.

그러나 교우촌 일부 주민들의 모습을 어렴풋이나마 그려볼 방법이 아주 없지는 않다. 손골 교우촌 최후의 모습이 당시 조선 정부의 관찬(官撰) 기록 또는 당시 가톨릭 신자들의 사후 증언으로 전해지기 때문이다. 그것은 가톨릭 신자들에 대한 기해박해 이후 20여 년 만에 다시 대규모로 일어난 병인박해(1866~1873) 때의 일이었다.

병인박해는 고종 3년에 시작되어 대원군이 실각할 때까지 8년 동안 계속되면서 무려 8000여 명의 목숨을 앗아간 한국 가톨릭 역사상 최대 규모의 박해였다. 당시 조선에서 선교 활동 중이던 12명의 선교사들 가운데 아홉 명이 붙잡혀 목숨을 잃었다. 당시 손골 교우촌에 머물던 도리 신부가 붙잡히는 장면은 다음과 같이 설명된다.

> 볼리외 신부를 잡고 나서 같은 포졸들이 그곳에서 시오리 거리에 있는 도리 신부의 마을로 갔다. 베르뇌 주교의 하인이었던 배반자 이선이(李先伊)가 서울에서부터 필요한 모든 표를 그들에게 일러주었었다. 조선말 학습에 있어서는 동료들보다 뒤진 도리 신부가 나라의 풍습에는 훨씬 더 쉽게 적응하였었고 신자들에게서 매우 사랑을 받았었다. 사건(베르뇌 주교의 체포)의 소문을 듣자마자 그는 하인더러 도망을 치라고 명하였고, 아무도 위태롭게 하지 않으려고 집에 혼자 남아 있었다. 그는 오후 한 시에 체포되었다.[3]

3 클로드샤를 달레(Claude-Charles Dallet), 『한국천주교회사(Histoire de l'Église de

이것은 1866년 2월 27일의 일이었고, 여기서 배교자와 밀고자로 등장하는 '이선이'(당시 38세)는 손골 주민은 아니었고, 인용문에 기술된 대로 당시 조선 선교의 책임을 지고 있던 베르뇌 주교의 하인이었다. 병인박해 초기에 잡혀간 인물들 가운데 대부분은 끝까지 함구하고 죽음의 길을 선택했지만, 이선이만은 그렇지 않았다. 그는 베르뇌 주교와 함께 방문했던 선교사들의 임지와 그들의 상황을 낱낱이 고해바쳤다. 병인박해의 도화선 노릇을 톡톡히 했던 것이다. 그는 당연히 방면되었다.

그로 인해 한국 가톨릭 교계가 치른 대가는 처참했다. 그러나 지금도 남아 있는 『포도청등록(捕盜廳謄錄)』이라든가 『추안급국안(推案及鞫案)』과 같은 수사 및 재판 기록을 보면, 파장을 최소화하기 위한 선교사들의 노력도 놀라웠다. 당시 잡혀간 아홉 명의 선교사들 입에서는 단 한 명의 신자 이름도 나오지 않은 것으로 전한다.

도리 신부의 행적을 보아도 그렇다. 그는 우선 베르뇌 주교가 잡혔다는 소식을 듣자마자 신변 정리 차원에서 하인을 피신시켰다. 그리고 도리 신부가 "집에 혼자 남아 있었다"라고 기술된 것으로 보아 자신이 머물던 집의 주인 이군옥도 피신시켰을 것이다. 아마 그 과정에서 손골 교우촌의 교회 활동에 열심이던 몇 가구의 주민들도 함께 피신했을 가능성이 높다. 그러나 도리 신부는 피하지 않았다. 왜냐하면 자신이 피하게 되면 그 행적을 좇느라 다른 교우촌 주민들이 당국으로부터 고초를 겪을 것을 염려했기 때문이다. 자신이 곱게 잡혀가서 죽음을 각오하고 입을 다무는 것이 피해를 최소화하는 길이라고 판단했을 것이다. 그것은 다른 선교사들도 똑같았다.

아무튼 이렇게 됨으로써 밀고자(이선이)와 집주인(이군옥)은 역사에 잠깐 얼굴을 내밀었다가 금세 역사의 무대 뒤편으로 사라졌다. 이 두 사람의 그 뒤 행적은 전혀 알려져 있지 않다. 이선이는 가톨릭과 인연을 끊고 이전과는 전혀 다른 삶

Corée)』 하, 안응열·최석우 옮김(분도출판사, 1980), 399쪽.

을 살았을 것이 분명하다. 그러나 10년 동안 다섯 명의 프랑스인 신부들에게 조선말을 가르치며 조선인의 위엄을 선보였던 이군옥은 다른 곳에 가서도 자신이 경험한 종교적 장엄을 마음속에 새기며 신앙을 이어갔으리라 생각한다.

추측이긴 하지만, 이군옥은 본래 이 지역 주민이 아니었을 가능성이 높다. 왜냐하면 외국인 신부들에게 잇달아 조선말을 가르칠 능력이 있었다면 그는 농사꾼이라기보다는 평소 문자를 익힌, 최소한 중인 계층 이상의 지식인이었을 것이기 때문이다. 그러던 중에 가톨릭을 접하고 박해를 피해 이곳으로 찾아 들어와 10년 이상 흔치 않은 외국인들을 상대로 훈장 역할을 하다가 또다시 다른 곳을 찾아 떠나갔던 것이다. 그의 뒷이야기가 궁금하다.

6. 이름도 남김 없이 스스로 낮아진 손골 주민들

손골 교우촌의 또 다른 주민이 모습을 드러낸 것은 병인박해가 시작된 지 5년 뒤인 1871년, 이곳에서 한참 멀리 떨어진 충청도 아산에서의 일이었다.

> 이요한, 아들 베드로, 손자 프란치스코 3대가 경기 손골에서 병인(丙寅, 1866) 첫 군난(窘難: 박해)에 쫓기어 용인 남성골로 내려와 베드로가 용인 포졸에게 9인이 함께 잡혀 일곱 사람이 배교하고 다 나오고 베드로하고 다른 사람하고 둘만 갇혔더니, 포졸 행수(行首)가 원(員: 수령) 모르게 놓아 또 그곳에 살더니, 정묘(丁卯, 1867) 10월에 또 3대가 잡혔더니, 그 포교 하는 말이 "다 누구냐?" 하되 베드로 말이 "다 내 식구라" 하니 그 포교 말이 "지금 영(令)은 엄하나 그럴 수 없으니 하나만 가자" 하니 베드로 말이 "가자" 하니 베드로의 부친 요한의 말이 "하나만 갈 테면 내가 가겠다"고 부자 다투니, 그 포교 익히 생각하다가 다 놓고 간 후에 충청도 아산 일북면 쇠재 가서 살더니, 경오년(庚午年, 1870) 2월 23일 야경에 서울 좌변 포교와

그림 8-5 손골성지에 세운 기념비

손골성지에 세워진 순교자들의 기념비 가운데 '이름이나 행적을 자세히 알지 못하는 순교자들'은 바로 손골에서 살다가 충청도 아산의 쇠재에서 잡혀 순교한 이 씨 3대 가족을 가리키는 것이다. 또 '무명 순교자들'이란 손골 인근 서봉부락의 개천가에 버려져 있던 4기의 돌무덤에 묻혔던 이름 없는 순교자들을 기념하기 위한 것이다.

> 본골 장교하고 와서 잡으며 묻는 말이 "성교(聖敎: 가톨릭) 하느냐?" 한즉 "물을 것 없다. 성교 아니 하면 내가 너에게 잡힐 것 없다" 하고 그 길로 본읍(本邑)에 들어가 하루 묵고 본골 장교하고 요한, 베드로, 프란치스코 3대가 함께 서울 좌포도청으로 들어가서 문목(問目)할 때 대답이 한결같다 하더라.[4]

이렇게 도리 신부가 잡히던 날 또는 그 직전에 손골 교우촌을 탈출했던 이(李)씨 3대의 신앙 수호 역정은 충청도 아산에서 마지막 돌부리에 걸려 서울 좌포도청(지금의 종로3가 단성사 극장 자리)에서 끝막음을 하고 말았다. 이들 3대의 가족은 1871년 3월 19일(음력) 좌포도청에서 함께 순교했다.

4 『병인박해순교자증언록』(한국교회사연구소, 1987), 101쪽.

그런데 이 씨 가족 3대도 본래 손골 인근 출신이 아니었다. 그들은 지금의 행정구역으로 충청남도 당진시 면천면의 가새울이라는 마을의 양반 출신이었으나 가톨릭 신앙을 갖게 된 뒤 그 신앙을 지키기 위해서는 양반의 의무와 관습을 버려야 한다고 결심하고 본래의 출신 계층을 포기한 채 스스로 낮아져 철저히 익명의 존재로 살아간 가족이었다. 그런 결심에 따라 이들 가족은 기해박해 때 전라도로 갔다가 몇 년 뒤 박해가 조금 수그러들자 이번에는 경기도의 손골로 자리를 옮겼다. 그래서 이들 가족의 손골 거주 기간은 대개 1840년대 초부터 1866년까지 20년이 넘었을 것으로 추정된다. 이들은 자신들의 성(姓)과 세례명 외에 이름을 남기지 않았다. 하늘나라에서는 세례명만으로 충분한 것이었을까?

그런데 실상은 성과 세례명이라도 남았으면 많이 남은 것이었다. 손골 교우촌 사람들 중에는 자신의 신분과 관련해 정말 아무런 단서도 남기지 못한 채 목숨을 잃은 사람들도 있었다.

손골 교우촌에서 남쪽으로 산자락을 넘으면 바로 나오는 서봉부락의 개천가 밭의 한가운데는 주민들 사이에 가톨릭 순교자의 무덤이라고 구전되는 돌무덤 4기가 있었다. 손골로부터 직선거리로 불과 1.2km밖에 떨어지지 않은 곳이다. 지금의 행정지번으로는 용인시 수지구 신봉동 577-1~4번지에 해당한다.

수원 교구에서는 1976년 순교자 현양 사업의 일환으로 여러 곳에 산재해 있으면서 일실 위기에 놓인 무명 순교자들의 묘소를 일제히 발굴해 안성 미리내 성지 내 무명 순교자 묘역으로 옮긴 일이 있었다. 그때 이곳 서봉부락의 돌무덤도 발굴하니 말 그대로 네 구의 유골이 나왔다. 이런 식으로 미리내 성지에 묻힌 유해는 모두 16구였다.

가톨릭 사학자들은 이 서봉부락의 돌무덤이 병인박해 때 손골 교우촌에서 붙잡혀 수원으로 끌려가던 가톨릭 신자들 중 일부가 "먼저 참하고 나중에 보고하라(先斬後啓)"라는 명령에 따라 개울가에서 처형된 것을 신자 또는 마을 주민들이 발견하여 임시로 매장해 조성된 것으로 추정했다. 이런 추정이 맞는다면 이들이 잡히고 죽은 날은 도리 신부가 잡힌 1866년 2월 27일, 바로 그날일 것이다.

이 네 명의 무명씨의 유해는 병인박해로부터 꼭 150주년이 되는 2016년까지 손골성지를 재개발한다는 큰 계획의 일환으로 2013년 수원 교구의 허락을 받아 미리내 성지에서 손골성지로 옮겨졌다.

이들 역시 이군옥이나 이 씨 3대 순교자와 마찬가지로 본래 이 지역 사람은 아니었겠지만 어느 지역에서 태어나 어떤 연고로 손골까지 흘러들어 온 사람들이었는지는 알 길이 없다. 그러나 신봉동 냇물가의 돌무덤이나 아무 연고도 없는 미리내 성지보다는 도리 신부의 동상도 있고 그들이 성심을 다해 한곳을 보고 달려가던 숨결이 배어 있는 이곳 손골이 최후의 안식처로는 훨씬 어울려 보인다.

7. 그때 마을은 어떻게 되었을까?

이렇게 얘기하고 보니 손골 교우촌에 대해 궁금해지는 것이 한 가지 더 있다. 도리 신부와 이런 무명의 신자들이 잡혀가고, 그에 앞서 이 씨 3대 같은 신자들은 극적으로 마을을 떠나 다른 곳으로 숨었다면 그 뒤에 손골 교우촌은 어떻게 되었을까? 완전히 폐허가 되었을까? 빈 마을로 방치되어서, 혹은 포졸들이 불이라도 질러서?

그러나 지금까지 우리가 살펴본 내용들로 미루어볼 때 꼭 그렇게 되었던 것 같지는 않다. 우선 도리 신부가 "하인더러 도망을 치라고 명하였고, 아무도 위태롭게 하지 않으려고 집에 혼자 남아 있었다"라는 『한국천주교회사』의 설명이 많은 것을 시사한다. 하인을 피신시키고 이군옥과 그의 가족들도 마을에서 내보냈으니 그 집에는 도리 신부 혼자만 남게 된 것이 분명하다. 그러나 "아무도 위태롭게 하지 않으려고 ……"라는 대목은 그 마을에 누군가 남아 있었다는 사실을 전제해서만 성립되는 말이다. 마을에 도리 신부를 제외하고 아무도 남아 있지 않았다면 도리 신부가 도피한다고 해서 위태로워질 사람도 없었을 것이기 때문이다. 나아가, 그때 도리 신부의 지시에 따라 교우촌의 모든 사람들이 미리 피신했더라면 포졸들에게 잡혀가다가 신봉동의 냇가에서 처형당하는 사람도 생기지 않았을 것이다.

이렇게 생각하고 보면, 1866년 무렵 12가구에 40~50명의 주민이 거주하던 손골 교우촌은 병인박해를 거치며 완전히 사라지지는 않고 3분의 1 또는 2분의 1 정도가 줄어든 상태로 유지되지 않았을까 생각한다. 물론 교우촌의 성격을 당분간 드러내지 않으려고 노력했을 것이다.

그러나 자신의 양심과 신앙만큼 숨기기 어려운 것도 없다. 끝나지 않을 것 같이 계속되던 병인박해도 1873년 대원군의 실각과 함께 종말을 고하고 1886년에는 가톨릭 신앙에 대한 제약이 사라졌다. 엄청난 피의 대가를 치른 손골에도 봄이 왔다. 1900년 인근 하우현에 가톨릭교회 본당이 섰을 때 그 소속 공소(公所) 중 하나로 편입된 손골 교우촌의 교우 숫자는 병인박해 직전과 같은 수준인 47명이었다. 그중에는 병인박해를 직접 지켜봤던 당사자들 또는 그들의 후손들이 틀림없이 포함되어 있었을 것이다. 또 그중에는 도리 신부의 지시에 따라 손골을 떠났다가 나중에 다시 돌아온 신심 깊은 사람들도 몇몇 있었음직하다.

그러나 손골성지 측도 병인박해 당시 순교했든 피신했든 그 시절 교우촌 구성원들의 후손을 구체적으로는 확인하지 못했다고 한다. 나중에 상손곡 지역에 살던 몇몇 가톨릭 신자들이 자기 집터를 교회에 기증해 성지 사무실 등으로 사용하기도 했지만 그들이 이곳에 자리 잡게 된 유래까지는 확인하지 못했던 것 같다. 안타까운 대목이다.

8. 손골을 기억하기 위하여

지금 우리는 손골을 성지로 알고 있지만, 사실 손골은 병인박해 이후, 심지어

그림 8-6 병인박해 약 한 세기 뒤의 손골 모습

1963년 손골을 찾았던 프랑스인 조제프 그렐레 신부가 촬영한 사진이다. 지금의 손골성지와 그 인근의 마을 전경을 담았다.

가톨릭에 선교의 자유가 주어진 뒤에도 완전한 망각에 파묻혔다. 어느 누구도 기억해 주지 않았다. 그것은 박해의 시대가 끝나 피난처가 더는 필요하지 않았기 때문만도 아니다. 식민지와 전쟁, 시민혁명으로 점철된 한국의 20세기가 산골 마을의 한 종교공동체를 기억할 여유를 허락하지 않았을 수도 있다.

손골을 먼저 기억해 낸 것은 프랑스 쪽이었다. 도리 신부는 프랑스 방데(Vendee) 지방의 생틸레르 탈몽(Saint-Hilaire de Talmont) 본당 출신이다. 조제프 그렐레라는 신부가 1956년부터 1966년까지 이 본당의 주임으로 있었는데 도리 신부를 비롯한 한국 순교자들에 대해 관심이 많았다.

그렐레 신부는 병인박해 순교자들의 순교 100주년이 되는 1966년 이전에 도리 신부 등 당시 순교자들이 시복되어야 한다고 생각했던 것 같다. 그래서 교황

그림 8-7 도리 신부 순교 100주년 기념 십자가와 축성식 모습

조제프 그렐레 신부가 도리 신부의 순교 100주년을 기리며 그의 고향집에서 사용하던 맷돌로 똑같은 십자가(왼쪽 위 사진)를 두 개 만들어 그중 하나를 손골로 보냈다. 이 십자가를 꼭대기에 올려놓은 '도리 신부 순교현양비'가 손골에 섰다. 나머지 사진은 1966년 10월 24일 손골성지에서 열린 축성식 장면이다.

청 시성성(諡聖省)을 비롯해 프랑스와 한국에 주재하는 교황대사, 또 프랑스와 한국의 주교회의 등에 편지를 보내 시복을 속히 해달라고 청원했다.

이렇게 노력하던 그렐레 신부는 1963년경 직접 한국을 방문해 손골을 순례했다. 당시는 비행장이 서울 여의도에 있던 시절이었고 지금처럼 한국과 프랑스 간의 교류가 많은 때도 아니었다. 그런데도 그는 직접 손골을 찾아와 손골과 도리 신부의 고향 탈몽을 연결했던 것이다. 프랑스로 돌아간 그렐레 신부는 1964년 『조선, 순교자들의 땅(La Coree, Terre de Martyrs)』이라는 책을 저술하기도 했다.

그렐레 신부의 노력은 이것이 끝이 아니었다. 1966년 도리 신부 순교 100주년을 맞아 도리 신부가 살았던 한국 용인의 광교산 산속의 손골과 도리 신부의 고

향 프랑스 방데 지방의 탈몽을 새로운 방법으로 다시 연결했다. 그렐레 신부는 농부였던 도리 신부의 아버지가 사용하던 화강암(granit)으로 된 맷돌에서 똑같이 생긴 십자가를 두 개 만들었다. 그런 다음 하나는 고향에 두고 다른 하나는 한국으로 보냈다. 그는 도리 신부가 탄생한 곳과 도리 신부가 선교하러 와서 생의 마지막을 보낸 곳을 연결하고 싶어 했다.

이렇게 일란성 쌍둥이로 태어난 돌 십자가 하나는 1966년 3월 8일(원래 순교일은 3월 7일인데 프랑스에서는 8일로 잘못 알고 있었다) 도리 신부 순교 기념일 날 생가의 벽에 모셨다. 그리고 한국에 보내온 다른 돌 십자가는 당시 손골 공소(公所)를 사목하던 수원 북수동 본당 주임 류봉구(아우구스티노) 신부가 받았다. 류 신부는 그 돌 십자가를 근거로 손골에 도리 신부의 순교를 기념하는 비(碑)를 세웠다. 한국산 화강암으로 큰 벽돌을 만들고 그 벽돌을 쌓아 탑 모양의 순교현양비를 세우고, 맨 위에는 탈몽에서 보내온 돌 십자가를 올려놓았다. 이 순교비는 1966년 10월 24일 축성되었다. 이렇게 순교비를 세우면서 손골 순례가 시작되었고, 손골에서 도리 신부를 적극적으로 기념하게 되었다. 도리 신부의 순교 정신을 현양하기 위해 많은 노력을 기울이고 직접 손골을 순례하기까지 한 프랑스인 그렐레 신부의 수고가 이런 결과를 낳은 것이다.

그렇다고 손골이 순례지로 발전하는 데 프랑스 쪽의 노력만 있었던 것은 아니다. 돌 십자가를 받은 류봉구 신부의 수고도 있었다. 그리고 '파티마의 성모 프란치스코 수녀회' 창립자 이우철 신부(1915~1984)의 수고도 기억해야 한다. 순교자의 후손인 이우철 신부는 순교자들에 대해 남다른 신심이 있었다. 그래서 손골 가까이 수지 동천동에 모원이 있는 파티마 수녀들에게 손골을 자주 순례하도록 권했다.

이우철 신부는 고아들을 위해 '성심원'도 창립했는데 서울 잠원동에서 수지 동천동으로 성심원을 옮겨 파티마 수녀들과 함께 운영했다. 그런 과정에서 이 신부는 성심원 후원자들에게 손골 교우촌도 소개하며 이곳을 순례하도록 권했다. 이러한 노력은 이우철 신부 사후에 결실을 맺었다. 1988년 성심원 후원자들로 구성된 '성심가족회'에서 손골을 개발하기 위해 성지개발위원회를 구성하고 수원 교구의 인준을 받아 1989년부터 사업을 시작한 것이다.

성심가족회에서는 1991년까지 손골에 경당을 짓고 대형 십자가와 성모상 등을 건립했다. 또한 도리 신부 순교비도 세웠다. 이렇게 해서 손골은 순례지로서 거듭나게 되었다. 파티마 수녀원에서는 1997년부터 한동안 손골에 수녀를 파견해 신자들의 순례를 돕기도 했다. 그리고 수원 교구에서는 그로부터 8년 후인 2005년부터 손골에 전담 신부를 두었다. 윤민구 신부가 2018년 은퇴하기까지 그 역할을 맡아 손골성지의 오늘날 모습을 일구었다.

이처럼 손골을 다시 기억하고자 하는 노력들 가운데 가장 중요한 것은 도리 신부 등 일곱 명의 선교사들을 포함해 24명의 병인박해 순교자들이 1968년 10월 6일 마침내 교황 바오로 6세에 의해 복자로 선포되고, 다시 1984년 5월 6일 서울 여의도광장에서 교황 요한 바오로 2세에 의해 성인으로 선포되기에 이르렀다는 점이다.

9. 손골은 무엇이며, 우리는 누구인가?

그리고 다시 2016년. 병인박해와 도리 신부의 순교 150주년이자 손골 개발 50주년으로 다시 한번 크게 기념되는 시점에 손골은 환골탈태해 완전히 새로운 모습으로 정비되었다. 이로써 손골 개발사업도 대개 한고비를 넘은 것 같다.

말하자면 손골은 대략 100년 동안 잊혀 있다가 최근 50년 동안 다시 회복된 순례지라고 할 수 있다.

이제 우리도 숨을 고르며 되물을 때가 되었다. 손골은 과연 우리에게 무엇인가? 가톨릭 신자든 아니든 관계없다. 손골이 신자에게는 어떤 의미로 다가오며, 신자는 아니지만 21세기에 손골 언저리에 살면서 이군옥과 이 씨 3대의 삶을 반추해 보는 사람들에게는 과연 어떤 의미로 다가서는가? 도대체 150여 년 전 그들이 이 깊은 산골 숨겨진 동네에서 숨죽여 촛불을 밝히며 꾸었던 꿈들은 오늘날 우리와 어떻게 연결되어 있는 것일까? 그리고 궁극적으로, 그런 손골을 지켜보는 우리는 과연 누구인가?

제3부

고기동 이야기

제9장. 과거와 미래의 경계에서 흔들리는 마을, 고기동

제10장. 사람을 향해 마을로 가는 고기교회

제11장. 그곳에서 나눔을 배웠네:
밤토실어린이작은도서관

제9장

과거와 미래의 경계에서 흔들리는 마을, 고기동

고기동은 용인의 서북쪽 끄트머리에 위치한 외딴 산골, 중심으로부터 소외된 지역이었다. 대로변에서 마을로 들어오는 입구마저 툭 하면 범람하는 머내(險川)가 흐르고 있었기에 타 지역 사람들에게 고기동은 먼 산골 마을로 여겨졌을 뿐이다.

인류가 달에 첫발을 디딘 해에도 고기동에는 TV는커녕 전기도 들어오지 않았고, 수돗물이 연결된 것도 2011년의 일이다. 이곳 고기동 사람들 가운데 고개 넘어 수원장에 숯 팔러 갔던 고분현 주민도, 1970년대까지 열렸던 판교장(너더리장 혹은 낙생장)에 할머니의 명에 따라 계란 팔러 갔던 아이도, 소래와 비교적 가까운 안양장에 소금 사러 갔던 이도 '고불치', '아홉살이', '말구리', '버들치'라는 여러 고개를 넘어 그 먼 거리를 터벅터벅 걸어 다니곤 했다. 고기동은 수원, 판교 또는 안양의 중간에 끼어 그 어느 곳으로부터도 꽤나 먼 산골 마을이었다는 얘기다.

고기동에 대중교통이 들어온 것은 1970년대 초였다. 마을 입구인 고기초등학교 건너편 다리 앞까지만(정확히는 성남 대장동 입구) 오는 버스였지만 서울이나 수원 등지로 '올라가는'(고기동 주민들은 지금도 이렇게 표현한다) 버스를 타기 위해 동천동의 주막거리까지 걸어가거나 산 넘어 수원이나 판교로 나가야 했던 주민들로선 천지개벽에 해당하는 사건이었다.

1980년대 중반에 비로소 버스가 다리를 건너 고기동 안쪽까지 들어왔다. 하루에 세 번씩 고기동 중에서도 가장 깊은 고분현까지 버스가 운행되었고, 1990년대 중반에 이르러선 수원행 여객버스에서 성남 미금행 마을버스로 운영 회사와 노선이 바뀌었다. 그런데, 승객이 별로 없었던 탓에 운전기사들이 멀리 마을 안쪽까지 들어가지 않고 중간에 차를 돌려 내려가는 일이 허다해, 고분현에 사는 한 주민은 김량장동 농협에 출퇴근할 때 일부러 첫차와 막차를 이용해 버스가 끊기지 않도록 애썼다는 일화도 있다.

고기동은 과거나 지금이나 이렇게 외지고 척박한 곳이지만, 이곳에 주민들이 터 잡고 살아온 역사는 만만치 않다. 오래된 마을 이야기를 들어보자.

1. 역사를 품고 있는 마을

고기동 주민들 가운데 광교산 자락의 고분현과 샘말 사람들은 지금도 1년에 한 차례씩 자신들이 직접 쌓은 돌 제단에서 산제사를 지낸다. 10여 명의 주민들이 제단 위에 마을회관에서 삶은 소머리와 각종 과일을 진설하고 지난해 산제사 때 묻어두었던 소주를 꺼내 음복한 뒤 다시 새 소주를 묻어놓는다.

2016년까지만 해도 제주(祭酒)는 일반적인 소주가 아니었다. 제삿날 새벽 2~4시경 마을 청년 한 사람이 조라술(제주로 사용하기 위한 술) 동이를 지게에 지고 제단 근처에 갔다 두었다가 약 12시간이 지나 약하게나마 술이 되면 그것을 제주로 사용하곤 했다. 그렇게 '제대로' 산제사를 지내던 것에 비하면 지금은 많이 간소화되었다는 얘기다. 날짜는 보통 칠석 직후로 잡지만, 마을에 흉사가 있을 때는 미루기도 한다.

이 산제사의 전통은 이 마을의 대성인 광주 이씨(廣州 李氏)가 이곳에 입향한 약 300년 전부터 지금껏 계속되고 있다는 것이 마을 사람들의 설명이다.

산제사가 끝나면 제기와 지게는 마을회관 앞 컨테이너 안에 다음 해에 사용코자 보관한다. 컨테이너에는 마을의 자랑인 상여도 들어 있다. 주민들이 각출해 마련한 상여는 지금도 힘을 모아 대소사를 치르는 마을의 상징이다. 그뿐인가.

그림 9-1 2019년 고기2리 산제사 모습

2019년 8월 30일 한낮, 고기리 주민들이 고기2리 노인회관 뒤편 광교산 자락을 1.6km가량 오르면 만나는 냇가, 커다란 바위 앞 제단에 소머리를 비롯한 다양한 제물을 진설하고 산제사를 올렸다.

분란을 일으킨 성씨나 자연부락에는 상여를 빌려주지 않기도 했다. 지금이야 상여를 사용하는 빈도가 많이 줄었지만, 과거에는 이 마을회관의 제기와 상여는 마을의 상징이자 구체적인 구심점이었다. 이렇듯 고기동은 이제 수도권에서는 찾아보기 어려운 과거의 흔적으로 우리를 놀라게 하는 곳이다.

고기동은 이곳을 구성하는 자연부락들 가운데 가장 큰 두 마을의 이름, 즉 '고분현(古分峴)'과 '손기(遜基) 마을'의 앞뒤 글자를 모아 만든 법정동명이다. 크게 세 개의 마을 부락으로 구성된다. 평지 쪽부터 살펴보자면, 낙생저수지를 지나 만나는 고기동 초입에는 1통인 '손기(손의터) 마을'이 있고, 계곡을 따라 올라가다가 고기2교를 건너면서 갈라지는 왼편 길을 따라가면 2통 '고분현(곡현) 마을', 오른편 길로 들어서면 3통 '장의(장투리) 마을'을 각각 만나게 된다.[1]

1 고기동에 가구와 인구가 증가하면서 2022년 현재 1통과 2통이 각각 2개 통으로 분할되어 모두 5개 통이 되었다.

그림 9-2 1966년 고기동 항공사진

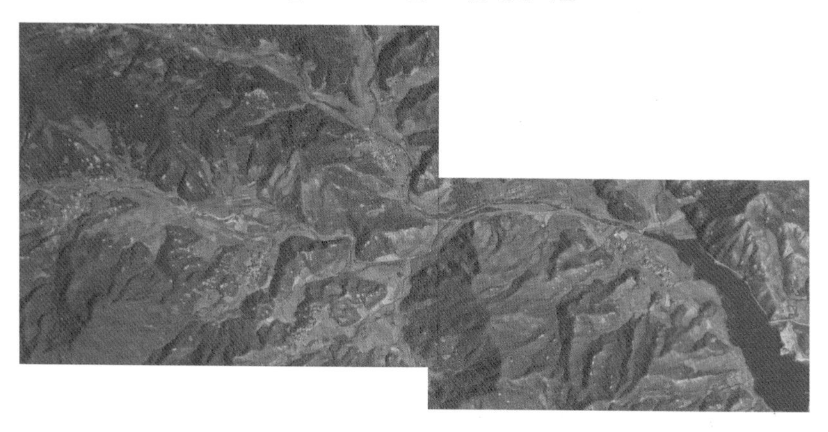

그림 9-3 2020년 고기동 항공사진

그렇다면 '손기', '고분현', '장의(庄義)' 등의 마을 이름은 어디에서 온 것인지 궁금해진다. 이름의 한자 풀이만으로는 그 의미를 제대로 읽어내기 쉽지 않다. 과거의 여러 기록들과 마을 사람들 사이에 전해오는 구전설화, 또는 마을을 둘러싼 여러 지형지물의 이름을 두루 살펴보아야 좀 더 합당한 의미에 다가갈 수 있다. 고기동 토박이 주민들의 증언을 모아 조각을 맞추어보았다.

1) 손기 마을

손기(遜基) 마을의 뒷산 너머 지역은 동천동의 '손곡(蓀谷)'이다. 입말로는 '손골'이라고 불린다. 보다시피 야트막한 산을 사이에 두고 양쪽에 자리 잡은 두 마을의 이름이 '겸손할 손(遜)'과 '창포이름 손(蓀)'으로 한자 표기가 다르다. 지명 유래를 기록한 여러 자료들도 그렇게 된 이유를 제대로 풀이하지 못한다.

이는 두 장소를 가르는 그 산의 이름이 잊혔기 때문이다. 토박이 향토사학자 이석순의 설명에 따르면, 광교산 자락의 한 봉우리인 그 산의 이름은 '손허산(遜墟山)'이었다고 한다. 20세기 초의 자료 『조선지지자료』에서도 '손허산'이라는 지명이 확인된다.

그림 9-4

『조선지지자료』에 나타난 '손허산'

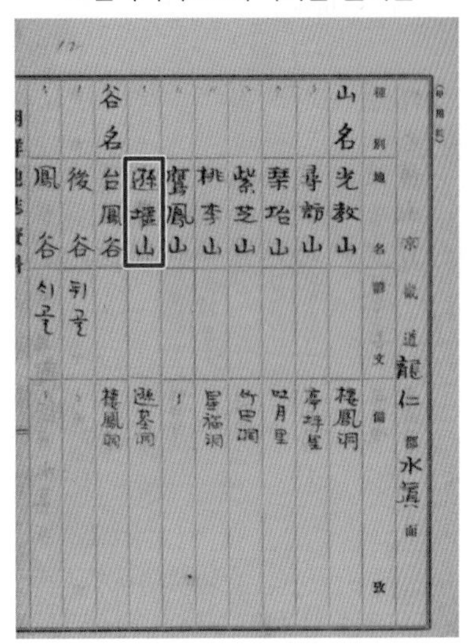

국립중앙도서관이 소장 중인 『조선지지자료』(1910년경 작성) 필사본이다. 아마도 조선총독부가 전국의 지명을 조사해 책으로 발행하기 위해 준비해 두었던 방대한 자료로 추정된다. 여기에 용인군 수지면을 보면, 산이 7개 있고, 그 가운데 가장 마지막에 손허산(遜墟山)이라는 명칭이 발견된다. 그 소재지도 "손기동"이라고 표기되어 있어 지금의 손기 마을 뒷산임을 분명히 알 수 있다.

이석순은 "이 손허산을 등지고 있는 너른 땅을 옛사람들이 '손허터', '손의터', '손이터' 등으로 불렀고, 그 산자락 뒤편에 형성된 계곡을 '손골'로 불렀다고 보는 것이 합리적이다"라고 해석한다. 다만, 그 두 장소에 별도의 마을들이 들어서고 각각 사는 사람들이 달라진 데다가 그 사이의 산 이름도 희미해지면서 각자의 마을을 한자 표기할 때 임의로 적절한 글자를 선택했을 것이라는 것이다.

2) 고분현

그림 9-5
고기동에서 발견된 자기 편

2020년 7월 28일 고기교회 뒷산 건축공사 현장에서 발견된 자기 편이다. 고려 시대인 12~13세기 것으로 추정되며 가마의 흔적도 발견됨으로써 '고기동 산 20-8번지'는 '용인 고기동 가마터'로 국립문화재지도에 공식 등재되었다.

고분현(古分峴)은 '고불현', '고분치(古分峙)', '곡현(曲峴)' 등으로도 불리고 표기되는데 이곳 용인 또는 광주[廣州, 지금의 성남(城南)시]에서 안양쪽(정확하게는 지금의 의왕시)으로 넘어가는 과거 고갯길의 모양이 구불구불한 데서 유래했다는 것이 일반적인 설명이다.

다만, 고분현의 '분'을 '그릇 분(盆)' 자로 표기해야 한다는 향토사학자 이석순의 주장은 조금 맥락이 다르다. 그는 바로 이 고분현 출신이다. 실제로 고분현은 조선 시대(17~18세기로 추정)의 백자 가마터가 있었던 곳인데, 그 주변에서 삼국시대 토기 편과 고려 및 조선 시대의 도기 및 자기 편이 채집된 것으로 보아 오래전부터 그릇을 굽던 곳임을 알 수 있다. 백운산과 바라산에 인접한 골짜기여서 땔감을 구하기 쉬웠을 것이며, 일제강점기에 장석광산이 인근에서 경영되었다는 사실도 그 신빙성을 높인다. 1960년대까지 고분현에서 숯을 구워 시장에 내다 팔았다는 이야기도 들을 수 있었다. 이러한 정황을 감안하면 마을 이름에 '그릇 분(盆)' 자를 사용해도 무리는 아닐 것 같다.

평지에 가까운 손기가 한 개의 마을을 이루고 있는 데 반해, 고분현은 해발고도가 훨씬 높고 평지를 찾기 어려운 골짜기다 보니 다시 '고분현'과 '배나무골', 그리고 그 사이의 '샘말' 등 작은 세 개의 마을로 나뉜다. 각각 골짜기 사이사이에 형성되어 있다.

옛 기록을 찾아보면, 이 마을 이름들 가운데 '배나무골'은 '이목동(梨木洞)'으로 우리말 이름과 한자 표기가 일치하는 반면, '샘말'은 '간동(間洞)'으로 표기되어 우리말 이름과 일치하지 않는다. 이 한자 표기를 단서로 추측컨대, 아마도 원래 이 마을의 이름은 고분현과 배나무골 사이에 위치해 있다고 해서 '샛말'이었는데, 그것이 발음도 어렵고 원래의 뜻이 희미해지다 보니 비슷한 소리의 '샘말'로 정착된 것으로 보인다.

고기동에서 지금까지 도자기 조각들이 확인된 유물산포지는 모두 세 곳인데 이 가운데 두 곳이 고분현에, 나머지 한 곳이 손기 마을에 각각 위치해 있다. 손기 마을 원주민 이인순(1950년생)은 마을 내의 작은 골짜기 이름들('자골', '청록골', '사기막골' 등)과 어릴 적 밭에서 손쉽게 발견되던 자기 파편 등으로 미루어 손기 마을에서도 자기를 구웠을 것으로 추정했다. 지금도 손기 마을의 고기교회 뒷산 비탈에서는 품질이 다소 거칠기는 하지만 자기 편이 심심치 않게 발견되며, 열기로 소성(燒成)된 흙조각도 다수 확인된다. 2020년 하반기에는 국립문화재연구소에서 이곳 고기교회 뒷산의 가마터를 확인하고 문화재지도에 '고려 시대의 청자터'로 등재하는 절차를 밟고 있는 것으로 알려졌다.

그렇다면 고분현의 '분' 자를 어떻게 쓰느냐는 문제와 상관없이 고기동 전역이 산골 마을로서 여기저기에 가마터가 상당수 있었다고 추정할 수도 있겠다.

3) 장의 마을

장의(庄義) 마을은 산골 마을인데도 토지가 비옥해서 '장토리', '장투리'라고도 불렸다고 한다. 속설로 이 마을에서 장사가 나왔다고 하여 장토리(庄土里)라는 이야기도 있다.

> 원래 외갓집이 기흥 보라동이었어요. 어머니 자매가 비슷한 때에 시집을 가게 되었는데 우리 어머니는 용인군 수진면 고기리로 가고, 이모는 광주군

그림 9-6 벌장투리 느티나무

고기동과 개울 하나를 사이에 두고 있는 성남 대장동(벌장투리)에는 수령 500년으로 추정되는 커다란 느티나무가 서 있어 지금까지 이곳에서 단오제가 열리고 있다.

> 낙생면 대장리로 간다는 거예요. 그래서 자매가 이렇게 헤어지면 앞으로 보기 힘들겠다고 너무 슬퍼했대요. 그런데 막상 가보니 바로 개울 건너였다는 거예요. 광주와 용인이라고 해서 아주 먼 줄 알았는데 바로 앞 동네잖아요.

한 마을 할머니의 인터뷰 내용이다. 수지구 고기동과 행정구역상 성남시 분당구에 속하는 '장투리'는 생활영역으로는 구분되지 않는다. 현재와는 달리, 과거 사진을 보면 고기동 계곡(장투리천)의 위쪽에서 넓은 농지가 확인된다. 그렇다면 이 지역은 원래 '장투리'라는 한 덩어리였는데 어느 때인가 계곡의 위(성남)와 아래(용인)로 행정구역이 나뉘면서 용인 땅은 '장의(庄義)'로, 성남 땅은 '장토(庄土)'로 각각 표기하게 된 것으로 추정된다.

실제로 장투리 원주민 이병헌(광주 이씨 광원군파)에 따르면, 선대가 1600년대에 장의마을에 정착했다고 하며, 후손들 가운데 일부가 장투리 쪽으로 주거지를 옮겨 지금까지 살게 되었다고 한다.

4) 고기동 관련 사료

조금 더 시간을 거슬러 올라가 보자. 고기동의 역사 유적 중에는 역사책에서 봤음직한 유명한 몇 분의 자취가 남아 있다. 먼저, 손기 마을 한가운데 자리 잡고 있는 덕수 이씨 이완(李莞, 1579~1627) 장군의 묘와 정려각이다.

> 순신이 몸소 시석(矢石)을 무릅쓰고 힘껏 싸우다 날아온 탄환에 가슴을 맞았다. 좌우(左右)가 부축하여 장막 속으로 들어가니, 순신이 말하기를 "싸움이 지금 한창 급하니 조심하여 내가 죽었다는 말을 하지 말라" 하고, 말을 마치자 절명하였다. 순신의 형의 아들인 이완(李莞)이 그의 죽음을 숨기고 순신의 명령으로 더욱 급하게 싸움을 독려하니, 군중에서는 알지 못하였다[『선조수정실록』, 선조 31년(1598) 11월 1일].

이 같은 기록에서 알 수 있다시피, 이완은 이순신 장군의 큰형 희신의 장남으로 임진왜란 때 숙부를 도와 나라를 구했고, 정묘호란 때 후금(後金)군이 의주를 공격하자 분전 끝에 결국 전사했다. 덕수 이씨 가문은 이완 장군의 증조부, 즉 이순신 장군의 조부인 이백록 때부터 고기동에 거주하기 시작해 여전히 손기 마을에 세거 중이다. 당연히 이백록의 묘도 이곳에 있다.

그런가 하면, 고기동 안쪽에 위치한 고분현에서 광교산으로 오르는 길목에는 장수 이씨 이종무(李從茂, 1360~1425) 장군의 묘를 가리키는 표지판이 보인다. 앞에서 소개한 이완 장군보다 200여 년 앞선 고려 말, 조선 초의 장군이다.

그림 9-7 덕수 이씨(德水 李氏)의 재실

고기1리 손기 윗말에 세거하는 덕수 이씨(德水 李氏) 재실 덕풍재(德楓齋)이다(용인시 수지구 호수로 24번길 39).

그림 9-8 광주 안씨(廣州 安氏)의 재실

고기1리 손기 아랫말에 세거하는 광주 안씨(廣州 安氏) 재실 모선재(慕先齋)이다(용인시 수지구 호수로 32).

그림 9-9 광주 이씨(廣州 李氏)의 재실

고기2, 3리의 고분현, 샘말, 장의 등지에 세거하는 광주 이씨 재실 숭모재(崇慕齋)다. 이 재실 앞마당에는 머내만세운동 100주년을 기념해 2019년 애국지사 이덕균 선생의 공적비가 세워졌다(용인시 수지구 샘말로 153).

그림 9-10 이종무 장군 사당

2019년 신축된 이종무 장군 사당이다. 이와 더불어 장군묘에 이르는 등산로가 신설되었고 인근 마을버스 정류장의 명칭도 '이종무장군묘입구'로 바뀌었다. 현재 장수 이씨(長水 李氏) 일가는 고기동에 거주하지 않는다(용인시 수지구 이종무로169번길 22-13).

기해년에 대마도를 정벌할 때에 종무(從茂)로 삼군 도체찰사(三軍都體察使)를 삼아 주사(舟師)를 거느리고 가서 토죄(討罪)하고 돌아오니, 의정부 찬성사를 제수하였다[『조선왕조실록』, 세종 7년(1425) 6월 9일].

한동안 진입로가 사유지로 막혀서 접근이 쉽지 않았던 이종무 장군 묘는 최근 대종회가 새롭게 묘역을 조성하고 사당을 신축하는 등 공원화 작업을 진행하고 있다.

2. 산골이라고 해서 곧 오지는 아니랍니다

우리의 시선을 조선 시대에서 다시 가까운 과거로 내려보자. 고기동이 농촌이라기보다 산촌이라는 표현이 더 적합해 보이는 곳이기는 했지만, 나름대로 독자적인 생활 여건을 갖춘 곳이었다. 그런 점에서 고기동은 결코 오지가 아니었다. 오히려 자기중심이 분명하고 외부 세계와의 연결점도 분명히 갖추고 있었다.

1) 머내 최초의 공공 교육기관 고기초등학교

그런 점을 잘 보여주는 대목이 이곳에 터 잡아 살아온 마을 주민들을 위해 인근 지역보다 앞선 1927년에 고기초등학교가 개교했다는 점이다.[2] 주변에서 이 학교보다 역사가 긴 학교는 낙생초등학교뿐이다.[3] 심지어 고기동과 함께 머내

2 고기초등학교의 개교 당시 정확한 명칭은 '고기강습소'였다. 수지초등학교조차 이보다 5년 늦은 1932년에 개교했고, 그 밖에 인근 초등학교들은 모두 수지택지개발 이후 인구 증가 때문에 비교적 최근에야 개교했다. 토월(1995), 풍덕(1995), 동천(2000), 손곡(2004) 초등학교 등이 그렇다.

3 낙생초등학교는 1922년 판교공립보통학교로 개교해 1941년 낙생공립국민학교로 개명했다.

그림 9-11 1948년 고기초등학교

지역을 이루면서 대로변에 위치한 동천동에 초등학교가 생긴 것이 2000년도라는 사실을 한번 생각해 보라.

대단히 특이한 점이 아닐 수 없다. 이는 고기동이 산촌 마을이면서도 독자적인 성격과 구심력이 있었기 때문이라고 생각된다.[4] 다만, 그런 성격을 띠게 된 연원에 대해서는 조금 더 심층적인 탐색이 필요하겠다.

고기동 주민들은 넉넉지 않은 살림살이로 중학교까지는 못 가도 초등학교만은 대부분 다녔기 때문에 이 학교는 일제강점기부터 마을의 중심지 역할을 톡톡히 했고, 그중에서도 가을 운동회는 성대한 마을 잔치였다.

이 학교는 처음에는 '고기강습소'로 개설되어 1936년 '고기간이학교'[5]로 운영

4 고기동이 갖고 있는 이 같은 독자적인 성격과 구심력은 1919년 머내만세운동의 발상지가 동천동이 아니라 고기동이라는 점에서도 잘 드러난다. 머내만세운동의 발생과 경과에 대해서는 이 책의 12장 "'살아 있는 역사' 머내만세운동"에 기술한다.

그림 9-12 '고기간이학교'의 제1회 졸업식 및 행사 사진

왼쪽의 '고기간이학교' 제1회 졸업 기념사진 아래에 표기된 '소화(昭和) 12년'은 1937년을 가리킨다. 앞줄의 성인 세 명은 왼쪽으로부터 교장, 육성회장, 졸업생들의 담임교사 등으로 추정된다. 한 해 졸업생의 숫자가 20명을 훌쩍 넘었다는 사실은 이 학교가 결코 작은 규모가 아니었음을 보여준다. 오른쪽 사진은 이보다 한 해쯤 앞의 입학식으로 추정된다.

되었고, 1950년 '수지초등학교 고기분교'로 관할되다가 1964년에 이르러 '고기초등학교'로 승격했다.

1960년대에는 한 학년이 10여 명 정도였는데, 6·25 전쟁 직후 베이비붐을 타고 많은 아이들이 태어나면서 1970년대에는 전교생이 350명에 이르는 대형학교로 유지되기도 했다. 그러나 1980년대에 젊은 층이 도시로 떠나가면서 학생 수가 급격히 줄었다가, 최근 들어 주택들이 대거 생겨나고 외부인이 유입되며 다시금 아이들로 북적이는 고기초등학교의 모습을 되찾고 있다.

현재 무서운 추세로 들어서는 빌라와 전원주택들에 새로운 주민들이 채워지면 그때는 지금과는 또 다른 학교의 모습을 띨 것으로 보인다. 어쩌면 이 같은 고기초등학교의 변화상이야말로 고기동의 유전(流轉)을 고스란히 담아낸다고도 할 수 있다.

5 '간이학교'란 일제강점기에 초등학교에 취학하지 못한 조선인 아동에게 초등 교과과정을 2년 동안에 마치도록 한, 보통학교 부설의 속성 초등학교를 가리킨다. 대체로 일본어 교육을 목적으로 했으며, 1936년에 설치되었다가 1945년 광복 직전 폐지되었다.

2) 산골 마을의 전쟁

동천동에서 고기동으로 들어오다 보면 동천동이 끝나는 지점쯤에 몇 년 전까지 '동막골'이라는 식당이 있었고 그 일대의 옛 이름이 바로 '동막골'이었다. 필자는 고기동살이 초창기에 '이런 계곡은 6·25 전쟁도 비껴갔을 거야!'라고 생각했다. 심지어 영화 〈웰컴 투 동막골〉의 배경이 바로 이런 마을이 아닐까 추측하기도 했다.

하지만 영화 속 동막골과 달리 이곳 사람들도 6·25 전쟁 기간 중 다른 지역과 결코 다르지 않은 고난을 겪었다고 한다. 가족 중 남자들은 남북 어느 쪽에건 뜻하지 않게 징집되지 않기 위해 피해 다녔고, 폭격을 피해 방공호나 인근 산속에 숨어 있었다는 주민도 있다. 또 여느 마을과 마찬가지로 당시 좌와 우로 나뉜 주민들 간의 반목에 따른 상처도 있었다.

연로한 고기동 주민들 중에는 특히 '중공군의 주둔'과 '광교산 폭격'을 기억하는 이들이 적잖았다. 1951년 1월경부터 봄까지 수개월 동안 인근 바라산 자락에 중공군이 주둔했기 때문이다. 토박이 주민들은 "중공군이 무슨 이유에선가 여기서 한겨울을 났다"라고 기억한다.

중공군은 주둔을 시작하면서 장교가 고분현으로 내려와 안심하라고 한국어로 인사하는 등 신사적으로 생활했으며, 주둔 기간이 길어지자 음식을 얻으러 오는 일도 있긴 했지만 마을에는 전혀 피해를 주지 않았다는 것이 고기동 사람들의 기억이다. 그러다 어느 날 연합군이 광교산에서 중공군 주둔지로 포탄을 날리는 바람에 큰 사상자를 내고 후퇴했다고 한다.

그 폭격의 피해는 고기동 민가도 피할 수 없었다. 중공군 주둔지에 가까웠던 고분현뿐 아니라 손기 마을에까지 포탄이 떨어졌다. 손기 마을 토박이 이인순의 증조부도 이때 옆구리에 파편이 박히는 바람에 돌아가셨다고 한다. 석운동 토박이 이현주는 당시 부상당한 중공군들이 산속에 숨어 살다가 1953년 휴전 후에 내려오는 모습을 보기도 했다고 한다.

이런 것들이 산골 마을 고기동이 70여 년 전 마주쳤던 6·25 전쟁의 모습이었

그림 9-13 1974년 낙생저수지 하류지역 항공사진

1974년 낙생저수지와 그 하류 지역 항공사진이다. 낙생저수지에 담수한 물은 동막천을 따라 오리뜰(현재 오리역 인근 지역)에 이른다. 이 물을 동천동과 동원동 지역의 논에 대주기 위한 수로(붉은색)가 때로는 동막천과 손곡천의 물길(그림에서 파란색)과 나란히, 때로는 이 물길들을 가로지르면서 하류로 이어진다. 지금도 그 흔적이 일부 남아 있다.

다. 특히 슬쩍 지나치긴 했지만, 뜻밖에도 산골 마을이어서 외국인 군인들과 조우하게 됐다는 점은 인상적인 대목이다.

3) 최초의 근대적 개발사업, 낙생저수지

고기동이 오히려 산골 마을이다 보니 대규모 개발사업이 진행된 사례도 있었다. 1961년의 낙생저수지 건설이 바로 그것이었다.

광교산, 백운산, 바라산에서 흘러내려 고기동을 관통한 뒤 동막골과 머내 지역을 거쳐 성남시(옛 광주군의 일부) 쪽으로 흐르는 동막천은 본래 좁은 도랑이었다. 그 동막천 옆으로는 도랑을 따라 머내 지역으로 내려가는 길도 있었고, 바로 그 하천변은 '높은들'이라는 이름으로 손기 마을 사람들이 농사짓던 땅이었다. 고기동은 전체적으로 동천동에 비해 확실히 산골이었다.

1950년대 말 한국농어촌공사가 동막천 하류 지역에 농지(논)를 확보하기 위해 상대적으로 지대가 높은 고기동 동막천에 둑을 건설하기로 하고, 동막천 주변 지역 토지의 수용에 나섰다.

그 과정에서 고기동 할머니들이 온몸으로 불도저를 막아서는 투쟁도 불사했다고 한다. 하류 지역 남의 동네에 물을 대기 위한 저수지에 우리 논밭을 내줄 수는 없다는 것이었다. 정부가 제시한 보상금도 시세에 비해 턱없이 낮아 주민들로서는 생계를 건 투쟁에 나설 수밖에 없었다. 하지만 산골 마을 주민들이 공권력을 당해낼 수는 없었다.

결국 저수지 개발 사업에 고기동 주민들의 토지가 수용된 것은 물론이고 그 공사에 고기동의 남녀노소 주민들이 다수 동원되었다. 그렇게 했음에도 부족한 일손을 채우고자 외부 인력까지 투입되었다. 저수지 건설공사가 이뤄진 1958~1961년의 수년 동안 그 외부인들은 고기동 주변에 계속 머물렀고, 그중 일부는 저수지가 완공된 뒤에 이 마을에 정착해 인구 증가에 한몫을 담당했다.

우여곡절 끝에 조성된 낙생저수지로 인해 그 아래 동천동 및 동원동 일부 지역과 분당 '오리뜰'(오리역 인근의 홈플러스 분당오리점과 성남농수산물종합유통센터 자리)의 넓은 농지가 농업용수를 공급받을 수 있었다. 그러나 정작 저수지의 상류에 위치한 손기 마을을 비롯한 고기동의 주민들에게는 이득이 거의 없었다.

이 저수지가 용인과 성남의 경계인 동막천상에 생겨났지만 그 이름에도 성남의 지명인 '낙생(樂生)'이 사용되었고, 수혜자 역시 주로 성남 주민들이었다. 지형적으로도 수지구 일대는 용인의 중심부로부터 멀리 떨어진 비교적 척박한 땅이었고, 성남(그중에서도 분당) 지역은 아주 너른 평지였기 때문에 행정 당국 역시 그러한 점을 고려해 저수지를 건설했던 것 같다. 그리고 그런 입지 조건은 결국 분당 개발로 이어졌다. 모두 용인(또는 그중에서도 수지)과는 별로 관계가 없는 일이었다.

당초에는 이 저수지의 물을 이용해 소규모 수력발전소를 건설한다는 거창한 계획이 있었다. 하지만 투자효율이 떨어진다는 판단에 따라 결국 무산되고 말았다. 고기동 일대에 전기가 공급된 것은 이 저수지가 생긴 때로부터 10년도 훨씬 더 지난 1974년에 이르러서였다. 그것도 이 저수지와는 아무런 관계없이 동천동 손골에 위치한 염광농원(한센인 정착촌) 덕택이었다. 당시 영부인 육영수 여사가 이곳을 방문한 뒤 주민들의 가장 시급한 민원인 전력 공급을 해결해 주기로 한 데 따른 것이었다.

그렇게 해서 동천동부터 전기가 가설된 뒤 고기동 지역도 '곁불 쬐듯' 전깃불을 구경할 수 있었다. 산골 마을의 한계가 이런 것이었을까?

3. '최적의 전원주택지'로 거듭나다

연대를 조금 더 현재에 가깝게 내려보자. 1980년대 중반부터 시작된 우리 사회의 '전원주택에 대한 관심'은 서울 인근에 풍광 좋은 곳을 물색해 왔고, 고기리[6]도 그중 하나였다.

그 가운데 대표적인 것이 1987년 4월에 발표된 문인촌 건립 계획이었다. 당시 한국문인협회의 발표에 따르면, 고기동 산25번지(현 '코코몽 에코파크' 앞산)에 자연녹지 5만 평을 확보해 빌라 102가구, 전원주택 162동의 거주 시설과 지상 3층에 연건축면적 450평 규모로 현대문학관과 노천극장, 노인정, 놀이터, 테니스장 등을 짓는다는 계획이었다. 그 시점에 입주를 신청한 문인만도 무려 120여 명에 이르렀다.

이 계획은 당시 제5공화국의 군사정권이 펼친 문화계 인사들에 대한 회유책과 연계되어 있다는 설도 있었다. 하지만 이 거창한 청사진은 실행되지 못했고, 실제 2만여 평의 토지를 구입했던 문인주택 조합원들이 1992년 재추진을 시도했지만 결국 성과를 내지 못했다.

6　2001년 12월 24일 경기도 용인시에 수지출장소가 설치되면서 '고기리'가 '고기동'이 되었다.

그림 9-14 주택 건설이 한창인 고기동

손허산 아래 옹기종기 모여 있던 주택들이 가파른 산 정상을 향해 앞다퉈 오르고 있는 형상이다. 최근 인근에서 시행된 대장동의 대규모 개발계획(5902가구 건설)은 가뜩이나 힘겹게 유지되던 고기동 곳곳의 산자락을 더욱 아프게 헤집고 있다.

1) "분당과 판교에서 5분, 강남까지 15분"

고기동에 본격적으로 전원주택지 개발이 이뤄진 것은 1994년 말 인근 수지 택지지구에 9500여 가구가 입주하기 시작하면서부터의 일이었다. 발 빠른 사람들은 이 신도시의 풍성한 생활 인프라를 누리면서 자연도 함께 즐긴다는 구상으로 고기동을 포함해 수지와 그 인근 조용한 농촌의 땅값을 들썩이게 만들었다.

당시 신문기사에 따르면 수지면의 대지 평당 시세는 120~200만 원에 이르렀다. 1986년 평당 7~10만 원이던 것을 생각하면 어마어마한 상승이었다. 이 무렵 조성된 주택단지 백운마을(평당 100만 원)은 1996년에, 한우리마을(평당 130만 원)은 1997년에 각각 분양되었다.

이렇게 시작된 고기동의 전원주택 붐에 기름을 부은 것이 바로 '용인-서울 고속도로'였다. 2002년 계획이 수립되었고, 2005년 착공해 2009년 완공된 이 도로는 고기동이 전원주택의 핫 플레이스로 확고히 자리를 굳히게 만들었다. 분당 또는 판교는 지척이고, 강남까지도 과히 긴 시간이 걸리지 않아 도착할 수 있게 되면서 고기동의 입지는 더욱 강화되었다.

2) 고기 굽는 냄새 자욱한 고기리 계곡

고기동을 대표하는 또 하나의 이미지는 '계곡 유원지'다. 고기동 계곡에 지금 우리가 볼 수 있는 음식점들이 생겨난 것이 1990년대 초반이라고 하니 이 역시 비교적 최근에 만들어진 고기동의 얼굴이라고 할 수 있다.

그러나 이 음식점들에 앞서서 고기리 계곡에 이른바 '유원지'가 형성되기 시작한 것은 1970년대 후반 무렵이다. 개울가에 솥을 걸고 보신하는 것이 서민들의 여름 한철 호사이던 시절이었다.

이렇게 보면 '고기리 유원지'의 이미지는 짧으면 30년, 길면 50년의 연륜이 있는 셈이다. 그 전에는 외부인이 찾아올 만큼 알려지지 않았던 탓도 있었겠지만, 1980년대 초중반 삼저 호황(저유가, 저금리, 저환율)의 물결 속에 서민들의 소비 양상이 한층 격상되면서 고기리도 덩달아 주목받게 된 것이었다. 서민들도 더위를 피해서 짧게라도 일상에서 벗어날 수 있는 여유를 갖게 되자 서울, 특히 강남에서 멀지 않은 고기리 계곡에서는 '개울장사'라고 해서 여름 한철 계곡에 천막을 치고 외지인들이 장사를 시작했다. 이것이 꽤 짭짤한 수입원이 된다는 것을 뒤늦게 깨달은 현지 주민들도 그 사이사이에 자리를 차지하고 나섰다.

그 무렵 꽤 많은 도시민들이 승합차나 트럭에 음식을 싸가지고 와서 한나절 쉬다 가는가 하면, 근처 식당에서 음식을 시켜서 먹기도 했다. 물론 그 당시 계곡에서 이러한 장사를 하는 것은 엄연한 불법이었지만, 상인들에게는 여름 한철이 꽤나 매력적인 성수기였다.

그 뒤 고기리가 '개울장사'의 수준을 넘어서서 지금과 같은 본격적인 음식점 중심의 유원지가 된 것은 1990년대 들어 지방자치제가 부활하면서 규제완화 조치에 따라 근린생활시설(이른바 '근생')로 음식점 개설이 허가되었기 때문이다.

이때부터 음식점들이 하나둘 생겨났는데 초창기에 생긴 '배나무집'과 '장수가든' 등은 아직도 건재하다.

이 고기리 유원지의 음식점들은 1997년 외환위기 사태 무렵까지 큰 호황을 누렸다. 바로 그 시기에 분당 신도시가 건설되고 용인 수지 지역까지 개발되면서 인근에 인구가 급격히 늘어난 여파였다. 2000년대 들어서는 음식점들의 난립으로 한동안 근생시설이 불허되다가 최근에 다시 허가가 풀렸는데 다행히 숙박업에 대한 규제는 이어지고 있다. 하지만 민박업이 신고만으로도 가능하게 되어 최근에도 대형 펜션들이 여기저기 생겨나고 있다.

유원지(遊園地)란 그 표현이 시사하는 바와 같이, 주민들이 아니라 외지인들을 위한 장소다. 이제 고기동 주민들은 원주민이건 전원주택지를 찾아 이곳에 새로 둥지를 튼 신입 주민이건, 누구든 여름철 휴일이면 아침 일찍 집을 떠났다가 저녁에 들어오거나, 그것이 아니라면 하루 종일 집 안에만 틀어박혀 있을 각오를 해야 한다. 만약 그렇지 않고 낮 시간에 차를 몰고 집 앞으로 나섰다가는 고기동의 좁은 도로에 갇혀 오도 가도 못 하고 짜증스럽게 수 시간을 허비해야 하기 때문이다.

그런 점에서 '전원주택지'와 '유원지'로 대표되는 고기동의 오늘의 이미지는 인간의 분출하는 욕망의 소산에 다름 아니다. 그 욕망이 어디까지 지속되고 뻗쳐나갈지 알 수 없는 일이다.

4. 고기동의 주민운동

고기동은 주변의 분당, 판교, 수지 지역과 아주 대조적으로 2022년 현재 아직까지는 아파트가 전혀 없고 전원주택과 계곡 유원지, 그 사이에 드문드문 잔존한 논밭과 저수지 등으로 구성되어 있다.

이는 서울 및 신도시와 거리상으로는 가까우면서도 사방을 둘러싼 가파른 산들, 즉 평야가 거의 없이 구릉과 계곡으로 이루어진 지형으로 인해 대규모 택지개발의 타산이 맞지 않았기 때문이다. 이리하여 고기동은 인근 지역에 비해 도로를 포함한 사회기반 시설의 설치가 늦었으며, 지금도 종합적인 계획 없이 난개발이 지속되고 있다.

이렇게 '지연된 개발'은 한편으로 고기동이 주변 지역에 비해 전통적인 마을 공동체의 흔적을 오래 간직하게 해주었고, 다른 한편으로 이곳에 도심의 복잡함을 피해 찾아오는 이주민과 행락객들을 불러들였다. 이리하여 지금 이곳은 도심 속에서도 비교적 오래되고 고립적인 마을, 그러면서도 숨 가쁜 개발이 동시에 일어나는 다소 복잡미묘한 지역이 되었다. 그런 독특한 마을의 성격은 주민들의 사고와 삶에도 일정한 영향을 미쳤다.

1) 서울남부저유소 반대 투쟁

도심과 변두리의 혼종 또는 경계라 할 만한 고기동의 독특한 성격은 그로 인해 특이한 공동의 경험을 불러왔다. 그중 대표적인 것이 서울남부저유소(현 대한송유관공사)의 건설에 대한 마을 주민들의 대응이었다. 저유소는 울산, 온산, 여천 지역에서 생산된 정제유를 송유관으로 수송한 뒤 수도권에 집하장을 설치해 유류 배송을 하기 위한 송유관 사업의 일환이다.

건설부는 수도권 주민들이 사용할 석유 비축을 위해 1991년부터 경기도에 저유소 설치를 시도해 왔다. 그해 7월 성남시 금토동을, 1992년 3월 성남시 갈현동을 각각 저유소 대지로 선정했으나 지역주민들의 반대로 좌절되었다. 개발제한구역에 저유소 등 주민 기피 시설을 설치할 때에는 법률상 환경영향평가와 주민동의가 필수적이었기 때문이다.

1994년 3월, 건설부는 주민 동의가 없어도 되는 보존녹지 지역인 성남시 대장동을 저유소 대지로 선정하기 위해 '도시계획건설 기준에 관한 규칙'을 수정[7]하

7 이 규칙의 제74조(유류저장 및 송유설비에 관한 결정기준) 제1항에 '보존녹지지역'이라

그림 9-15 고기동-석운동-대장동 접경지대의 저유소 건설 당시 항공사진

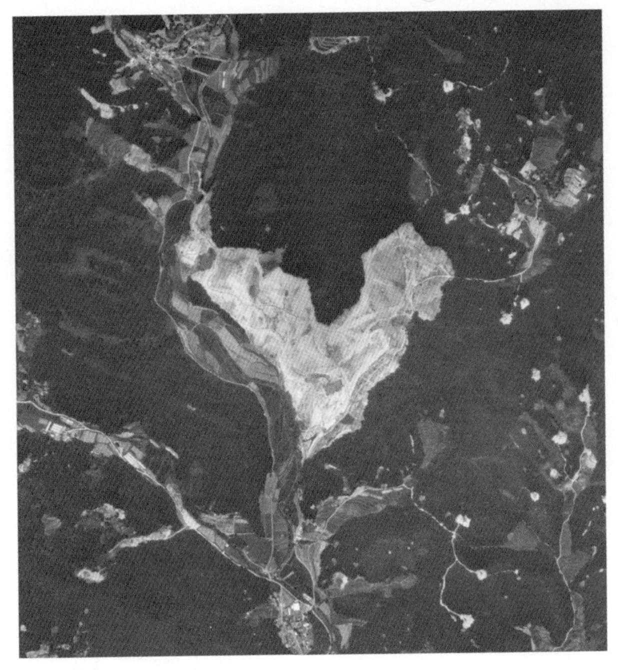

1995년 용인시 수지구 고기동과 성남시 분당구 석운동·대장동 접경지대의 항공사진이다. 건설부는 1990년대 중반 이 사진처럼 석운동과 대장동 일대 27만 평의 산림을 깎아서 대형 저유소 건설을 시도하는 가운데 이 지역 주민들과 큰 갈등을 겪었다.

고 비밀리에 성남시 분당구 석운동, 대장동에 부지를 매입한 뒤 사업을 추진하고 나섰다. 용인시 수지구 고기동과 얕은 개천 하나를 사이에 둔 곳이었다.

저유소는 화재 등의 위험에 대비해 일반적으로 주민이 거주하지 않는 곳에 짓는다. 게다가 시행사가 매입한 지역은 버들치가 노니는 1급수가 흐르는 곳으로 마을 사람들이 여름이면 멱을 감던 곳이었다. 공사 차량이 드나드는 것을 보고

는 단어 하나만을 첨가하는 개정이었다. 이에 대해 주민들은 "사업자인 대한송유관공사(사장 이철홍)가 주민들의 동의가 없어도 되는 보존녹지 지역을 선정하고 중앙부처 로비를 통해 해당 규칙을 개정한 것"이라고 분개했다("정부, 군사정권의 개발독재 되풀이", ≪인권하루소식≫, 1995년 6월 24일 자).

그림 9-16 1995년 낙생저수지 하류 지역 항공사진

1995년 수지 동천동과 인근 분당 구미동 지역의 항공사진이다. 분당이 신도시로 개발되고 수지의 동천동 일대가 공장 지대를 거쳐 역시 아파트 단지들로 개발되기 시작하면서 예전에 낙생저수지의 물을 받아 농사짓던 농지들은 대부분 사라지고 말았다.

서야 저유소 사업이 진행되고 있음을 알게 된 주민들은 분개하며 즉각적으로 집단행동에 나섰다.

직접적인 피해 지역인 고기동, 대장동, 석운동 주민뿐 아니라 분당 지역 주민들도 연대해 1000명이 넘는 인원이 분당 중앙공원에서 집회를 열었다. 공사 차량의 진입을 막기 위해 주민들은 차로 길을 막고 불침번을 서기도 하고, 아예 굴착기 아래에 드러눕기도 했다. 이럴 때면 인부들이 차가운 날씨에 호스로 주민들에게 물을 뿌리고 나섰다. 급기야 마을 할머니들이 알몸 시위에 나섰고, 광화문에서 시위를 하던 주민들이 수개월간 구속되기까지 했다.

끈질긴 투쟁의 결과로 1996년 4월, 정밀 조사를 거쳐 건축허가 여부를 결정하기로 오성수 성남시장이 약속했지만 무슨 이유에서인지 닷새 만에 약속이 번복되고 바로 건축허가가 났다.

그동안 사업시행사는 투쟁위 사람들에게 향응을 제공하거나 관련 직위를 맡

김으로써 회유를 시도했다. 투쟁이 오래 지속되면서 마을 사람들 간에 반목이 생기고, 서로 목소리를 높이는 일도 비일비재해졌다.

결국 주민들은 정부 및 시행사와 보상에 합의했지만 일부 주민에게만 보상금액이 돌아간 데다, 보상금으로 지은 마을회관을 당시 이장과 마을 주민 몇 명의 개인 명의로 등기하는 바람에 이 문제는 지금도 갈등의 불씨로 남아 있다.

사업 시행 주체들이 저유소 설치를 자신들 입맛에 맞게 진행할 수 있었던 배경은 성남시의회 회의록에서 발견된다. 1994년 6월 8일의 '저유소설치문제 조사특별위원회 회의'에 출석한 대한송유관공사 수도권지사장 장순호는 부지선정 이유를 이렇게 밝혔다.

> 왜 그러냐면 지역주민들도 좀 적고 저희들로 봐서는 의왕시와 용인군 세 개 시군이 겹치는 경계 지역입니다. 그래서 이 지역이 아무래도 다른 지역보다는, 성남에 어차피 들어와야 할 입장이니까, 그래도 성남시에 미치는 영향이 적을 것이다. 이래서 대장동을 선정하게 되었습니다.

결국, 대장동은 성남시이면서도 특히 분당 시가지에서 멀고 사람이 별로 살지 않는 경계 지역이었기 때문에 이 지역이 저유소 부지로 선택되었고, 이는 인근 고기동의 주민들에게 여러모로 오랜 상처로 남고 말았다. 지금까지도 정부나 주민 모두 그 상처를 꺼내는 일을 꺼리고 있다.

2) 한백골프장 건설 이후 사라진 두꺼비와 물안개

변두리 삶의 비애는 그뿐이 아니었다. 앞서 밝혔듯이 낙생저수지는 농업용수를 확보해 하류 지역의 농업생산성을 높이려는 목적으로 만들어졌다. 하지만 하류의 분당과 수지 지역에서 1990년대에 논이 대부분 사라지자 저수지는 쓸모가 없어졌다. 그러자 관리 주체인 한국농어촌공사는 저수지의 사업권을 민간사

그림 9-17 낙생저수지에서 환경캠페인을 벌이는 학생들

2019년 3월 30일, '3·29 머내만세운동 100주년 기념행사'에 참여한 학생들이 낙생저수지를 지나면서 두꺼비를 지키자는 내용의 피케팅을 하고 있다.

업자에게 내주었다.

이렇게 해서 주민들과 환경단체들의 반발에도 2008년 12월 등장한 것이 '한백골프장'이다. 자동차로 고기동과 동천동을 오갈 때 내려다보는 수상 골프연습장이 바로 그것이다.

허가 조건에 따라 인근에 낙생도시공원이 조성되었지만 이 공원은 골프장 측에서 관리를 제대로 하지 않아 지역민들로부터 외면받는 공터로 전락하고 말았다. 사업자가 용인시를 상대로 이행하기로 했던 그 밖의 약속들[8]도 흐지부지됐다.

광교산과 바라산 줄기에서 흘러내려 온 물이 잠깐 쉬어가는 지점인 낙생저수지 일대는 2000년대 중반까지 민물고기와 새는 물론이고 개구리 등 양서류들의 삶의 터전이었다. 특히 두꺼비가 많아서 비 오는 날이면 길 위를 느릿느릿 기어가는 모습을 자주 볼 수 있었다. 또한 아침에 피어오르는 물안개는 근처 물안마

8 용인시의회의 2013년 9월 9일 회의에서 정성환 의원은 "(주)한백씨엔티는 수상골프연습장 사업을 하는 조건으로 용인시에 기반 시설, 체육시설, 주민 편익 시설 등을 조성하여 기부채납 하기로 약속했지만, 시는 기부채납 만기가 지났음에도 수수방관하고 있다"라고 지적했다.

을 주민들이 자랑하는 풍광이기도 했다.

그런데 2006년부터 시작된 골프장 공사로 습지가 파괴되면서 대부분의 동식물이 자취를 감추었고, 골프장 수면 아래에서 지속적으로 돌고 있는 팬 때문에 호수는 겨울에도 얼지 않고 물안개도 볼 수 없게 되었다.

예전보다 탁해진 수질과 망가진 풍광은 자못 암울하지만 저수지 건설 반대 투쟁 과정을 좀 더 자세히 들여다보면 절망적이지만은 않다. 2000년대의 골프장 건립 반대 투쟁은 뜻밖에도 10여 년 전 실패로 돌아간 것처럼 보였던 저유소 반대운동이 결코 무위가 아니었음을 보여주었다. 인근 주민뿐 아니라 이우중학교·이우고등학교 학생과 학부모, 교사와 마을의 새로운 이주민들은 다방면의 집회를 도모하고 보도 자료를 배포했다. 저유소 반대 투쟁 과정에 함께 했던 토박이들이 서로 쌓아온 신뢰가 바탕에 있었기에 가능한 일이다. 비록 골프장 건설을 막지는 못했지만 과거에 비해 훨씬 조직적이고 성숙한 시민의 힘이 발휘되었다.

최근 마을 사람들은 낙생저수지 인근의 일부 무논에서 두꺼비 알이 발견되었다며 그나마 안도한다. 낙생저수지에서 이사 온 두꺼비들이 그래도 멀리 떠나지 않고 삶을 이어가는 흔적이다. 이 논들은 현재 동네 아이들이 두꺼비의 생태를 익히는 것은 물론이고 인간이 두꺼비들에게 얼마나 모진 짓을 했는지도 배우는 훌륭한 학습지가 된다. 하지만 오늘도 호수 위로는 골프공들이 날렵하게 날아 쉴 새 없이 떨어지고 있다.

3) 고기리는 과연 어디로 갈까

멀리서 바라본 고기동은 혼란스럽게 개발된 전원주택지나 불편한 도로 가에 늘어선 식당과 카페들, 그리고 이를 품고 있는 논밭과 계곡의 마을로만 보인다. 그렇지만 수 년 동안 자료수집과 주민 인터뷰를 통해 조금 가까이에서 들여다본 고기동에서는 상상도 하지 못했던 것들이 보인다.

그림 9-18　1930년대 고기리의 마을잔치 사진

이인순의 고조부가 일제강점기에 고기동 마을에서 열었던 회갑연의 여흥 장면이다. 고기동 사람들은 이렇게 늘 함께 어울리는 일들이 많았다. 앞으로 고기동 사람들은 어떤 방식으로 어울릴지를 치열하게 고민할 일이다. 이 사진의 촬영 일자는 "갑술(甲戌)년 4월 14일"이라고 되어 있다. 일제강점기의 '갑술년'은 1934년뿐이었다.

나이 든 주민들이 소싯적 몇 시간이면 지게를 지고 왕복했다던 수원장 가는 고개들을 한나절 내내 숨이 턱에 차도록 넘으며 답사한 뒤 승용차로 불과 20여 분 만에 돌아올 때는 개발의 위력을 절감하다가도, 아직도 이끼 낀 돌 제단에 지게로 지고 간 제물을 배설(排設)하고 제사 지내는 마을 주민들에게선 전통의 끈질김이 새삼스럽다.

아직도 20분씩 마을버스를 기다리고, 어쩔 수 없이 개발에 뒤처진 마을 역사를 들을 때면 굴착기와 불도저로 몇 달이면 뚝딱 완성할 수 있는 도로가 아쉽지만, 산이 깎이고 나무가 뽑힌 자리에 아슬아슬하게 축대를 쌓은 주택들이 들어서는 것은 그다지 반갑지 않다. 굴착기를 기다리는 이와 숲과 논을 빼앗기지 않으려는 사람들이 마을에는 섞여 있다.

그리하여 우리가 결국 발견한 것은 그 혼종과 혼재였다. '마을(洞)'은 물을 함께 사용하는 사람들이라는 뜻이라고 한다. 물 수(水)와 같을 동(同)의 결합이 마을 동(洞)이기 때문에 그렇단다. 예전의 마을은 이렇듯 한 물을 먹고 마시며 농사짓는 운명 공동체였다. 하지만 지금의 마을은 어느 모로 보아도 이 정의에 끼워 맞추기 쉽지 않다.

특히 고기동은 그 독특한 개발과 보존, 과거와 현재의 혼재로 인해 전혀 새로운 마을의 특성을 드러내 보여주고 있다. 그리하여 그 다양한 이익과 주장의 충돌 속에서 우리의 어떤 선택이 더 나은 미래를 보장할 수 있을지 치열하게 고민해야 함을 알려주는 곳이다. 그런 점에서 오늘, 고기동은 과거와 미래의 경계에서 흔들리고 있다.

제10장

사람을 향해 마을로 가는 고기교회

고기동은 거시적 시각으로만 보아서는 그 본모습을 파악하기 쉽지 않다. 미시적인 관찰이 필수적이다. 그중 몇몇 모습을 짚어본다. 우선 고기교회다.

1. 최초의 신도들

초등학교밖에 다니지 못한, 고기리 샘말 살던 이순이는 여학교 교복 입어보는 것이 소원이었다. 여름방학 때 놀러 온 사촌 언니의 교복을 곱게 세탁한 뒤 풀까지 먹여주고서는 '그 대신 나 한 번만 입어보면 안될까?' 하고 물어본 적도 있었다. 이순이는 소설가 김훈이 '설화적'이라고 표현했던 한국의 1960년대 가난 속에서 유년기를 보냈다. 그녀는 치약은 언감생심, 소금도 귀해 모래로 이를 닦고, 공부하려 호롱불을 켜다 엄마의 타박을 듣기도 했으며, 아이들은 미군이 씹다 버린 껌을 발견하면 횡재라 좋아했다는 설화적인 실화를 들려준다. 이순이는 좋아하는 교복은 입어보지도 못한 채 엄마와 할머니처럼 평생 농사지으며 살다 죽을 거라고 생각하면 마음이 답답했고, 그래서 삶을 절망하기도 했다.

비슷한 시점에 서울에서 대학 다니던 안병권이 폐병 말기라는 진단을 받고 샘말 고향집으로 돌아왔다. 골방에 틀어박힌 안병권은 모친이 밥상을 들이면 "열흘 뒤 죽을 사람이 먹어서 무엇하냐"라며 상을 물렸다. 그러다 우연히 집에 들른

그림 10-1 1970년대 고기교회 예배당

최근까지 반세기 이상 고기교회 예배당으로 사용된 이 건물은 1967년에 지어졌다. 이 예배당은 작은 시골 교회이면서도 종교의 울타리를 넘어 마을공동체의 구심점 중 하나가 되었다.

보따리장수의 "죽을 때 죽더라도 예수 믿고 구원받으라"는 전도를 듣고 지푸라기라도 잡는 심정으로 고개 너머 의왕의 백운호수 인근 '학의교회'에 다니기 시작했다. 고기동 최초의 기독교 신자였다.

마을 오빠 안병권의 소개로 이순이도 학의교회에 다니기 시작했다. 험한 산길을 혼자 넘는 것은 여자아이로서 엄두를 내기 힘든 일이었다. 하지만 첫날 교회에서 들은 찬송가는 가난한 농가의 딸로 태어나 배움도, 꿈꾸기도 어려웠던 그녀의 마음을 사로잡았다. 농사일이 바쁜 철에는 새벽에 일어나 한나절 치 김을 미리 매어놓고, 오빠에게 당시 '연애당'이라 소문났던 예배당에서 '불미스러운' 일을 만들지 않겠다고 단단히 약속한 뒤에야 교회에 갈 수 있었다.

봄이 되자 이순이는 동트기 전에 일어나 고사리 끊어 판 돈으로 첫 성경책을 샀다. 한문이 섞인 성경이라 샘말 훈장에게서 한문을 배웠던 오빠가 토를 달아주었다. 이를 계기로 기독교에 관심을 두게 된 오빠 희순도 예배에 동참했다. 고기리에서의 첫 예배는 1966년 1월 16일, 성결교 교단에서 파송한 이광연 목사

집례로 안병권의 집 작은방에서 열렸다. 그가 죽기를 기다리던 방이었다.

안병권은 그 뒤 신병을 치료하고 목사가 되었다. 이순이의 오빠 이희순도 독실한 신자로 평생을 살고 있다. 고기동의 첫 신자들에게 교회는 그저 위안의 장치가 아니었다. 그것은 생의 전환점이 되었다. 교육과 문화시설이 척박하던 시절에 이들이 가졌던 배움과 진리를 향한 열망과 삶을 개선하겠다는 의지는 이 작은 교회를 구심점 삼아 단단히 결합했다.

2. 작은 교회를 세우다

6·25 전쟁 후 1955~1965년 기간에 우리나라 기독교 신자는 10배에 이르는 전무후무한 증가세를 보였다. 그 원인은 전후 피폐한 마음의 위안을 찾는 열망, 서구 기독교 단체의 적극적인 원조 등에서 찾을 수 있다. 고기교회에도 그 지원의 끈이 닿았다. 캐나다 선교단체의 원조와 헌금 등으로 고기리 200번지의 토지 200평을 구입한 것이 교회 설립의 시작이었다.

몇 안 되는 신도들은 흙벽돌을 쌓고 돌무더기를 옮겨가며 교회를 지었다. 틈틈이 교인이 아닌 청년들도 일손을 도왔다. 종교와 무관하게 친구와 이웃이 애쓰는 일에 돌 한 장이라도 옮겨주겠다는 마을 사람들의 의리였다.

이광연 목사는 1년 여 동안 안양과 수원의 교회를 돌며 건립에 필요한 모금을 했다. 수입 없이 돌아오는 날에는 일당을 받지 못한 인부들이 땡깡을 부리곤 했다니 이십 대 젊은 목사에게 쉽지 않은 한 해였을 것이다. 그러다 교단의 명으로 포항으로 자리를 옮겼다.

척박한 시골 교회를 맡아줄 목사가 마땅치 않자 한동안 신자 이희순과 인근 광교산 레이더 기지의 군인 서창원이 주일학교를 맡았고, 성결교단의 김정심 전도사가 와서 목사 자리를 대신했다. 지금의 고기교회 건물이 건립된 뒤 첫 예배는 1967년 5월 21일 열렸다.

이때부터 20년 가까이 김정심 전도사 중심의 목회가 이뤄졌다. 여전도사가 이끄는 교회가 유교 잔향이 강했던 시골 마을에 안착하기는 쉽지 않았다. 교회 앞이 소똥이나 인분으로 더럽혀지기도 했고, 전도 나갔던 교인이 종종 마을 사람이 뿌린 소금이나 찬물을 뒤집어써야 했다.

> 고기교회 오시기 전에 (김정심) 전도사님은 남편이 돌아가시자 상심해서 독을 마셨대요. 그때 성대가 타서 전도사님 음성이 남자도 여자도 아니었어요. 겨우 목숨을 건진 후로 목회를 시작하시고 가족과의 연은 다 끊으셨어요. 그때엔 주민들 핍박이 아주 심했을 때에요. 전도사님이 혼자 무서우니까 창에 쇠창살도 달고 커튼도 항상 닫아놓으셨어요. 그러니까 마을 사람들은 전도사를 더 무섭다고 하게 되고. 아는 사람이 보면 따뜻하신 분이셨는데. 지금 생각해 보면 얼마나 외로우셨을까(이순이 고기교회 권사).

김정심 전도사와 교인들은 크고 작은 분쟁 속에서도 돌밭을 맨손으로 일구고 꽃과 나무를 심고 흙집을 지어가며 수십 년 교회를 가꿔갔다. 고기교회의 건물과 정원, 토지 등의 물리적인 기반은 이 시기에 다져졌다.

1980년대 초반, 김정심 전도사의 건강이 급속히 나빠졌다. 김 전도사는 어느 날 대구의 장로교단 김치영 목사를 불러 자신 명의로 되어 있던 고기교회의 토지와 재산을 장로교단으로 이관하라는 유언을 남긴다. 자세한 사유는 알 수 없지만 김 전도사는 사후에 교회 재산을 성결교단과 자신의 친족에게 넘기고 싶어하지 않았다. 김치영 목사는 아들 김동건 전도사를 고기교회로 보내 유지를 받들게 한다.

1986년 7월, 김정심 전도사 별세 이후 교회 재산권을 두고 성결교단과 김 전도사 가족, 그리고 장로교단 김동선 목사 간에 법정 다툼이 있었다.

> 재판 때문에 고기교회에서 정말로 일했던 사람이 김정심 전도사라는 마을

사람들의 증언이 필요했어. 교인들이 (증언) 동의서를 들고 찾아갔는데, 신기한 게 예전에는 교회에 반대하던 사람들이 다 동의를 해준 거야. "그 사람은 진짜 예수쟁이여" 하면서. 전도 가면 종이 찢어버리고 소금 던진 일은 셀 수도 없었어. 그랬던 사람들이 해줬어.

기독교를 탐탁치 않아 하던 주민들도 김 전도사와 교인들의 교회에 대한 애정을 인정했고, 재판은 김동선 목사 측 승리로 끝났다. 이때 고기교회는 성결교에서 장로교(예장 통합)로 소속 교단이 바뀌었다. 1990년 6월까지 김동건·김동선 형제 목사가 3년여를 번갈아가며 사역했다.

3. 마을 속의 교회로

1990년, 안홍택은 놀러 오라는 친구 김동선 목사의 전화를 받았다. 김동선 목사가 유학을 떠나게 되어 후임자를 구하던 중이었다.

여기 들어서는 순간 그야말로 평화, 평화가 내 몸을 감싸는 걸 느꼈어요. 그때는 정말 아무것도 없고 논과 밭, 숲만 있었어요. 친구랑 교회에 대한 이야기를 나누다 "와서 봉사해 줬으면 ……" 했을 때 주저 없이 동의했죠. 그때 나도 유학을 생각하고 있었으니 1년 정도 할 수 있겠다고. 그때 공간 자체에서 감싸오는 느낌은 '야, 이런 게 평화구나' 하는 거였어요. 이념이나 논리보다 소중한 경험이었죠. 공간이 주는 평화, 굉장하죠(안홍택 고기교회 목사).

1990년 7월, 한 해만 맡겠다며 부임한 그는 현재까지 30년 넘게 고기교회와 함께하고 있다.

부임 후 그의 가장 큰 과제는 교인과 자신이 '먹고사는' 것이었다. 산이 많고 농지가 부족한 고기동은 당시에도 가난한 동네였다. 1960년대까지 이 마을에서 1년에 쌀 열 가마 이상 수확하는 세대가 많지 않았다. 1980년대에는 정부의 장려로 축산 농가가 늘었지만 이도 신통치 않았다. 20명 남짓한 신도의 헌금으로 교회를 운영하는 것은 기대할 수 없는 상황에서 김동선 목사가 1989년부터 교인들과 양란을 재배해 오고 있었다. 안홍택 목사는 양란 비닐하우스를 증축하고 교인들과 공동출자 해 운영했다.

> 그때 목사님은 머슴같이 살았어. 마을 사람이 소 새끼 낳는다면 밤중에도 새끼 받으러 가시고, 비닐하우스 날아간다면 하우스 잡아매고, 누구에게 주면 줬지 부탁 못 하는 성격이신데도 난이 안 팔리면 아는 교회에 연락해서 팔고……. 밤 12시까지 장로님과 꽃대 지주 만들어서 차에 실려 보내고……(이순이 고기교회 권사).

서양란 사업은 2005년까지 이어졌다. 그 수익금은 대부분 주민들에게 돌아갔고, 10% 정도 적립해 교회 운영과 도서관 설립 등 마을 사업에 이용했다.

1995년, 마을에 엄청난 규모의 저유소가 생긴다는 소문이 돌더니 주민들에게 고지도 없이 계곡을 파헤치는 건설공사가 시작됐다. 제대로 된 환경평가와 주민동의도 없이 공사가 시작되자 도움을 구할 데 없던 마을 사람들은 안홍택 목사에게 달려갔다. 안 목사는 그들과 함께 성남의 이재명 변호사(제20대 대통령 후보, 현 국회의원)를 찾아갔다. 마을 주민과 고기교회, 시민단체의 연대는 저유소 저지운동으로 이어졌다. 당시 마을 사람 중 교인은 몇 되지 않았으니 교회는 고개를 돌릴 수도 있었다. 건설사 측과 협상 및 보상이 마무리된 뒤에 교회에 이득이 있었던 것도 아니다.

> 기존 교회와는 개념이 다르죠. 기존 교회는 전도를 하지만 고기교회는 애

초에 그런 개념이 없었어요. 전도하지 말자는 것은 아니지만 ……. 마을이 먼저 있었고 그다음에 교회가 들어간 거잖아요. 그들과 함께하는 개념이에요. 그냥 지역 속에 살아가는 거죠. 간혹 교회가 마을 사람들에게 무엇을 준다는 얘기를 해요. 그건 아닌 것 같다. 그것보다 마을이 교회를 도와준다. 역으로. 은혜가 그런 거잖아요. 받는 거잖아요. 받을 줄 모르면서 어떻게 주느냐 …….

10여 년 전만 해도 지역공동체가 있었어요. 장애인도 있고, 혼자 계신 할아버지, 정신병자도 있고, 침놓는 할아버지도 있고. 하여튼 다 있었어요. 그런 분들이 각자 자기 삶을 유지하면서 마을 속에서 함께 살아가거든요. 교회도 그 속에 있는 거죠(안홍택 고기교회 목사).

고기교회의 정신에 대한 안 목사의 설명이다. 그는 교회보다 마을이 먼저 있었음을 중요하게 여기며, 마을을 교회가 전도하거나 개선할 대상으로 생각하기보다 오히려 교회가 공동체의 어우러짐과 배려를 배워가는, 그 속에서 주고받으며 공존하는 것이라고 보았다.

고기교회는 저유소 설치 반대운동 이후에도 낙생저수지 골프연습장 설치 반대운동(2005)을 주도했으며, 세월호 참사, 용산참사, 4대강 개발, 쌍용자동차 노동운동, 밀양송전탑 건립 반대, 탈핵 등의 사회 현안에 열심히 참여했다. 남다른 그의 행보가 어디에서 연유하는지 궁금해 혹시 젊은 시절에 학생운동 이력이 있는지 묻자 "저, 원래는 착한 사람이었어요. 전혀 없었어요"라며 너털웃음을 터뜨린다.

안 목사가 처음부터 공동체나 사회운동에 관심이 있었다기보다 저유소 투쟁 같은 마을 사람들과의 연대 과정에서 '참여'와 '함께하는 삶'이라는 지침을 다진 것이다. 안 목사 스스로는 퀘이커교, 아미시교 등에 영향을 미친 '메노나이트'[1]

1 메노나이트(Mennonites)는 모든 그리스도인은 평화를 위해 일하도록 부름받았다는 평화

에서 영향받았다고 말한다. 목회 초반에 고기동에서 안 목사가 자주 만나고 어울리던 마을 주민 중에 생태전문가도 있었고, 미국에서 경험한 퀘이커교[2]의 공동체주의를 안 목사에게 소개한 부부도 있었다.

> (고기교회의) 교인들에게는 사역이 곧 일상이었다. 교인들은 도서관 도우미로 활동하고, 생태교실에 참여하고, 녹지를 보살피고, 근처 텃밭에서 함께 농사짓는다. 서로 생활용품을 나누고 판매도 하고 차도 마시는 '그냥가게'를 같이 운영하며 나누고 베푸는 문화를 실천한다. 지역 현안이나 사회문제에도 관심을 가지고 세월호 참사 유가족과 같은, 고난받는 이웃을 돕는다. 교인들은 형식적인 프로그램이 아니라 일상과 분리되지 않는 사역에 동참하고 있다.[3]

실제 고기교회의 '생태지향'과 '공동체주의' 가치는 '그냥가게'나 '생태교실', 텃밭 등을 통해 현실화되고 있다. 또 '가능한 한 인위적인 종교행위는 아무것도 하지 않고, 잘 놀기'와 '오병이어의 나눔과 가나의 잔치' 등의 독특한 목회 방식을 만들었다.

고기교회는 봄에는 '작은 음악회'를, 여름에는 '모깃불 영화제'를, 가을에는 탈곡하고 떡을 나누는 '생태 축제'를, 그리고 틈틈이 '대보름축제'와 '시낭송회'라는 독특한 '목회'를 하고 있다. 그리고 이 모든 축제에는 교인이 아닌 마을 사람들이

주의, 그리고 정의, 단순한 삶, 공동체, 봉사와 섬김, 상호원조를 강조하는 기독교 종파다. 국가가 종교와 분리되어야만 종교가 국가의 도구가 되지 않을 수 있다고 주장한다. 메노나이트 신도가 모여 사는 곳으로 캐나다의 '세인트 제이콥스' 마을공동체가 잘 알려져 있다.

2 퀘이커교(Quakers)는 교리보다 성령 체험이나 명상을 중요하게 생각하는 교파다. 이름 또한 '(영적 체험으로 인해) 몸을 떨다(quake)'라는 단어에서 유래했다. 목사도, 교회도 없이 각자의 집에서 기도하고 바르게 잘 사는 것이 가장 큰 선교라 생각하며, 사회참여에 적극적이다.

3 고기교회 홈페이지(www.gogi.or.kr).

함께 한다.

고기교회의 행보는 고기동에서의 삶, 마을 주민들과의 교류에서 얻은 독특한 종교관을 보여준다. 그것이 이 마을과 뗄 수 없는 것이기에 고기교회만의 독창성이 돋보인다. 그런 독특한 '목회'의 대표적인 사례로 밤토실어린이작은도서관,[4] 그냥가게, 처음자리 생태교실을 들 수 있다.

4. 그냥가게와 처음자리 생태교실

1) 그냥가게(2010년~현재)

고기교회 앞마당 너머, 아랫자락에 자리 잡은 그냥가게에는 「엄마는 내가 왜 좋아? 그냥」이라는 시가 적혀 있다. '가게'에서 파는 것은 마을 사람들이 기부한 옷에서부터 가전제품에 이르는 갖가지 재활용품이다. 가게 중앙에 자리 잡은 선반에는 누구나 자신이 팔고 싶은 것을 가져다 둘 수 있다. 그냥가게에서는 판매 대행을 한다. 자원봉사자들이 로스팅한 커피콩도 판다.

그냥가게에 들른 사람은 아마도 "커피 드릴까요?"라는 질문을 받게 되고, 그중 십중팔구는 고급스러운 향이 나는 핸드드립 커피가 무료라는 데 놀랄 것이다. "왜 커피를 공짜로 주세요?"라는 질문을 한 적이 있다. 답은 "세상에 그런 데도 하나쯤은 있어야죠."

> 교인 한 분이 "재활용가게를 열까 하는데 이걸 사모님이 맡으시면 행복할까, 하는 생각이 든다" 하더라고요. 나는 재활용 이런 거에 관심 없다. 그냥 분위기 좋은 카페에서 차를 나누면 좋겠다 했어요(홍미나, 안홍택 목사 아내).

4 밤토실어린이작은도서관은 이 책의 11장 "그곳에서 나눔을 배웠네"에서 자세히 다루었다.

이왕 할 거면 가장 정성 들여 제대로 된 커피를 대접하자는 생각에 원두와 로스팅 기계를 수소문해 구입하고 커피값을 얼마로 할 것인지 의논했다. "돈을 받는 것은 자본의 논리이니 그냥 안 받는 게 좋겠다"라는 안 목사의 의견이 받아들여졌다.

맛있는 공짜 커피와 따스한 온기가 있는 이 공간은 많은 사람들에게 사랑받고 있다. 500원이면 살 수 있는 옷을 걸쳐보고 품평하다 보면 낯선 이도 쉽게 대화에 섞이고 친한 이들은 더 친해진다. 부정기적이고 시끌벅적한 회동이 이곳에서 자주 이루어진다.

그냥가게의 재정은 교회와 분리되어 있다. 재활용품과 원두를 판 수익금은 봉사자들이 협의해 사용한다. 2010년, 처음 세워진 해의 수익금은 쌍용자동차 고공투쟁장에 전달됐다.

2) 처음자리 생태교실(2004년~현재)

처음자리는 고기교회에서 여는 생태교실로, 매년 3개월 동안 초등학교 저학년 40명 정도를 대상으로 한다. 새싹이 돋을 무렵 교회 마당과 뒷산의 풀과 나무에 이름표를 다는 것부터 시작해 감자를 심고, 습지에서 올챙이와 도롱뇽 알을 관찰하거나 스타킹 신고 직접 모내기도 한다. 통상 장마가 시작되기 전 아이들이 수확한 감자 한 봉지를 들고 돌아가는 것으로 한 철 수업이 마무리된다. 함께 심은 벼는 가을 생태축제에 교회 마당에서 탈곡한다.

처음자리 수업이 이루어지는 교회 뒤편의 다랑이논은 원래 다른 주민의 소유였다. 웅달받이 논은 한 해 소출이 두 가마가 되지 않아 주인이 매물로 내놨다. 사려는 이가 좀처럼 나오지 않은데다 농사꾼과 소가 교회 마당을 가로질러 오가는 것이 딱하기도 했던 터라 교회에서 사들였다. 김정심 전도사는 이곳에서 직접 농사를 짓기도 했다.

고기동으로 이주해 온 주민 가운데 생태에 관심이 많은 작가와 학자가 안홍택 목사와 친해졌다. 안 목사는 이들과 의기투합해 2002년 교회에서 생태교육 프로그램을 열었다. 생태전문가는 교회 뒷산과 응달받이 논이 천혜의 생태학습지라고 평했다. 처음자리는 교회의 자산을 마을과 아이들과 기꺼이 공유하려는 마음이 있기에 만들어질 수 있었다.

5. 자본을 가로질러 사람을 향해

고기교회 신자 이인순은 2002년 어느 날 교회에서 열린 생태교실에 참가했다. 생태수업이 무엇인지도 몰랐지만 목사님이 하시는 일이니 일단 가보았다. 수업은 기대보다 훨씬 재밌었고, 서울의 홍대 근처에서 한다는 생태전문가 교육에 가보고 싶은 욕심도 생겼다. 하지만 서울까지 매주 갈 엄두가 안나 포기하려던 차에 홍미나 사모님이 교육받는다는 말에 따라 나섰다.

눈 뜨면 비닐하우스로 달려가야 하는 처지이니 공부 시간이 따로 없었다. 모르는 꽃이 있으면 밥을 안쳐놓고 부엌 한 켠에서 도감을 뒤적이고, 새벽 서너 시까지 밤하늘을 보며 별자리 공부를 하면서 힘든 줄 몰랐다. 오히려 농사로 찌든 마음이 평화로워지는 시간이었다.

내친 김에 문화유산 전문가 과정도, 천연 염색도, 천문 수업도 기회 닿는 대로 들었다. 그녀는 대학교수나 볼 만한 전문 생태서적을 읽게 되었다. 생태공부를 시작하기 전에 이인순은 고기리의 평범하다면 평범한 할머니 또는 농사꾼이었다. 2004년, 안 목사가 그녀를 만나 생태교육의 중요성에 대해 설득한 후 처음자리 생태교실의 첫 교사 중 한 명이 되었다.

학의교회에서 첫 예배를 보는 날부터 찬송 부르고 듣기를 좋아했던 고기교회의 첫 신도 이순이는 그 후로도 서울의 큰 교회로 찬송과 율동교육을 받으러 정기적으로 다니곤 했다. 동대문의 한 교회에서 "반하게 잘하는" 인형극을 본 그녀는 자기도 모르게 무대 뒤에서 인형을 움직이는 스스로를 마음속으로 그리고 있었다. 초등학교만 나온 쉰 살의 할머니가 창피만 당하는 것은 아닐지 망설이다 결국 인형극단에 전화를 걸었다. 안 목사가 차비에 보태라며 쥐어 준 5만 원을 들고 찾아간 극단에서 대역과 단역을 거쳐 결국 정식 단원이 되었다.

영화제작자였던 한 동네 주민은 교회 목공방에서 안 목사와 친해진 후 '모깃불 영화제'를 만들었고, 마을의 학부모들은 안 목사 소개로 만나 친해지고 그 뒤 아이들 갈 곳을 고민하다 밤토실어린이작은도서관의 설립위원이 되었다.

안 목사는 네트워크의 결절점 역할, 즉 마을 주민들을 서로 엮어주는 다리 역할을 한다. 안 목사는 자신이 만난 사람들의 능력과 적성에 주의를 기울이고, 그들이 재능을 발휘하고 나아가 마을에 이익이 되는 일을 도모할 수 있도록 도와주고 응원한다. 개신교에서 목사라는 지위에 따르는 권위가 교인들에게는 목사가 기획한 갖가지 사업에 참여하도록 하는 무언의 압력이 되었을 수도 있다. 하지만 그 전에 교인들의 적성과 그 계발에 관심을 가졌고, 교회가 먼저 베푸는 구조를 만들었기 때문에 참여도가 높았다. 안 목사의 '놀기 좋아하는' 성격이 사람들을 모으는 데 큰 도움이 된 것도 사실이다. 어쨌건, 그가 말하는 고기교회의 의미는 이렇다.

> 지금 우리 교회가 지향하는 것은 결국 자본에 대척할 수 있는 존재가 되는 것이에요. 자본에 대항해서 자본 아닌 삶을 살 수 있는 힘을 교회가 가지고 있지 않나. 어떻게 보면 노하우를 갖고 있다고 생각해요. 하나님은 자유롭고 평화로운 반면, 자본은 구속하고 폭력적이죠. 지금 보면 도서관도 그렇고 그냥가게도, 목공도 자본에 대척하는 거예요. 교회가 이 역할을 못 하면 희망이 없지 않나. 종교도 이 부분에 힘 있게 치고 나가야 하지 않겠나. 가로질러 나가야 하지 않나 생각하는 거죠.
>
> 자본이 아닌 인간 존중, 이것을 삶 속에 풀어낸다면 휴머니즘이죠. 다들 하늘만 쳐다보는데, 예수 그리스도도 사람이 됐거든요. 우리가 사람 같지 않은 삶을 산단 말입니다 ……. 그런 정신을 가지고 인간의 삶, 인간애를 만

들어가고 나누는 것이죠(안홍택 고기교회 목사).

6. 맺으며

두려움에 아무도 가지 않는 산길을 달려 덤프트럭을 막아섰을 때, 굴착기 밑에 드러누워 인부들이 호스로 뿌리는 찬물을 뒤집어쓸 때, 면회 때마다 반평생 친구인 김영순 장로가 단식으로 말라가는 모습을 볼 때, 어제까지 같이 싸우던 주민이 건설사에 회유되어 그에게 "무엇을 더 받아먹겠다고 버티느냐" 했을 때 안홍택 목사는 자본의 가공할 힘을, 자본의 구속과 폭력이 무엇인지를 목도했을 것이다. 지난한 저항에도 저유소가 들어서고 저수지에서 두꺼비들이 쫓겨나긴 했지만, 다행히 고기교회와 마을은 포기하지 않았다. 덕분에 우리는 그들이 보여주는 '노하우'를 오늘날 우리 눈으로 확인할 수 있게 되었다.

고기교회는 '세상에 하나쯤 있어서' 마음이 놓이는 곳이다. 이제 누군가, 어떤 단체 또는 국가가 고기교회가 전하는 노하우에 관심을 기울여볼 만하지 않을까?

제11장

그곳에서 나눔을 배웠네

밤토실어린이작은도서관

입덧에 고생하는 새댁에게 옆집 아줌마가 "도서관에 가서 쉴래?" 하고 말을 건넨다. 도서관에 가니 외로이 아이를 키우던 새댁에게 말 걸어주는 친구가 생겼다. 그곳에 있으면 이웃들이 번갈아가며 아이를 안아주고 기저귀를 갈아준다. 네 계절이 지나자 자원활동가들이 저마다 음식 한 가지씩 싸 와 도서관에서 돌잔치를 열어주었다. 그 아이가 지난해에는 초등학교에 입학했고, 지금은 학교 친구들과 방과 후 도서관 마당에서 축구나 딱지치기를 하고 있다.

1. 도서관에 가서 같이 놀까?

이 도서관에서는 아이와 어른에게 친구가 생기고 함께 뒤섞여 살아가는 것이 그다지 특별하지 않은 일이다. 마을 사람들이 졸다가, 쉬다가, 책을 읽다, 처음 만나는 이에게도 "이거 하나 드실래요?"하며 소소한 먹거리를 건네는 나무 그늘 아래 평상 같은 곳, 고기동의 밤토실어린이작은도서관(이하 밤토실도서관)이다. 낯선 이에게 허물없는 도서관 사람들이 신기해 "어떻게 그렇게 마음을 쉽게 열 수 있냐" 물으니 "이 동네에는 나쁜 사람은 이사를 안 오는 것 같아!"라며 서로를 칭송한다.

도서관에서 같이 아이 키우고, 수다 떨고, 수많은 끼니를 같이 하다 친해진 사람들은 어린이극단을 만들어 다른 동네까지 가서 공연을 하고, 누가 시키지 않아도 '와글와글'이라는 동화책 모임을 수년째 이어간다. 그동안 바느질, 요가, 생태미술, 독서, 글쓰기 등 셀 수 없이 많은 동아리와 강좌가 만들어지고 사라졌다. 대부분 가르치는 이도, 배우는 이도 마을 주민이다.

'마을 네트워크 운동'이라는 이름 아래 관(官) 주도로 이루어지는 수많은 사업들이 반짝 나타났다 사라지는 데 비하면 쉼 없이 만나고, 무엇인가 만들어내는 이 작은 도서관의 역동성은 놀랍다. 언제부턴가 그 비결이 궁금해 견학 오는 이들의 발길도 이어진다.

2. 도서관보다 먼저 사람들

> (동천동) 느티나무 도서관을 보고 우리 마을에도 도서관 하나 있으면 좋겠다 생각하고 여덟 명이 준비 모임을 시작했어요. 그러고 석 달 뒤 마을 분들, 이우학교 학부모와 작은도서관협회 분들, 공동체에 관심 있는 분들이 모여 개관식을 했어요(안홍택 고기교회 목사, 도서관 초대관장).

밤토실도서관 개관 과정에 대한 안홍택 목사의 설명에는 놀라운 점이 있다. 작은도서관이더라도 개관이 간단할 리 없는데 석 달 만에 이루어졌다는 점이다. 준비위원회가 짧은 시간에 조직되고 공간과 인력이 준비된 덕이 크다. 교회가 설립하니 교인이 준비위원과 봉사자로 나섰기 때문일 거라는 추측은 절반만 맞는다. 설립위원의 절반 정도는 교인이 아닌 마을 사람이었다. 단시간에 마을 사람들의 참여가 어떻게 가능했느냐는 질문에 안 목사는 "저유소 투쟁부터 이어진 끈끈한 관계가 있었다"라고 답한다.

1995년 인근 대장동·석운동의 저유소 건립 반대 투쟁, 2005년을 전후한 낙생저수지 골프장 건설 반대 투쟁 등에 고기교회의 목사와 교인들이 적극 참여하면

그림 11-1 작은 음악회

해마다 밤토실도서관 자원활동가들과 마을 주민들이 여는 잔치다. 음악회와 각종 공연, 수공예와 먹거리 장터 등이 포함된다.

서 지역사회와 강한 유대감이 만들어졌고, 그렇게 쌓인 신뢰가 도서관 설립이라는 공동의 목표를 세우고 추진하는 데 필요한 조직과 인력의 바탕이 되었다는 것이다.

밤토실도서관 개관에 힘을 보탠 이들은 주로 마을 토박이들보다 새로 유입된 주민이었다. 마을에 도서관이 생기기 전까지는 젊은 층의 전출이 많은 시기여서, 어린이 도서관에 관심을 둘 만한 주민이 많지 않았다. 그러다 도서관이 문을 연 2006년 전후로 수년간 고기동의 인구는 가파르게 증가했다. 도시에서 전원생활을 찾아 이주한 가구가 늘어난 것인데, 이들에게는 머리핀 하나 사려 해도 버스를 타고 나가야 하는 시골 마을에서 아이들 교육에 도움이 될 장소와 커뮤니티가 필요했다. 어린이 도서관인 만큼 설립 초기에는 학부모의 참여도가 높았는데, 2003년 인근에 개교한 이우중학교·이우고등학교와 고기초등학교 학부

그림 11-2 와글와글 책읽기 팀의 공연

서너 명의 마을 주민으로 구성된 책읽기 팀이 동화책을 바탕으로 한 연극을 공연하고 있다. 와글와글 책읽기 팀은 인형극, 그림자극 등을 매달 공연한다.

모들이 주축이었다.

가까운 동천동에 생긴 느티나무 도서관도 밤토실도서관 설립에 도움이 되었다. 안홍택 목사와 동네 주민 몇몇은 고기동 아이들을 차에 태워 가 느티나무 도서관의 어린이 프로그램에 참여하곤 했는데, 이때 고기동에 도서관이 필요함을 절감했다. 이들은 느티나무 도서관의 '도서관 학교' 강좌를 통해 설립에 필요한 교육을 받고, 운영에 필요한 실질적인 도움을 얻었다.

지금은 도서관에 모여 마을 주민이 친해지고 네트워크를 만들지만, 설립 전에 '도서관보다 먼저 사람들의 네트워크가' 있었다. 마을 주민, 학부모, 인근 도서관, 고기교회가 차곡차곡 쌓아온 유대감이 밤토실도서관의 개관에 강한 추진력이 되었다.

3. 빈손을 내밀자 일어난 일

고기교회는 밤토실도서관 설립 때도 재정이 풍족하지 않았다. 1년 예산이 300만 원이 채 되지 않던 교회의 목사와 교인들은 15년 동안 난(蘭) 농사를 지어 운영비를 마련해 왔다. 그 수익금 일부와 비닐하우스 자리에 도로가 생기며 받은 보상금이 이 도서관의 설립 비용이 되었다.

> 처음에는 도서관을 마을회관에 세우려고 했지요. 그런데 잘 안됐어요. 그래서 "고기초등학교로 가자" 했는데 그때 강당을 짓느라 엄두가 안 난다는 거예요. 다른 건 준비가 착착 되는데 갈 곳이 없어서 다들 나만 쳐다봐요. 뭔가 해결책을 내놓자, 그러면 사택을 내놓자고 했지요(안홍택, 초대 도서관장).

도서관 설립 장소를 마련하기 위해 마을 주민들을 설득했으나 뜻대로 되지 않자 안 목사는 자신의 사택을 비우기로 했다. 도서관이 생기기까지는 가진 것을 먼저 내놓고 손을 내민 고기교회의 시작이 있었다. 그러자 다양한 도움이 뒤따랐다.

> 동창회 사이트에 우연히 갔더니 동창 하나가 분당의 애완용품 백화점이 장사가 잘 안되어서 진열대가 필요 없어졌다는 거야. 책꽂이가 어마어마하게 많아서 다 실어왔어. 저도 되게 신기한 거예요. 장미도서관 관장님은 본인 아이들 보던 책을 장미도서관에 안 주고 이쪽에 주셨어요. 목사님이 아름다운재단에서 지원받고, 책읽는사회모임, 삼성에서 지원금 받아 리모델링했지. 그때 데크랑 두 짝짜리 오크 문이 생기고 마루를 깔았어요. 현판은 남편이 아는 도예과 교수님 모셔와 만들고, 다른 미대 교수님이 오시더니 "여기 너무 좋다" 하면서 건물 사진을 찍어 가셨어요. 그걸로 대학원 디자인 수업

을 하고 학생들이 와서 도서관 벽에 그림을 그렸어요(박영주, 2대 도서관장).

개관식은 마을 잔치였죠. 미술하는 마을 분이 도서관 개관한다는 얘기 듣고 모조지 8장 크기의 무대 배경을 그려주셨죠. 동네 분이 아는 분께 부탁해서 시도 써주셨고 ……(안홍택, 초대 도서관장).

밤토실도서관의 개관까지는 문짝을 달고, 현판을 다는 일부터 책을 사고 정리하는 일까지 크고 작은 기부가 있었다. 도서관은 지금까지도 유급 직원 없이 자원봉사만으로 운영되고 있다. 개관 과정이 그랬듯 지금도 일주일에 두서너 시간씩 쪼개 내놓는 나눔이 이어지고 있다.

지킴이(도서관 자원활동가)를 하려면 시간이 필요하니까 내가 시간이 날 때를 기다렸어요. 오래 해야겠다는 생각이 있어서 지킴이를 시작하기까지 시간이 좀 걸렸죠. 내가 받은 것이 있으니까……. 밤토실은 그런 곳이었어요(김혜진, 도서관 자원활동가).

자원봉사는 물론이고 각종 프로그램이나 강좌, 마을 음악회, 장터 참여 등도 밤토실도서관에서 받은 것에 대한 고마움에 자발적으로 이루어지고 있다. 이처럼 도서관에서 받은 것이 있다는 마음이 마을 사람의 자발적 참여를 가능하게 한다. 대가를 요구하지 않는 배려와 도움을 받고, 그 따뜻함에 자신도 다른 이에게 무엇인가 도움될 만한 것을 내놓는 경험과 배움이 있다는 점에서 어쩌면 밤토실도서관 그 자체가 한 권의 훌륭한 책이라 할 수 있지 않을까.

4. 마을이 우선인 도서관

밤토실도서관은 교회가 설립했지만 교회의 영향력이 거의 없고, 마을 주민에게 열려 있다. 도서관 운영비 중 교회 기부금의 비중이 높기는 하지만, 교회 또는 교인에 대한 특혜는 없다시피 하다.

선교보다 마을과의 공존이 중요하다는 판단에 따라 도서관에 교회 관련 책을 많이 두지 않았고, 마을 사람 누구나 '문턱 없이' 도서관을 이용할 수 있게 했다. 운영자도 교인이 아닌 마을 주민들이 중심이 되도록 했다. 운영자들이 자연스럽게 바뀌며 도서관의 활력소가 되고, 사용자들이 마음의 부담을 갖지 않도록 하기 위해서였다.

밤토실도서관 이용자들은 이곳이 교회에 의해 설립되었다는 사실을 몰랐다고 말하곤 한다. 마을에 온전히 열려 있는 도서관이 낯설다는 이도 있다. 다른 많은 교회 기반의 도서관들이 그렇지 않기 때문일 것이다. 문턱을 낮추거나 없앤다면 교회의 훌륭한 자원이 사회에 아주 이롭게 쓰일 수 있음을 밤토실도서관은 보여준다.

풍족하지는 않지만 교회 기부금과 지자체 보조금으로 도서관의 재정은 비교적 안정적이다. 그 덕분에 도서관 자원활동가들은 각종 지원사업에 무리하게 지원하지 않는다. 하고 싶은 일을 하고 싶은 만큼 하는 것이 이곳 자원활동가들의 만족도를 높이는 데 중요한 요소다.

재정이 불안정한 많은 작은 도서관들은 공공기관의 지원금이 운영에 필수적이므로 '사업을 위한 사업'을 만들 수밖에 없다. 이로 인해 사용자에게 얼마나 필요하고, 진행자가 얼마나 자발적으로 할 수 있는지를 먼저 생각하지 못하고 지원금 따기 쉬운 사업을 추진하는 일이 왕왕 있다. 원하지 않는 프로그램을 끌고 나가야 하는 운영자는 힘들 수밖에 없고, 운영자가 즐겁지 않으면 자발적인 참여도, 이용자의 만족도 기대하기 어려운 것이 당연한 귀결이다. 도서관의 안정적인 재정은 작은 도서관의 효율적 운영에 중요한 요소다.

5. '운영자'가 행복한 도서관이 된다는 것

밤토실도서관은 낡은 슬레이트 지붕 아래 스무 평 남짓의 소박한 도서관이다. 규모는 작지만 도서관의 운영 방식이나 문화에는 눈여겨볼 만한 것들이 있다. 그 중 하나가 운영자, 즉 자원활동가들의 삶의 질과 만족도를 우선하는 문화다.

지금까지 밤토실도서관이 받는 지자체와 정부의 지원사업비는 활동가 교육비에 많이 사용되었다. 교육 내용은 주로 그 시기의 자원활동가들이 원하고 그들에게 필요한 내용으로 구성되었다. 컴퓨터 교육에서부터 쿠션 만들기, 도서관 운영 방법, 시민사회, 자녀양육, 심리치료, 독서교육 등 다양한 교육이 있었다. 활동가들은 이를 통해 자신과 사회에 대한 안목을 갖추고 스스로의 관심사와 능력을 발견했다고 말한다. 도서관 활동가들이 정체성을 다지고, 되도록 혜택을 받으며, 동력을 잃지 않도록 하는 것은 밤토실도서관의 중요한 목표이기도 하다.

도서관이 '이용자'가 아닌 '운영자' 중심이라는 말은 언뜻 이상하게 들릴 수 있다. 하지만 "밤토실에서 일하며 처음으로 스스로 무엇을 좋아하고 잘하는지 알게 되었고, 자신의 이름이 불리고 다른 이에게 도움을 주면서 주부가 된 후 떨어졌던 자존감이 회복되었다. 그 힘으로 직업을 찾고 지속할 수 있었다"라는 한 자원활동가의 회상을 들으니 '운영자 중심' 철학이 마을의 변화에 중요한 이유를 생각해 보게 된다.

밤토실도서관의 주요 시스템과 굵직한 행사들은 주로 박영주 제2대 관장 시절부터 시작되어 지금까지 이어지고 있다. 한 달에 한 번씩 활동가 회의를 갖고, 매해 작은음악회, 방학 프로그램, 개관 행사, 교육 등을 말 그대로 자원활동으로 만들어왔다. 도서관에서 얼굴을 맞대고 마음을 나누면서 친해진 봉사자들이 "그런 거 있으면 진짜 재밌겠다", "우리 해볼까?" 하는 이야기를 자연스럽게 나누면서 도서관의 수많은 프로그램과 동아리들이 생겨났다. 동화책 읽어주고, 합창 연습하고, 연극 공연하면서 장난치고 아이디어 내며 함께하는 과정을 즐겼다. 사람과의 관계, 자아의 발견이 함께 일어났다는 점에서 값진 배움의 과정이기도 했다.

마을의 작은도서관에서는 '운영자'와 '이용자'가 크게 다르지 않을 수 있다. 그런 점에서 운영자를 행복하게 만들고, 도서관에서 참여와 소통, 삶과 사회에 대한 살아 있는 배움을 경험한 운영자의 수를 늘려나가는 것이 곧 마을을 변화시키는 첫걸음일 수 있을 것이다.

6. 도서관과 마을은 닮아간다

> 방학은 학교 다니느라 수고했으니 쉬라고 있는 거잖아요. 요즘 엄마들은 방학 특강을 보내고, 애들이 아침에 나갔다 오후에 오거든요. 애들이 내가 뭘 좋아하는지, 싫어하는지 생각할 시간이 없어요. 심심해서 주리를 틀다가 뭘 끄적거려도 보고 만들어도 보고 ……. 그런 거 할 시간이 없어요. (엄마들이) 그 꼴 보기 싫고 뒤처지는 것 같으니 학원 보내잖아요. 길은 스스로 찾아가야 하고 맡겨놔야 한다고 생각해요(이지선, 도서관 자원활동가).

> 다른 도서관에서는 책을 많이 읽어줬어요. 그런데 여기서 와서 보니까 우리 애가 책보다 노는 걸 더 좋아하더라고. 다른 도서관이었으면 사람들하고 안 친해지고 꾸준히 책을 읽었을 거예요. 전에는 '책이 정말 중요해' 이런 생각이었는데 여기 와서 지내면서 '노는 것도 중요해. 오늘 잘 놀았으니 됐다'는 생각으로 바뀌었어요(주선화, 도서관 자원활동가).

이 도서관을 드나드는 학부모들의 아이 키우는 이야기에서는 비슷한 성향이 드러난다. '빨리'보다는 '천천히', '억지로'보다는 '저절로', '남보다 잘'보다는 '다 같이 재미있게'에 더 친화력을 가진 것들이다. 자원활동가들은 아이들이 좀 더 놀아야 하고, 엄마들은 좀 더 느긋이 지켜봐야 한다고, 자신도 아이도 이 마을에서 살며 바뀌었다고 한다. 더러워지는 것을 못 참던 까칠하던 아이가 이제는 친구들과 모래밭을 뒹굴게 된 변화가 감사하다고도 한다. 이들은 내 아이에게 책을 읽어주다 자연스럽게 다른 아이와 함께 책을 보고, 마당에서 다친 아이가 도서관 안으로 들어오면 누구랄 것 없이 호호 불고 밴드를 붙여주는 문화의 일부가 되어 있다.

과연 이 사람들이 다른 동네의 학부모들과도 이처럼 신나게 자신의 이야기를 할 수 있는지 궁금해 물었더니 실제로 또래 친구들과 교육에 대한 관점이 사뭇 다르다는 이들이 많다. 그렇다면 이곳에서는 어떻게 이런 사람들이 '대세'가 되었을까?

그들의 첫 번째 답은 좁은 도로와 불편한 기반 시설에도 아파트와 도시를 벗어나 이 마을로 이사 온 이들은 교육에 대해서도 주어진 테두리에서 한 발자국 벗어날 수 있기 때문이라는 것이었다.

어떤 이는 마당과 자연이라는, 고기동 공간이 가진 힘이라고 한다. 인간도 자연의 일부인지라 자연을 접하면 편안해지고 그것이 삶에 녹아든다나…….

고기동 주변에는 수지꿈 초중등 대안학교와 여러 공동육아 유치원이 생겼고 작은 학교인 고기초등학교의 학생 수도 근래 3~4년간 80여 명에서 180명으로 두 배 이상 늘었다. 고기초등학교에는 도시의 큰 학교에 비해 덜 각박한 교육 환경을 선호하는 학부모의 비율이 높다. 이우 중고등학교를 포함한다면 입시 위주의 과도한 경쟁교육에 대한 대안적인 방안을 선호하는 학부모의 비중이 높음도 짐작할 수 있다.

자연과 덜 각박한 교육을 찾아온 이들 때문에 독특한 문화가 만들어졌을 수도 있고, 대안적 교육시설과 문화가 존재했기 때문에 이주한 사람들의 인식이 바뀌었을 수도 있다. 고기동에 모인 사람들이 밤토실도서관과 문화를 만들었을 수도 있고, 밤토실도서관이 이러한 문화의 단초였을 수도 있다. 선후를 따지기에는 어려움이 있으나 분명한 것은 밤토실도서관이 고기동에 모인 비교적 새로운 이주 세대의 정착 초기부터 존재했고, 그들과 영향을 주고받았다는 것이다. 7년 동안 수십 명의 아이들이 직접 인형을 만들고 대본을 쓰고 공연한 '올챙이 극단'이 운영되는 방식은 그 한 예다.

그림 11-3 올챙이 인형극단의 공연 모습

책 선정에서부터 시나리오와 인형 제작, 공연 준비까지 어린이와 부모, 마을 주민이 함께 한다.

두 시간 모이면 한 시간 반은 놀아요. 노는 거 삼십분, 모으는 데 삼십분, 간식 삼십분. 그래도 아무 것도 안하는 것은 아니라고 생각해요. 나중에 했을 때 애들이 바뀌는 게 보이거든요. 사람 앞에 나서는 거 싫어서 대사 안하고 소품만 하겠다던 애들이 나서서 대사를 쳐요. 언젠가는 항상 머리카락으로

> 눈을 가리고 오던 애가 있었어요. 얼떨결에 친구 따라 왔대. 사람 눈을 똑 바로 안 보던 애가 어느 날 머리를 자르고 '관장 티처!' 하면서 들어왔어요. 그런 모습을 보는 게 좋았죠. 못하면 어때. 과정 속에서 애들이 바뀌는 거죠(박영주 제2대 도서관장).

도서관에서 아이가 바뀌고 엄마가 바뀌고 그렇게 10여 년이 흐르자 마을이 바뀌었다고 말할 수 있게 되었다. 박영주 관장은 5년간 밤토실도서관에서의 경험을 통해 이웃과 정이 흐르고 따뜻한 공동체가 자연스럽게 형성될 수 있으며 어디에서든 그런 일이 가능하다는 것을 보게 되었다고 한다. 밤토실도서관은 그녀에게뿐 아니라 그동안 도서관을 거쳐 간 많은 이들에게 도서관의 선한 의도와 노력이 사람과 마을을 변화시킬 수 있음을 증명해 왔다.

7. 사실은 특별할 것도 없는 그 따뜻함

도서관이 문을 연 뒤 마을에도 많은 변화가 있었다. 가까이에 용인-서울 고속도로가 개통했으며 몇 킬로미터 인근에 수천 세대의 아파트 단지가 곧 들어선다. 수십 년간 마을의 땅값은 계속 뛰었고, 논밭을 메우고 산을 깎아 도로와 전원주택지, 상가를 조성하는 공사가 온 마을에 걸쳐 진행 중이다. 고기동은 고립되고 조용한 시골 마을이라고 하기 어려워졌다. 그렇게 소란한 중에도 밤토실도서관 앞 너른 마당만은 놀라우리만큼 고즈넉하고 변함이 없다.

뒷산을 깎는 굴착기와 덤프트럭 소음에 싸인 교회 앞마당에서 아이들은 누가 언제 심었는지 알 수 없는 나무에서 블루베리, 앵두, 보리수 열매를 철철이 따 먹으며 자란다. 돌이켜 보면 우리의 옛 마을에도 이처럼 큰 나무나 실개울 근처, 사람들이 모이고 쉬어갈 만한 곳들이 있었다. 자본과 효율성이 만든 도시에서는 그런 장소가 사라졌고 사람들 사이에는 두터운 울타리가 가로놓였다. 그러나 이곳에는 그것이 아직도 남아 있고, 그것을 귀중히 여기는 사람들에 의해 가꿔지고 있다.

밤토실도서관의 여정에서 사람들은 먼저 선을 베푼 이에게 보답하고 싶어 하며, 착한 씨앗이 퍼져나가는 방식을 몸으로 학습하며 재현되는 것을 확인했다. 좋은 것은 더 좋은 것을 만든다는 믿음이 생긴다.

이와 동시에 밤토실도서관은 그동안 인간과 마을에게서 어떤 좋은 것들이 사라져 갔는지를 보여준다. 사람들이 모이는 마을 공동의 장소는 고리타분하고 비효율적인 과거의 유물이 아니라 오랫동안 인류가 진화시켜 온 비옥한 문화 중 하나였다.

밤토실도서관이 끈기 있게 지켜온 그런 가치들이 앞으로 우리 사회에서 더 흔해지면 어떨까. 우리 아이들이 특별할 것도 없는 그 따뜻함을 배우고 누리며 살게 하는 것은 어떨까.

제4부

머내만세운동 이야기

제12장. ‘살아 있는 역사’ 머내만세운동:

새 자료와 구술로 재구성한 용인 수지 지역의 3·1 운동

제12장

'살아 있는 역사' 머내만세운동

새 자료와 구술로 재구성한 용인 수지 지역의 3·1 운동

1919년 3월 29일 경기도 용인군 수지면의 고기리와 동천리에서 일어난 만세운동을 100년 뒤 현재, 이 지역에 사는 주민들은 '머내만세운동'이라고 부른다. 이 지역의 순우리말 이름이 '머내'(한자로는 險川 또는 遠川)이기 때문이다.

그러나 머내만세운동이 꼭 수지면의 고기리와 동천리에 국한된 것은 아니다. 그날의 시위가 고기리에서 시작된 것은 분명하지만, 시위 행렬은 수지면의 경계를 넘어 당시 용인군의 중심지였던 읍삼면 언남리까지 무려 10km가 넘는 구간에서 펼쳐졌고, 그 밖에도 준비 과정에서 이웃 지역들과 연대했던 흔적들이 발견되기 때문이다. 처음에는 100명에 불과하던 시위 인원이 마지막 해산 시점에는 1500~2000명에 이르렀다는 사실도 준비 과정의 치밀함과 광범위함, 그리고 그에 바탕을 둔 시위행진의 역동성을 짐작케 한다.

그런 점에서 머내만세운동은 용인 지역 3·1 운동의 대표적인 사례로서 재해석되고 그 의미와 위상도 다시 정리되어야 할 것이다.

먼저 2018년 발굴된 『범죄인명부』를 바탕으로 머내만세운동의 전개 과정을 새로이 정리하고 이 자료의 의미를 짚어본다.

1. 머내만세운동의 전개 과정

1) 준비: 치밀한 자체 기획과 주변 마을과의 연대

머내만세운동은 그 시위 행렬이 고기리에서 시작했을 뿐만 아니라 당초 시위의 기획도 대체로 고기리를 중심해 이뤄졌던 것으로 보인다. 당시 고기리 구장 이덕균(1879~1955)에 대한 경성지방법원의 제1심 판결문(1919년 4월 29일)[1]이 그 정황을 대강 그려 보여준다. 모의 과정에 대한 설명으로는 두 대목이 눈에 띈다. 다음 인용문 중 전자는 재판부의 상황 요약이고, 후자는 당시 헌병대의 보고 내용이다.

> 피고(이덕균)는 위의 피고 거주 리(里)의 구장(區長)으로 있었는데, 대정 8년(1919) 3월 28일 안종각이란 자로부터 조선독립 시위운동을 할 것을 권유받고서 이에 찬동하여 …….

> 피고는 고기리(古基里)의 구장인데 대정 8년 3월 말 리의 사환(使喚)으로 하여금 각 집에서 1명씩 나와서 동천리 방면으로 가서 대한독립만세를 부르라고 주지시켜 …….

이덕균 당시 고기리 구장이 만세운동에 가담한 것은 같은 고기리에 사는 안종각(1888~1919)의 권유에 따른 것이었다. 만세운동에 가담하기로 결심한 이덕균은 구장으로서 평소 마을에 소식을 전파하는 역할을 하던 사환을 시켜 각 집에서 한 명씩 나와 만세 대열에 참여하도록 통지했다는 얘기다. 여기서 '리의 사환'

1 이덕균의 판결문(제1심과 제2심, 일본어 원문과 한국어 번역문)은 국가기록원의 '독립운동관련판결문' 홈페이지(http://theme.archives.go.kr/next/indy/listkeywordSearch.do)에서 찾아볼 수 있다.

그림 12-1 이덕균 애국지사의 수형 카드 앞면과 뒷면

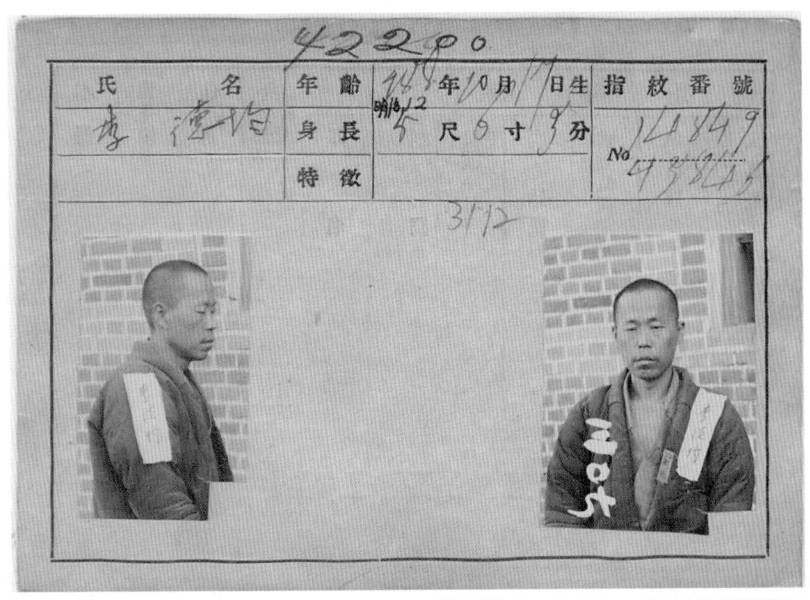

本籍	出生地	住所	身分	職業

受刑事項						
罪名	刑名刑期	言渡年月日	刑ノ始期	言渡裁判所	執行監獄	出獄年月日及其事由
保安法違反	懲役 一年六月	大正八年 月 日	大正 年 月 日	法院	監獄	大正九年 月 日 滿期 假出獄

前科	備考
犯	

그의 키는 5자 6치 3푼(170.6cm)이었으며, '보안법 위반'으로 1년 6개월의 실형을 선고받았지만 약 11개월(1919.5.24~1920.4.28) 만에 출옥했다고 한다.

은 이덕균 구장의 '광주 이씨' 종친 이도해(1870~1939)였다는 것이 고기리 원주민들의 증언이다.

말하자면 안종각 → 이덕균 → 이도해로 이어지는 고기리 내의 만세운동 기획과 지도체계가 나름대로 성립되어 있었다는 얘기다.

그러나 최근 발굴된 증언에 따르면 만세운동의 준비는 그런 지도체계보다 훨씬 크고 넓은 범위에서 이뤄진 흔적이 있다. 당시 또 다른 고기리 주민 홍재택(1873~1951, 고기리 128번지)의 손자 홍봉득이 그 단서를 제공했다.[2]

> 할아버지(홍재택)가 각처 사람들을 찾아 연락하고 몇 날 며칠 동안 밤새도록 돌아다녔습니다. 안종각(安鍾珏, 1888~?, 고기리 156번지) 선생은 고기리 손기 마을의 대표 역할을 했습니다. 안종각 선생이 우리 집에서 출타한 할아버지를 밤새 기다린 적이 몇 번 있었답니다. 낮에는 할아버지가 연락하러 돌아다니시고 밤에만 집에 오시니까 어떻게 연락이 되고 있는지 듣기 위해서였던 거지요. 내가 듣기에 3·1 운동 때 수지, 광주(낙생), 구성(읍삼) 3개 면에서 모였다고 합니다. 28일에 만세운동 하자고 준비를 해왔는데, 구성 쪽에서 몇 백 명이 모여 먹을 것이 준비가 안 되었다고 연락이 와서 하루 미뤄 만세 시위를 했다고 합니다.

상당히 구체적이다. 요컨대 수지 지역이 중심이 되어 낙생 등 인접한 면들과 연합해 시위대를 조직한 뒤 이를 이끌고 용인의 중심지 구성(읍삼면) 쪽으로 나아가 그곳에 진지를 구축하고 거기서 진지전을 벌이겠다는 내용이다. 결과적으로는 실현되지 않은 계획이지만 홍재택이 이 진지전을 위해 구성 지역에 식사 준비까지 협조를 구해놓았다는 것이 이 증언의 주요 내용이다.

2 『머내여지도 연구자료집』 II(머내여지도, 2018), 69~75쪽에 수록된 홍재택의 손자 홍봉득의 증언(2018년 7월 21일) "머내는 충절의 고장입니다" 참고.

그림 12-2 고기리 애국지사 홍재택 부부

홍재택 선생과 선생의 아내 김흥례 님이다. 일제강점기 말에 촬영된 것으로 손자 홍봉득 씨가 보관하고 있다.

이 증언의 내용은 아직 또 다른 증언 등의 자료에 의해 객관적으로 입증되지 않았다. 그러나 충분히 개연성이 있는 증언이기 때문에 관련 지역들을 중심으로 교차검증할 수 있는 자료들을 적극적으로 발굴할 필요가 있어 보인다.

이 같은 증언이 관심을 끄는 이유는 명확하다. 당시 대부분의 지방 만세운동은 서울과 같은 대도시의 유학생이 동맹휴학 등으로 고향에 돌아와 만세운동의 소식을 전함으로써 발발했거나, 5일장 장날에 계획적으로 또는 장터의 군중심리에 의해 우발적으로 일어나는 것이 일반적이었다.

그러나 머내만세운동의 경우, 그 어느 경우에도 해당하지 않았다. 지금까지 확인되기로는, 이 마을에는 대도시 유학생도 없었고 변두리여서 5일장도 서지 않았다. 구전되는 이야기에 의하면, 전적으로 홍재택 애국지사 등 마을 주민들의 자체 기획과 주변 마을들과의 적극적인 연계 속에서 거사를 일으켰다는 것이었다. 이런 내용들이 보다 적극적으로 검증 또는 확인될 필요가 있겠다.

머내만세운동의 준비와 관련해서는 중요한 증언이 하나 더 있다. 앞의 판결문에서 이덕균 구장에게 만세운동을 권했다는 안종각의 후손 안병화의 증언이다. 손의터 마을 중에서도 서로 인근에 살던 안종각과 홍재택의 실무 준비과정이 포함되어 있다.

> 홍재택, 안종각 선생 두 분이서 밤마다 사랑방에서 홑이불을 찢어서 태극기를 그렸다고 한다. 몇 장을 만들었는지는 모르지만 할머니 말로는 홑이불을 다 뜯었다고 한다(안병화의 증언, 2018년 1월 27일).

2) 발발: '한 집에 한 명씩 ……' 고기리가 불씨 되다

1919년 3월 29일 머내만세운동이 시작되는 장면 역시 이덕균 당시 구장의 1심 판결문이 대체적인 모습을 전한다. 이 부분도 앞서 본 준비 과정 관련 판결문과 같이 두 대목으로 이루어져 있다.

> 이(안종각의 권유)에 찬동하여 정치변혁을 목적으로 다음 날 29일 오전 8시경 피고 거촌 경기도 용인군 수지면 고기리 주민 약 100여 명을 모아 위의 안종각으로부터 받은 태극기를 흔들며 대중에 솔선하여 "조선독립만세"를 연호하면서 동면 동천리로 향하여 진행할 때 …….

> 피고는 …… 이날 오전 9시경부터 주민 약 100명을 이끌고 동천리에 이르러 …….

이 판결문에서 우리는 ① 머내만세운동은 3월 29일 오전 8시경 고기리 주민 100여 명이 모이면서 시작됐고, ② 시위행진은 당일 오전 9시경 아랫마을 동천리를 향해 시작됐으며, ③ 안종각 등이 사전에 준비한 태극기가 시위 당일 아침에 마을 사람들에게 배포됐고, ④ 시위행진은 이덕균 등이 이끌며 "조선 독립 만세" 등의 구호를 외쳤다는 것 등을 확인할 수 있다.

당시 고기리 주민들이 집결해서 한목소리로 만세를 외친 뒤 동천리를 향해 행진을 시작한 장소는 지금의 고기초등학교 운동장이었다.[3] 물론 1919년 당시는 고기초등학교가 개교하기 전이어서 그곳은 그저 고기리 마을 입구의 '넓은 터'였다고 한다.[4]

그러나 백운산과 바라산의 계곡을 끼고 형성된 고기리 중에서 지금의 고기초등학교 위치는 평지 쪽 동구에 해당하는 '손의터 마을'이었기에, 직선거리로 2km 이상 상류에 위치한 '배나무골', '샛말', '고분재' 등에서 이곳까지 오기 위해서는 넉넉잡고 집합 예정 시간보다 한 시간은 일찍 출발해야 했을 것이다. 게다가 당시에는 상류 쪽 마을들이 가구와 인구수도 평지 쪽보다 많았다.[5] 즉, 배나무골에 살던 이덕균 구장이 고분재에 살던 이도해를 포함해 50명 이상의 시위대와 함께 안종각, 홍재택 등이 사는 손의터에 오전 8시경 도착하기 위해서는 새벽밥을 해먹고 적어도 오전 7시경에는 길을 떠났을 것이다.

이덕균의 판결문을 비롯해 당시 상황의 기록들은 모두 '한 집에 한 명씩' 시위대에 나오도록 독려했고, 실제로 각 집의 '장정'이 나와 모두 100여 명에 이르렀다고 표현하고 있다. 1900년대 초 고기리가 모두 127호였다고 하니 얼추 맞는 얘기다.

3 안종각 애국지사의 손자 안병화의 증언(2018년 1월 27일)이다.

4 고기초등학교는 1927년 '고기강습소'로 개소한 머내 지역에서 가장 오래된 교육기관이다. 그 뒤 1936년에 '수지초등학교 간이학교'로 편입되었고, 1965년에 '고기초등학교'로 정식 개교했다. 안종각 지사의 손자 안병화의 증언(2018년 1월 27일)과 용인학연구소, 『수지읍지(水枝邑誌)』(용인문화원, 2002), 700쪽 참고.

5 만세운동 당시 고기리의 가구 및 인구 통계는 찾을 수 없고, 1900년에 조사한 『광무양안초』 중 '용인군 수진면'(제8책)을 참고할 수 있다. 이에 따르면, 고기리는 모두 127호이며, 상류 지역인 이목동(梨木洞, 배나무골) 21호, 간동(間洞, 샛말) 23호, 곡현촌(曲峴邨, 고분재) 30호인 반면 하류 지역의 장토리(壯土里) 23호, 손허(遜墟, 손의터) 30호 정도였다. 일제강점기의 농촌 해체 및 도시빈민화 경향에 따라 고기리의 가구 및 인구수는 1900년 이후 줄었으면 줄었지 늘었을 가능성은 거의 없다.

조선은 독립국
우리는 자주민
대한독립 만세

이렇게 위아래 마을의 시위대가 합쳐지자 고기리 사람들은 사기가 충천했을 것이다. 그 직전 여러 날 밤을 새워 안종각 등이 준비했다는 태극기가 마을 사람들에게 배포되면서 긴장감과 흥분은 한층 더 고조될 수밖에 없었다. 그때 안종각, 이덕균 등이 미리 준비한 대로 우리 독립의 당위성을 설파하는 일장 연설을 하고 "조선 독립 만세!" 제창으로 그 연설을 마무리했을 것이다. 100여 명의 고기리 주민들은 나라 없는 세상에서 일본 관리와 헌병들에게 억눌려 10년 동안 살아온 한을 이렇게 목청껏 외치는 '독립 만세'로 풀고 싶었을 것이다.

그렇게 고기리 주민들은 머내만세운동의 시작 집회를 마치고서 오전 9시경 사전에 약속된 대로 대열을 지어 대로변의 동천리를 향해 행진을 시작했다. 당시는 고기리와 동천리 사이의 낙생저수지(1958년부터 공사를 시작해 1961년 준공)가 설치되기 전으로, 지금의 낙생저수지 바닥쯤에 있었던 두 마을의 연결 도로를 따라[6] 때로는 걷고, 때로는 뛰면서 다시 "조선 독립 만세!"를 외쳤을 것이 틀림없다.

여기서 한 가지 살펴볼 문제가 있다. 고기리의 시작 집회를 포함해 머내만세운동의 어느 현장에서도 '독립선언서'가 등장했다는 언급이 없다는 점이다. 이덕균의 판결문에도 그런 언급이 없고, 만세운동 참가자의 후손들 중 어느 누구도 그런 증언을 한 적이 없다.

아마 머내만세운동의 어느 장면에서라도 독립선언서가 등장하거나 낭독되었더라면 그것이 어떻게 이들에게 전달되었고, 어떻게 복제(또는 필사)되었으며, 현장에서 누가 대표로 낭독했다는 등의 내용이 판결문에 언급되지 않았을 리가 없다. 또 그런 내용이 후손들에게 구전으로 전승되었을 가능성이 높다.

6 안종각 지사의 손자 안병화(1938년생)는 고기리 출신의 첫 대학생으로서 한양대학교 토목과를 졸업하고 건축업을 오래 해온 학력과 경력 때문에 지형도를 읽는 데 익숙했다. 그의 도움을 받아 머내여지도팀은 일제강점기의 지도를 바탕으로 머내만세운동 행진 경로를 추정할 수 있었다. 이 글 중의 지도들(〈그림 12-4〉와 〈그림 12-5〉)에 바로 그 경로가 소개되어 있다. 그 경로를 따라 제99주년, 제100주년 기념행진 등이 진행됐다.

그러나 그렇지 않다는 것은 머내만세운동에는 손병희 등 33인 명의로 작성된 기미독립선언서를 포함해 어떠한 독립선언서도 없었음을 시사한다. 실제로 대도시가 아닌 지방에서는 독립선언서 없이 스스로 만든 태극기를 흔들며 "조선 독립 만세!" 또는 "대한 독립 만세!"를 지속적으로 제창하는 형태의 만세운동 현장도 많았다고 한다. 머내도 그런 현장들 중 하나였던 것으로 이해된다.

3) 전개: '자연부락 단위의 연대'와 '계획의 차질 없는 집행'

1919년에 고기리에서 동천리로 내려오는 길은 사실상 외길이었다. 100년 뒤인 2019년에는 두 지역을 잇는 길이 두 개(한 개는 자동차도로, 한 개는 사유지를 포함하는 오솔길)로 늘었지만, 그 두 개가 다 100년 전의 길과는 다르다. 그간 두 지역 사이에 낙생저수지가 생기면서 지형이 완전히 바뀌었기 때문이다.

그러나 낙생저수지 아래의 동천리에 들어서면 지금의 고기로가 100년 전의 만세 행진 경로와 대개 일치한다. 당시에는 마차 한 대도 다니기 힘들던 길이 이제는 왕복 4차선 도로로 바뀌었다는 점이 다를 뿐이다.

고기리에서 출발한 100명의 만세 행렬은 동천리에서 순서대로 동막골, 하손곡, 주막거리 등의 자연부락을 만날 수밖에 없었다. 이런 지리적 양상을 염두에 두고 이덕균의 판결문을 다시 살펴볼 필요가 있다.

> 피고는 …… 동천리에 이르러 약 300명의 군중과 합류하여 '독립 만세'를 외치고, 다시 오전 11시 30분 동면 풍덕리에서 수지면 면사무소로 몰려가 '만세'를 외치면서 선두에서 구 한국기를 앞세우고 군중에게 솔선하여 동군 읍삼면 마북리로 몰려가려 하매, 헌병이 해산을 명령하였으나 쉽게 응하지 않다가 오후 2시경에 이르러 겨우 해산했다.

여기서 시위대의 진행 과정을 거리와 시간을 고려하면서 살펴볼 필요가 있다.

그림 12-3 머내만세운동 시위대의 진행 과정

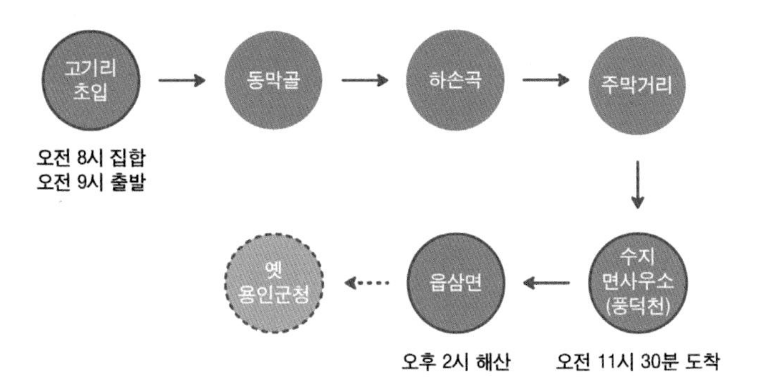

고기리 초입에서 동천리를 거쳐 풍덕천리의 수지면사무소까지는 약 6km에 가까운 거리로, 도보로는 1시간 30분 정도 소요된다. 그리고 다시 수지면사무소에서 보정리를 거쳐 마지막에 해산했다는 읍삼면까지는 역시 5km 이상으로 1시간 30분 가까이 걸린다.

그런데 고기리에서 오전 9시 출발해 여러 자연부락을 거쳐 수지면사무소에 오전 11시 30분경 도착했다는 것은, 그 자연부락들에서 잠깐씩 대오를 정비한 뒤 거의 쉬지 않고 1차 목표 지점인 면사무소까지 갔다는 얘기다. 거기서 마지막 해산 지점까지 간 뒤 오후 2시경 해산됐다는 것도 마찬가지다. 대략 면사무소에 30분 정도 체류했고, 마지막 해산 지점에서 일제 헌병과 다시 30분 정도 대치했다는 계산밖에 나오지 않는다.

이것이 의미하는 바가 무엇일까? 시위 행렬이 대단히 급박하게 진행된 것이 분명하다. 그 이유는 무엇일까? 만약 면사무소가 최종 목표 지점이었다면 일단 그곳에서 군의 중심지를 향해 시위행진을 계속할지 말지를 두고 일정한 시간 동안 군중 토론이 불가피했을 것이다. 그러나 판결문에 따르면 그곳에서 '만세' 시위를 벌인 뒤 거의 지체하지 않고 구성의 일본인 집단 거주지(과거 군청이 있던 용인의 중심지) 또는 그보다 훨씬 먼 김량장의 새 용인군청을 향해 출발한 것으로 이해된다. 이는 당초의 계획이 그렇게 되어 있었다고 볼 수밖에 없다. 아마도 홍

그림 12-4 100년 전의 만세운동 진행 경로

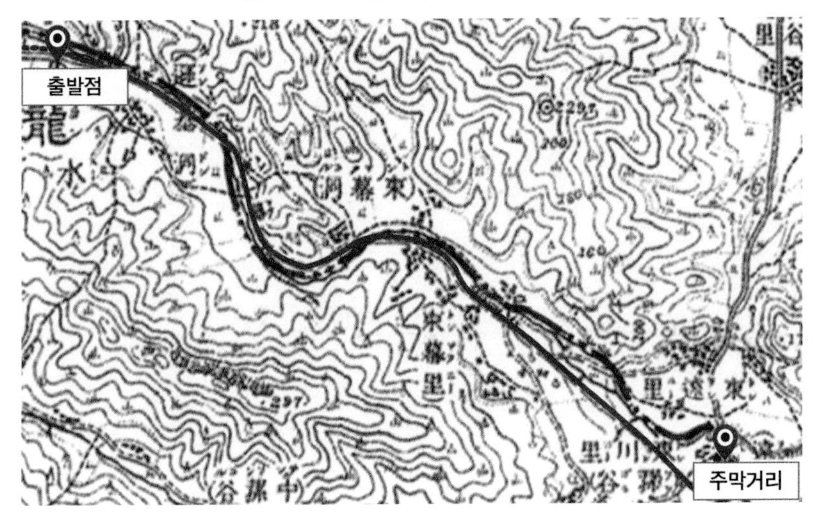

일본 육지측량부가 1914년 측량·수정해 1937년 인쇄·발행한 「수원군 지형도」(1/67,000) 중 머내 지역에서 찾아본 고기초등학교~동천동 주막거리 구간의 만세운동 진행 경로다. 붉은색 선으로 표기했다. 이 경로의 고증은 안종각 지사의 손자 안병화의 경험과 독도(讀圖) 능력에 크게 힘입었다.

재택 등을 통해 수지와 구성의 각 지역이 사전 협의한 내용이 그런 스케줄이었을 것이다.[7]

동천리 지역에서 300명이 합세했다는 것도 그런 구도 속에서 이해할 수 있다. 그 무렵 동천리는 고기리(127호)보다 다소 적은 109호 정도로 구성되어 있었다.[8] 그럼에도 불구하고 300명이나 시위대에 합류했다는 것은 우선 노인과 어린이를

7 수지, 구성 등의 용인 각지가 사전에 협의한 만세운동 계획에 대해서는 자료와 구술 등에 근거해 보다 깊이 있게 검토하고 연구할 필요가 있다. 용인 각 지역의 1919년 만세운동이 대개 3월 28일 근처에 집중되어 있다는 사실, 머내만세운동도 당초 주변 읍면과 함께 3월 28일에 추진하기로 기획되었다는 새로 발굴된 증언 등이 용인 각지 사이의 사전 협의 가능성을 강력하게 시사한다. 각지역 간 사전 협의의 최대치는 '3월 28일 김량장의 용인 군청으로의 집결 및 연합 시위'였을 것이고, 최소치는 '3월 28일 전후의 개별적 시위'가 아니었을까?

8 앞서 소개한 바와 같이 1900년에 조사한 『광무양안초』 중 '용인군 수진면'(제8책)에 따르면, 당시 동천리는 동막(東幕, 동막골) 39호, 손곡(蓀谷, 손골) 30호, 원천(遠川, 머내

그림 12-5　100년 전 만세운동 진행 경로와 100년 후 기념행사 행진 경로

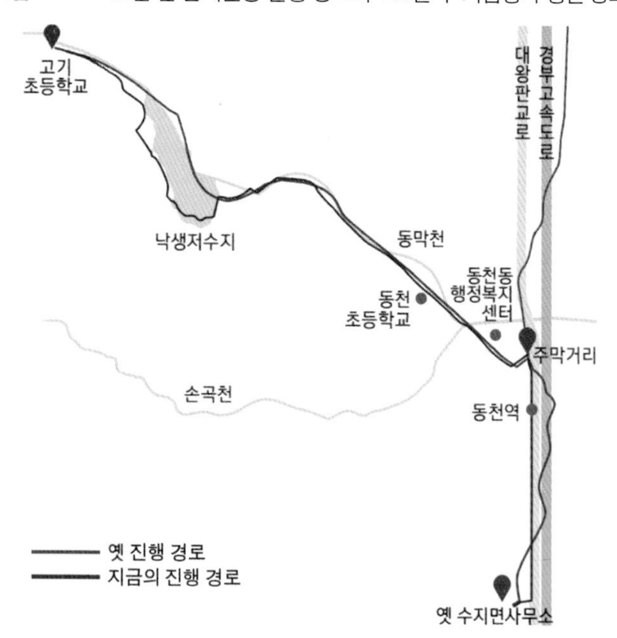

국토지리정보원(www.ngii.go.kr)에서 내려받은 현재의 머내 지역 지도에 위의 100년 전 고기초등학교~동천동 주막거리 행진 경로를 그대로 옮겨 붉은색 선으로 표기하고, 거기에 주막거리(현재 머내기업은행 버스 정류장)~수지면사무소(현재 수지지구대) 행진 경로도 같은 색의 선으로 덧붙였다. 그 옆의 보라색 경로는 100년 사이에 지형과 도로 사정이 달라져, 100년 전과 가장 비슷하게 답사할 수 있는 길을 참고로 표시한 것이다. 크게 보자면, 낙생저수지(1961년)가 지형을 한번 바꿨고, 경부고속도로 제1차 개통(1968년)과 국도 확장공사(1980년대)가 다시 한번 지형과 도로의 모양새를 바꿔 이제 옛길 그대로 답사하는 일은 불가능해졌다. 특히 100년 전 주막거리~수지면사무소 경로는 조선 시대 동래대로(일명 영남대로)의 일부였다는 점에서 아쉬움이 크다.

제외한 마을 주민 거의 전원이 시위에 참여했다는 말이 된다.[9] 그런데 그것이 우발적으로, 혹은 현장 설득에 의해 가능했을까?

주막거리) 40호 등으로 구성되어 있었다. 이 가운데 손곡은 상손곡과 하손곡으로 나뉘는데 각각의 구성은 알 수 없다.

9　앞에 소개한 홍재택의 손자 홍봉득의 증언에 따르면, 수지면의 시위 기획자들은 인근 낙생면과도 연대한 흔적이 있다. 이를 감안하면 동천리에서 합류한 인원 300명은 모두 동천리 사람들은 아니고 이웃 낙생면 사람들도 포함된 숫자였을 가능성이 있다.

이것은 전적으로 사전 계획에 의해 마을 주민들이 대기하고 있다가 자연부락 순서대로 시위대에 합류했다고 볼 수밖에 없다. 아마도 그렇게 할 수 있었던 것은, 나중에 설명할 기회가 있겠지만, 동막골은 주요 가문들의 협의에 따라, 하손곡은 천도교의 조직적 움직임에 따라 각각 사전에 해놓았던 치밀하고도 체계적인 준비 내용을 차질 없이 집행한 덕분이었다고 생각된다. 이렇게 볼 때 머내는 당시 만세운동의 측면에서 결코 변두리 작은 지역으로 치부할 것이 아니었다고 판단된다.

지금까지의 준비-발발-전개 과정을 종합해 머내만세운동 시위대의 행진 경로 일부를 당시 및 현재의 지도에 표시하면 〈그림 12-5〉와 같다.

4) 파국: '만세'에 대한 대답은 '총격'

머내만세운동의 마지막 국면인 해산 과정은 별도로 떼어서 설명하는 것이 좋겠다. 위의 판결문만으로는 해산 경위를 알 길이 없다. "헌병이 해산을 명령하였으나 쉽게 응하지 않다가 오후 2시경에 이르러 겨우 해산했다"라는 것이 도대체 무슨 말인가? 시위대는 당연히 해산하려 하지 않았을 것이다. 그런데 오후 2시경 겨우 해산했다는 것은 그 시간쯤 일제 헌병이 시위대를 향해 발포했음을 시사하는 표현으로 추정된다.

이 판결문에 언급되지는 않았지만, 광복 후 『3·1운동실록』, 『수지읍지』 등 여러 문건은 이날 머내만세운동의 시위 행렬이 수지면사무소에서 용인 중심지 구성의 일본인 집단 거주지를 향해 가던 길목에서 일제 헌병의 총격으로 해산했다고 기록한다.[10] 그 과정에서 안종각, 최우돌 두 애국지사가 현장에서 절명했다는 설명도 함께 기재되어 있다.

여기서 우리는 정확한 해산 장소와 당시의 상황을 살펴볼 필요가 있다. 먼저

10 이용락, 『3·1운동실록』(3·1동지회, 1969); 용인학연구소, 『수지읍지(水枝邑誌)』(용인문화원, 2002) 참고.

해산 장소를 살펴보자. 이덕균 재판 판결문에는 "읍삼면 마북리"라고 되어 있다. 그러나 이와 관련해서는 조금 다른 기록과 증언이 있다. 주로 시위의 마지막 국면에 안종각, 최우돌 두 애국지사가 일제 헌병의 총격으로 현장에서 절명한 상황을 설명하는 가운데 그 해산 장소가 등장한다.

그중 하나는 광복 후 1952년 이덕균이 '3·1 운동 시 피살자'로 안종각을 신고하면서 그의 사망 장소로 마북리를 지나 조금 더 남쪽으로 내려간 '읍삼면 언남리'를 지목한 것이다.[11] 이덕균은 머내만세운동의 모든 진행 과정에서 안종각과 가장 가까운 동지였고 시위 당일 함께 시위대를 이끌었기 때문에 일제 헌병들의 발포와 안종각의 절명 장면도 현장에서 가장 가깝게 지켜보았을 가능성이 크다. 그렇기 때문에 그 마지막 장소를 잘못 인식했을 가능성은 거의 없어 보인다. 다른 하나는 이날 해산 과정에서 절명한 안종각 지사의 손자 안병화의 증언이다.

> 할아버지는 키가 6척(약 180cm)이었는데, 시위대를 가장 앞에서 이끌고 있으니 눈에 잘 띄었겠지. 일본 헌병들의 총에 머리를 맞아서 바로 돌아가셨어. 할아버지가 총에 맞아서 리더가 없어지니 사람들은 바로 뿔뿔이 흩어졌지. 그 구체적인 장소는 구성초등학교(마북동) 앞길에서 경찰대 쪽으로 조금 더 간 사거리(언남동)쯤으로 알고 있어[안병화의 증언, 2018년 1월 27일).

안병화는 가족 내의 구전을 근거로 지금의 용인시 기흥구 언남동 경찰대 사거리를 머내만세운동의 최후 해산 장소로 지목한 것이다. 지금으로서는 가장 신빙성 있는 증언이라고 판단된다.

이 증언을 바탕으로 다시 살펴보면, 시위 행렬은 고기초등학교 자리에서부터

11 국가기록원 홈페이지(http://theme.archives.go.kr/viewer/common/archWebViewer.do?bsid=201405984160&dsid=000000000561&gubun=search) 참고.

만 따져도 1차 목표인 수지면사무소까지 6km 가까운 거리를 걷거나 달리며 행진했고, 다시 거기서부터 수지면의 경계를 넘어 옛 용인군 중심지[12]인 언남동까지 5km가 넘는 거리를 행진한 것이다. 그것도 머뭇거리지 않고 당초의 시나리오에 따라 일사천리로 이곳까지 '장거리 원정 시위'를 한 셈이다. 이것은 해당 지역 주민들과의 사전 교감이 없었다면 생각하기 어려운 일이었다.

이 시위의 마지막 장면을 살펴볼 때 빼놓을 수 없는 것이 안종각과 함께 현장에서 절명한 최우돌의 존재다. 그는 시위대가 이곳까지 오면서 통과한 보정리 사람이라는 점 이외에 아무 것도 알려져 있지 않다. 나이, 주소, 가족 관계 등이 모두 '불명(不明)'이다. 심지어 이름도 '최돌석'이라는 기록이 있을 정도다. 인적 사항을 확인할 수 있는 제적등본 등의 서류는 물론이고 그의 후손 또는 지인들의 증언도 지금까지 전혀 확인되지 않았다. 광복 후 구전에 따른 몇몇 기록 외에는 그의 순국 사실을 증명할 수 있는 직접 자료가 아직까지 발견되지 않은 것이다.

그렇다 보니 안종각은 1991년에 건국훈장 애국장을 받았지만 최우돌은 서훈의 대상이 되지 못했다. 2018년의 『범죄인명부』 발굴 때도 혹시 최우돌과 관련된 기록이 나오지 않을까 기대했지만 수포로 돌아갔다. 그런 점에서 최우돌의 서훈은 여전히 '미제(未濟)'다.

마지막으로, 당시 시위의 마지막 장면과 그 양상을 살펴볼 차례다. 그것은 이날 시위가 도대체 어떻게 진행되어 마지막에 어느 정도의 규모와 어떤 대오를 이루었는지 확인할 필요가 있다는 얘기다. 그래야 일제 헌병의 발포와 시위대의 해산 정황도 대강이나마 그려볼 수 있기 때문이다.

그러나 그것을 확인할 수 있는 자료는 거의 없다. 다만 당시 조선헌병대 사령관이 작성한 「조선소요사건일람표」라는 방대한 3·1 운동 보고서를 통해 그 양상을 간접적으로 살펴볼 수는 있다. 이 보고서[13]에는 경기도 용인군 수지면과

12 언남동 지역은 조선 시대에 용인향교가 자리 잡고 있었고, 1914년 김량장동으로 옮겨가기까지 용인군청도 이곳에 있어서 용인군의 옛 중심지로 꼽혔다. 이 지역은 고대에 한때 고구려가 차지하고 있던 시절 이후 '구성(駒城)'으로 불리기도 했다.

표 12-1 조선총독부가 기록한 머내만세운동의 개요

	폭행	무폭행	소요 인원	소요자 종별	검거 인원	소요지 관할		폭민	
						헌병	경찰	사	상
용인군 수지면 읍삼면	1		1500	天, 普	35	○		2	3

* '소요자 종별'에서 '천(天)'은 천도교도, '보(普)'는 '보통민', 즉 '농민'을 의미한다.

읍삼면의 '소요'가 이렇게 기록되어 있다.

용인군의 수지면과 읍삼면에 걸쳐 일어난 시위는 '폭행'을 수반한 사건이었으며, 전체 참여 인원은 1500명에 이르렀고, 시위에 참여한 사람들은 천도교도와 일반 농민들이 섞여 있었다. 이 지역은 경찰이 아니라 헌병이 주재하며 관할하던 지역이었고, 시위 참여 인원 중에 두 명이 죽었고 세 명이 다쳤다.

여기서 우리가 새로이 확인할 수 있는 내용은 참여 인원이 무려 1500명에 이르렀다는 사실과 시위대 중 세 명의 부상자가 있었다는 사실이다. 그중에서 시위대의 인원이 일본 헌병의 추산으로도 1500명에 이르렀다는 것은 사실 놀라운 대목이다. 고기리에서 출발할 때 100명, 동천리를 거치며 300명이 추가되어 400명이던 시위대가 수지면사무소를 지나고 읍삼면(구성)의 보정리, 마북리를 거쳐 언남리에 이르면서 무려 1500명이 되었다는 얘기다.

그런가 하면 조선총독부가 작성한 당시의 한 기록에 따르면 이 시위는 '약 2000명의 군중운동'으로 기록되기도 했다.[14] 최초에 100명이었던 시위대가 1500~2000명 규모까지 늘어난, 이 놀라운 증식 과정을 어떻게 이해해야 할까?

13 국사편찬위원회 한국사데이터베이스, 「국외 항일운동 자료」, "朝鮮騷擾事件一覽表"(http://db.history.go.kr/item/imageViewer.do?levelId=haf_114_0530).

14 조선총독부가 1919년 3월 31일 작성해 본국 외무성에 보고한 「不逞團關係雜件 朝鮮人ノ部 在內地 四」 중 '獨立運動ニ關スル件(第三十二報)'에 "수지면 풍덕천 방면에서 약 2000명의 군중운동이 일어나 헌병의 제지를 뚫고 포위해서 심하게 투석 폭행하므로 이를 멈추게 하기 위해 발포 해산하는 와중에 폭민 중 두 명의 사망자 발생"이라고 기록되어 있다. 국사편찬위원회 한국사데이터베이스, 「국외 항일운동 자료」, "獨立運動ニ關スル件(第三十二報)"(http://

동래대로를 따라 만세 대열이 파죽지세로 내달리며 기하급수로 불어나는 기세 앞에 일본 헌병들도 속수무책이었을 것이다. 그들이 궁리 끝에 내린 결론은 '총격'이었다.

5) 그 후: 상당수는 타지로 이사

이렇게 해서 만세 시위가 일단 정리된 뒤 적극 참가자들 중에 일부는 현장에서, 일부는 그다음 날 체포된 것으로 알려 졌다. 그렇게 용인헌병분대에 체포되어 '태형 90대'의 즉결 심판을 받은 적극 참가자가 100년 만에 『범죄인명부』로 발굴되어 2019년 삼일절에 대통령표창을 받았다.

태형 90대는 사실 견디기 힘든 형벌이다. 처벌을 받는 순간의 치욕은 치욕대로 남고, 형벌 후에 몸을 제대로 가눌 수 있기까지 수개월이 걸리는 것이 일반적이었다. 그러나 그런 과정을 다 거쳤다고 해서 일상생활로 복귀할 수도 없었다. 일본 헌병을 포함해 식민 권력은 그들을 늘 감시의 눈초리로 지켜보며 감시했다. 그 흔적이 바로 『범죄인명부』였다. 감시가 그저 지켜보는 것으로 끝났을까? 그렇지 않았다.

> 할아버지는 농사일을 하셨습니다. 일제시대에 저는 그때 국민학생이었고 점심시간이면 집에 와서 밥을 먹고 다시 학교에 가곤 했어요. 해방 3개월 전쯤, 내가 그렇게 다시 학교에 가는 길인데 할아버지가 근처의 술집에서 나오시면서 "너 점심 먹었니?" 하고 물으실 때 일본 순경이 말채찍으로 할아버지 정수리를 향해 후려치는 것을 직접 봤어요. 할아버지가 눈썹도 깜짝 안 하고 맞으시니 순경이 그냥 가버렸어요. 이 일이 있은 이후에 할머니

db.history.go.kr/item/level.do?setId=1&itemId=haf&synonym=off&chinessChar=on&page=1&pre_page=1&brokerPagingInfo=&position=0&levelId=haf_110_0110).

우리는 자주민
대한독립만세

께서 만세운동 때문에 할아버지가 특별감시 대상이라고 말씀해 주셔서 전후 사정을 알았습니다.

홍재택 지사의 손자 홍봉득이 어려서 지켜본 할아버지의 상황이다. 여기서 '순경'은 '헌병'의 잘못이었던 것으로 이해된다.

이런 혹독한 처우 때문이었는지, 만세운동 적극 참가자는 상당수가 마을을 떠났다. 『범죄인명부』에 등장하는 16명 중 절반 이상이 타지로 나간 것으로 파악된다. 특히 마을에 세거해 온 가문의 소속이 아니거나 마을에 생계를 유지할 만한 자기 토지를 갖지 못한 경우일수록 떠나는 경향이 있었다.

그들이 마을을 떠나서 타지에서 어떤 생활을 하고 살았는지 그 행적을 확인하기는 쉽지 않다. 현재로서는 하손곡의 천도교 지도자 김현주가 수원에서 역시 천도교의 간부 역할을 하다가 광복을 맞았다는 정도가 가장 분명한 행적에 속한다.[15]

2. 『범죄인명부』의 발굴과 그 의미

앞에서도 여러 차례 언급했지만, 『범죄인명부』는 머내만세운동의 구체적인 양상을 파악하는 데 결정적인 자료다. 이 명부는 이덕균 구장에 대한 두 차례 판결문을 제외하면 지금까지 확인된 만세운동 당대의 유일한 1차 자료로서, 2018년 11월 용인시 수지구청 문서고에서 민관 협력으로 발굴되었다.[16] 『범죄

15 상당수 만세운동 적극 참가자들이 고향을 떠나 자신의 흔적을 머내 지역에서 지웠음에도 불구하고 몇몇 사람이 고향에서 종생하거나 설령 외지에서 숨졌더라도 고향에 묻혀 마지막 흔적을 머내 지역에 남긴 것은 특기할 만하다. 2019년 현재 권병선과 홍재택의 산소는 머내 지역에 있다.

16 이 자료 발굴 작업은 머내 지역 주민들의 지리 및 역사 공부 모임인 머내여지도팀(대표

그림 12-6 『범죄인명부』의 김원배 애국지사 기록

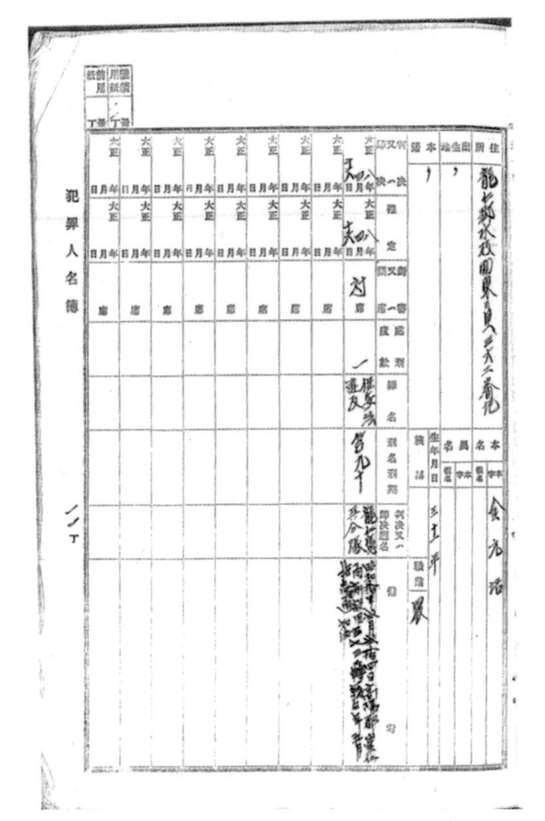
犯罪人名簿

머내만세운동에 참여해 '태형 90대'의 즉결처분을 받은 김원배 애국지사의 『범죄인명부』 기록이다. 새로 발굴된 16명의 기록은 모두 동일한 양식으로 기재되어 있었다.

인명부』는 3·1 운동 100주년 기념일이었던 2019년 3월 1일, 그 명부에 기재된 만세운동 관계자 15명이 대통령표창을 받는 근거 자료가 되기도 했다.

이렇게 중요한 자료가 거의 100년이나 묻혀 있었다는 사실이 안타깝게 느껴

오유경)과 이 지역을 관장하는 경기동부보훈지청(당시 지청장 박용주)이 수지구청(당시 구청장 정해동)의 협조를 얻어 진행했다.

지지만 뒤늦게라도 발굴된 것은 다행스러운 일이다.[17] 『범죄인명부』 발굴의 의미는 이렇게 정리될 수 있다.

1) 개요

『범죄인명부』는 일제강점기에 말단 식민행정기구였던 수지면사무소에서 작성한 일종의 블랙리스트였다. 식민 당국에 의해 처벌받은 사람들을 관리하기 위한 용도였다. 지역마다 『범죄인명부』, 『수형인명부』 등으로 명칭은 조금씩 다르지만 유사한 명부가 있었던 것으로 보인다.[18]

이 『범죄인명부』는 머내만세운동의 실체를 파악하는 데 결정적인 의미가 있는 자료다. 만세운동 주도자 중 한 사람인 이덕균의 판결문이 이 만세운동의 준비 과정, 진행 상황 등 개략적인 내용을 파악할 수 있게 해주는 자료였다면, 『범죄인명부』는 만세운동의 주체 또는 적극참여자들이 과연 어떤 사람들이었는지를 알려주기 때문이다.

수지만세운동에 적극 참여해 '태형 90대' 처분을 받은 사람들의 이름 정도는 『수지읍지』 등에 이미 기록되어 있지만, 공교롭게도 그중 상당수가 만세운동 직후 사망했거나 마을을 떠났기 때문에 그동안 실체를 파악하기는 쉽지 않았다. 과거에는 이들 중 김해 김씨, 안동 권씨, 파평 윤씨 등 마을 내에서 번성한 가문의 일원인 몇몇 경우만 누구인지 겨우 알 수 있을 정도였다.

그러나 명부에는 이들의 정확한 이름은 물론이고, 주소, 연령 등이 분명하게

17 『범죄인명부』의 발굴 경위에 대해서는 "99년 만에… 잊혀져온 독립유공자 16인, 세상 밖으로 나오다", ≪동아일보≫, 2018년 12월 15일 자 참고. 이 밖에 천도교 기관지 ≪신인간≫ 2019년 8월 호에 실린 필자의 글 「삼일운동 100주년에 신도시 골목길에서 천도교와 만나다」에도 명부 발굴의 의미 등이 일정 부분 정리되어 있다.

18 2019년 8월 용인시 처인구 관내의 원삼면사무소에서도 경기동부보훈지청에 의해 『수형인명부』가 발굴되었고, 여기서 아직까지 표창을 받지 못했던 20여 명의 3·1 운동 적극 참가자 명단이 확인되었다. 이들 중 상당수가 2020년 광복절에 표창받았다.

기재되어 있었고, 만세운동 당시의 사법처리 내용과 만세운동 이후의 이주 상황, 사망 경위, 경우에 따라서는 추가 범죄 기록까지 정리되어 있었다.

2) 처분 내용

이 가운데 가장 중요한 것은 처분 내용으로서 모두 동일했다. 즉, 16명 모두 죄명은 '보안법 위반', 형명(刑名)은 '태형 90대(笞九十)', 즉결청명은 '용인헌병분대'로 완전히 일치했다. 이는 3·1 운동 무렵의 '태형'이 사법적 절차에 따른 정식 재판이 아니라 지역 헌병대 차원에서 내린 행정처벌 또는 즉결처분이었음을 확인시켜 주는 것이었다.

다만, 즉결처분 절차는 사람에 따라 조금씩 달랐다. 16명 중 네 명(이도해, 홍재택, 강춘석, 김원배)은 '4월 16일'에, 나머지 12명은 '4월 28일'에 각각 처분을 받은 것으로 기재되어 있었다. 이들이 헌병대에 연행된 것은 대개 만세운동이 있었던 3월 29일로부터 하루가 지난 3월 30일이었다. 그때로부터 각각 18일 또는 30일 동안 취조를 받은 뒤에 태형 90대의 처분을 받고 방면되었음을 알 수 있다.

이 같은 차이가 왜 생겼는지는 알기 어렵다. 현재로서는 4월 16일에 처분 받은 네 명의 공통점을 정확히 알기 어렵기 때문이다.[19]

3) 정확한 이름

그다음으로 의미 있는 정보는 이 16명의 정확한 이름이다. 지금까지 기록마다 그 이름이 조금씩 달리 기재되어 있었지만 이제 당시의 공식 기록을 통해 그 이름을 확인할 수 있게 된 것이다. 이 16명과 피살자 두 명, 수형자 한 명 등 머내만

19 정확하지는 않지만, 이 네 명은 모두 만세 시위 현장에서 체포되었고, 나머지는 그다음 날 등에 각각 체포되어 조사 기간이 다르다 보니 처분 일자가 달라질 수밖에 없었을 것이라는 관측도 있다.

표 12-2 머내만세운동 애국지사들의 정확한 이름 찾기

		삼일운동실록 (1969년 발행)	수지읍지 (2002년 발행)	수지삼일만세 운동기념탑 (2009년 건립)	범죄인명부 (2018년 발견)
피살		安鍾玨	안종각(安鍾玨)	안종각(安鍾玨)	-
		崔又乭	최우돌(崔又乭)	최우돌(崔又乭)	-
수형		李德均	이덕균(李德均)	이덕균(李德均)	李德均[이덕균]
적극 가담 (태형)	고기리	李道海	이도해(李道海)	이도해(李道海)	李道海[이도해]
		洪在澤	홍재택(洪在澤)	홍재택(洪在澤)	洪在澤[홍재택]
	동천리	姜春錫	강춘석(姜春錫)	강춘석(姜春錫)	姜春錫[강춘석]
		權丙璇	권병선(權丙璇)	권병선(權丙璇)	權丙璇[권병선]
		金英石	김영석(金英石)	김영대(金英大)	金英石[김영석]
		金元培	김원배(金元培)	김원배(金元培)	金元培[김원배]
		金顯周	김현주(金顯周)	김현주(金顯周)	金顯周[김현주]
		南廷燦	남연찬(南延燦)	남연찬(南延燦)	南廷燦[남정찬]
		尹萬釗	유만쇄(尹萬釗)	윤만쇠(尹萬釗)	尹萬釗[윤만쇠]
		尹昇晋	윤승진(尹昇晋)	윤승보(尹昇普)	尹昇普[윤승보]
		李達淳	이달순(李達淳)	이달순(李達淳)	李達淳[이달순]
		李喜大	이희대(李喜大)	이희대(李喜大)	李喜大[이희대]
		鄭元圭	정원규(鄭元圭)	정원규(鄭元圭)	鄭元圭[정원규]
		陳岩回	진암회(陳岩會)	진기회(陳器回)	陳岩回[진암회]
		千山玉	천산옥(千山玉)	천산옥(千山玉)	千山玉[천산옥]
		崔忠臣	최충신(崔忠臣)	최충신(崔忠臣)	崔忠臣[최충신]

* 노란 바탕 위에 표기된 내용이 그동안 기록물마다 표기가 엇갈렸던 애국지사 다섯 명의 이름이다.

** 『범죄인명부』의 본래 표기는 한자뿐이지만, 독자들이 쉽게 볼 수 있도록 대괄호 안에 한글 표기를 추가했다.

세운동과 관련해 이름이 확인되는 관계자 19명 전원의 이름을 표로 정리하면 〈표 12-2〉와 같다.

그동안 '김영석', '남정찬', '윤만쇠', '윤승보', '진암회' 등의 이름은 기록마다 한글 또는 한자 표기가 조금씩 달라 정확히 알기 어려웠는데, 100년 전 행정 당국의 기록을 통해 공식 표기를 확정할 수 있게 된 것이다.[20]

4) 정확한 거주지

16명의 거주지 기록도 중요한 대목이다. 머내 지역은 '리(里)' 단위로는 꽤 광범위해서 자연부락이 여러 곳에 분포되어 있었다. 이 『범죄인명부』의 기록으로 인해 비로소 만세운동 적극 참가자들의 자연부락별 거주지를 확인할 수 있었다.

즉, 16명의 거주지를 만세운동 출발지부터 경로를 따라가면서 자연부락별로 살펴보면 고기리 두 명(이도해, 홍재택), 동막골 다섯 명(권병선, 윤승보, 이희대, 남정찬, 진암회), 하손곡 여섯 명(김현주, 강춘석, 김원배, 김영석, 천산옥, 윤만쇠), 주막거

그림 12-7 정원규 애국지사의 회갑(1941) 기념사진

선대로부터 동천리의 주막거리에 살아온 정원규 애국지사는 만세운동으로 체포되어 용인헌병분대에서 고문을 받고 나온 뒤로는 건강이 좋지 않아 생업에 종사할 수 없었다.

20 16명 중 '정원규(鄭元圭)'는 2018년에 발굴된 『범죄인명부』를 포함해 모든 기록에서 이름의 한자 표기가 똑같았지만, '제적등본'에서만 '정원규(鄭元奎)'로 조금 다르게 표기하고 있다.

표 12-3 머내만세운동 애국지사들의 거주지 등 인적 사항

마을		이름	당시 나이	당시 주소	『범죄인명부』에 기재된 특기사항
고기리		李道海	49	고기리 675 (친족 소유)	1925년 11월 10일 충북 보은군 속리면 구병리 212로 전적
		洪在澤	49	고기리 128	-
동천리	동막골	權丙璇	58	동천리 91	동천리 91번지에서 사망 [1938년 10월 27일]
		尹昇普	44	동천리 108	-
		李喜大	33	동천리 93 (백부 李容善 소유)	1925년 조선연초전매령 위반으로 벌금 20원 약식명령 함경북도 회령군 화풍면 인계동 93번지로 전적. 1941년 6월 26일 통지
		南廷燦	29	동천리 86 (부친 소유)	사망[1964년 10월 5일]
		陳岩回	25	동천리 53	사망[1948년 11월 3일]
	하손곡	姜春錫	57	동천리 362 (타인 소유)	사망[1920년 10월 25일]
		金英石	34	동천리 339 (국유)	사망[1932년 2월 17일]
		金元培	31	동천리 362 (타인 소유)	1935년 2월 24일 고양군 숭인면 신설리 373 전적
		尹萬釗	28	동천리 339 (국유)	1929년 6월 17일 수원군 수원면 북수리 263
		金顯周	27	동천리 359 (장형 金顯道 소유)	1921년 4월 15일 수원군 일형면 영화리 78 이거
		千山玉	26	동천리 339 (국유)	1936년 12월 3일 광주군 낙생면 동원리 311 전적
	주막거리	鄭元圭	28	동천리 184	1959년 12월 23일 서울지방법원에서 사유임야보호법 위반으로 징역 3월(1년간 집행유예)
		崔忠臣	22	동천리 186	1921년 10월 7일 광주군 낙생면 구미리 824 이거
	기타	李達淳	46	동천리 (번지 미기록)	-

* 『범죄인명부』에 기재된 적극 참여자 16명의 인적 사항을 머내만세운동의 시위 행렬이 지나간 자연부락순으로 분류했고, 자연부락 안에서는 연령순으로 재정리했다. '만세운동 당시 주소'에서 괄호 안의 소유 관계는 『토지조사부』(1912년 조선총독부) 등을 토대로 파악한 것이다. 별도로 소유주를 표시하지 않은 경우는 '자가'로 파악된 경우다.

** 남정찬과 진암회에 대해서는 '사망'이라고만 기재되어 있으나 별도의 기록을 통해 확인한 결과 사망일자는 광복 이후였다. 이런 내용과 정원규의 1959년 서울지방법원 판결 내용 등으로 미뤄볼 때 이 『범죄인명부』는 광복 이후에도 수지면사무소에서 계속 사용하며 추가로 기재해 왔음을 알 수 있다.

리 두 명(정원규, 최충신), 기타(주소 불명) 한 명(이달순) 등이다.

이를 연령대별로 다시 보면 20대 일곱 명, 30대 세 명, 40대 네 명, 50대 두 명 등이었다. 20대 청년층의 적극적인 참여가 두드러지긴 하지만 전 연령대에서 참여했음을 알 수 있다. 특히 40대·50대 인물들은 마을의 지도자급이었던 것으로 추정된다. 이 16명을 자연부락별로, 연령순으로 정리하면 〈표 12-3〉과 같다.

5) 자연부락별 특징 1: 주요 가문들이 참여한 동막골

이 거주지 정보는 사실은 대단히 중요한 의미가 있다. 왜냐하면 자연부락별 참가자들의 양상을 분석할 경우, 만세운동의 마을별 참가 양상을 파악하는 것은 물론이고 이를 통해 만세운동 전체의 성격도 규정할 수 있는 결정적인 단서였기 때문이다.

〈표 12-3〉에서 특히 눈에 띄는 것은 숫자가 상대적으로 많은 동막골과 하손곡이었다. 먼저 동막골부터 살펴보자. 다섯 명의 적극 참가자 가운데 상대적으로 연령대가 위인 권병선, 윤승보, 이희대는 각각 이 마을의 주요 가문이라고 할 수 있는 '안동 권씨', '파평 윤씨', '전주 이씨'의 일원이었다. 이 가문들은 모두 적어도 200년 이상 이 마을에 세거해 왔다는 족보 기록과 구전을 갖고 있었고, 이 세 명은 당연히 해당 성씨의 족보에도 기재된 인물들이었다. 그 외에 나머지 두 명, 즉 남정찬과 진암회와 같은 여타 성씨는 『토지조사부』 등 마을의 기록과 토박이들의 구전에서 당사자들 외에 더는 확인되지 않았다.

여기서 권병선과 윤승보의 연령대에 주목할 필요가 있다. 권병선은 16명 중 가장 연장자인 58세였고, 윤승보도 40대 중반이었다. 이는 당시로서는 각각 노년층 또는 장년층에 해당하는 나이였고, 두 사람 다 마을의 지도적 위치에 있었다. 따라서 이들은 군중심리에 따라 혹은 마을 내 누군가의 권유에 따라 만세운동에 참여했다기보다는 마을 사람들을 이끌고 주도적인 위치에서 만세운동에 참여했다고 보는 것이 합리적이겠다. 즉, 동막골의 만세운동은 이 마을 주요 가

그림 12-8 김현주 애국지사의 회갑(1953) 기념사진

김현주 애국지사는 만세운동 당시 동천리의 천도교 지도자로서 이 지역 천도교도들이 만세운동에 적극 참여하게 하는 역할을 했던 것으로 보인다.

문들의 협의와 준비에 따라 이뤄진 것으로 보아도 무리는 아니라고 생각된다.

6) 자연부락별 특징 2: 천도교가 참여한 하손곡

하손곡의 경우는 조금 양상이 달랐다. 하손곡도 이 지역에서 동막골에 버금갈 만큼 큰 마을이었다. 이 마을에서는 김해 김씨가 상대적으로 큰 세를 이루고 있었고, 이 16명 중 김원배(31세)와 김현주(27세)가 바로 그 가문 소속이었다. 그러나 이들은 연배로 볼 때 가문의 의사를 주도할 위치에 있지 않았다. 그렇다고 상대적으로 나이가 많던 강춘석(57세)은 가문이 특별하지도 않았고, 타인 소유의 집에 살았던 점 등으로 미뤄보아 마을의 의사를 주도할 처지가 아니었던 것으로 보인다.

또 다른 기록을 통해 김현주(1893~1956)의 배경을 파악할 수 있었다. 광복 직후인 1946년 편찬된 『김해 김씨 석성공파 족보』(이 마을 김해 김씨 가문의 '파보'다. 이하 『파보』)에 따르면 김현주는 이 『파보』의 편찬자로서 서문을 썼으며, 자신을 이 『파보』에서 "천도교 신자"라고 표현했다. 통상 이런 내용은 족보에 기재할 사항이 아니지만 그는 자신의 편찬자 위상에 기대어 자신이 자랑스럽게 생각하는 내용을 기재했던 것 같다.

이것은 대단히 중요한 단서였다. 이에 기대어 천도교의 공식기록을 추적하자 김현주와 그의 아버지, 형제, 아들 및 조카 등의 기록이 꼬리에 꼬리를 물고 발견됐다. 우선 김현주 자신이 3·1 운동 시점에 '용인군 수지면 동천리'의 '전교사(傳敎師)',[21] 즉 동천리의 책임자였고, 『동학·천도교 인명사전』(2015)에 따르면, 그는 10대 후반이던 1911년부터 이 지역 천도교의 핵심 인물 가운데 한 사람이었다.

> **김현주(金顯周)**: 용인군 제167교리강습소 수료(1911.6), 용인군교구 금융원(1913.8, 1914.8), 용인군교구 공선원(1915.11), 용인교구 강도원(1917.4), 수원 교구 순회교사(1921) 등을 역임하였다[강연, 「守心이 是極樂」, ≪교회월보≫, 제41호(1913년 12월 15일) 외].

이 인명사전 내용 가운데 그가 용인교구의 간부로 일하다가 1921년 수원 교구의 순회교사가 되었다는 대목도 『범죄인명부』에 그가 1921년 수원으로 이주했다는 기록과 앞뒤가 맞았다. 게다가 그는 천도교 중앙의 기관지 ≪교회월보≫

21 『한민족독립운동사자료집』 10(국사편찬위원회, 1989)의 「증인 유도준 조서」 참고. 3·1 운동 당시 용인군 교구장이었던 유도준이 김현주를 당시 수지면 동천리의 전교사로 지목했다. 국사편찬위원회 한국사데이터베이스, 『한민족독립운동사자료집』, "地方憲兵分隊 및 警察署(2)"(http://db.history.go.kr/item/level.do?setId=2&itemId=hd&synonym=off&chinessChar=on&page=1&pre_page=1&brokerPagingInfo=&position=1&levelId=hd_010r_0010_0640).

에 두 차례나 기고문을 실을 정도로 지식인이기도 했다.

그런가 하면 그보다 네 살 연상이지만 김해 김씨 항렬상 조카인 인근 주민 김원배(1889~?)도 천도교의 간부였음이 『동학·천도교 인명사전』을 통해 확인됐다.

> **김원배(金元培)**: 용인군 수지면 동천리 출신, 용인교구 전교사(1916.1), 순회교사(1917.1), 용인군교구 금융원(1917.4).

말하자면 김원배와 김현주는 숙질 간에 앞서거니 뒤서거니 동천리의 천도교 책임자 역할을 맡았던 것이다. 그 밖에도 김현주 집안의 천도교 관계자가 여럿 확인되었다.[22]

하손곡에 김해 김씨 집안만 있었던 것은 아니다. 다른 기록을 통해 확인한 바에 따르면, 흥미롭게도 김원배는 물론이고 그와 같은 지번(동천리 362번지)에 거

22 이동초, 『동학·천도교 인명사전』(모시는사람들, 2015)에서 김현주와 그의 가족들이 여럿 확인됐다. 그의 가족은 19세기 말부터 식민지 시기를 거쳐 광복 이후까지 적어도 3대 60년 이상 용인과 수원의 주요한 천도교 집안이었다.

가족관계	이름	생몰 연대	인명사전에 기재된 이력
아버지	金胤植 (김윤식)	1858~1937	대신사백년기념회원(1924)
장남	金顯道 (김현도)	1878~1946	대신사백년기념회원(1924), 용인 종리원 종리사(1931.4)
3남	金顯星 (김현성)	1889~?	용인교구 전교사(1921.1), 대신사백년기념회원(1924), 용인군종리원 면종리사(1924.1)
4남(본인)	金顯周 (김현주)	1893~1956	생략
장남의 장남	金義培 (김의배)	1906~?	용인청년동맹 집행위원(1929.9.23)
3남의 장남	金信培 (김신배)	1908~?	청우당 용인당부 상무위원(1931.2.24)
4남의 장남	金丁培 (김정배)	1932~1979	종학원 제2회 수업생(1949.3.31)

주하고 있던 강춘석의 인척들 중에서도 천도교의 흔적이 발견되었다. 즉, 김원배의 외가와 강춘석의 사돈도 천도교 신자였던 것이 거의 확실해 보인다.[23]

이는 당시 용인 인근의 천도교 신자들간의 혼맥을 따져보는 데 일정한 단서가 될 수 있다. 나아가 하손곡의 일정한 주민들은 그렇게 혼맥으로 얽힌 가운데 평소 신앙공동체를 형성하며 생활하다가 100년 전 이 지역 만세운동의 진원지 역할까지 했던 것으로 추정된다.

이미 앞에서 설명한 바와 같이, 1919년 10월 조선헌병대 사령관이 작성한 「조선소요사건일람표」라는 3·1 운동 보고서가 있다. 여기에 용인군 수지면과 읍삼면의 시위 주역이 "천도교인"과 "보통민"이라고 병기되어 있다.[24]

일제 헌병은 당시 용인군 수지면 고기리와 동천리 주민들이 용인의 중심지 읍삼면에 이르기까지 1500명(일본헌병대 기록)이나 되는 대형 시위대를 조직해 원정 시위를 벌인 사실을 기록하면서 그 시위가 일반 농민들과 천도교 조직의 협력에 의한 것이라고 파악하고, 그 같은 사실을 명기했던 것이다.

그러나 그 뒤 100년 동안 수지의 3·1 운동을 다룬 어떤 글이나 문건도 천도교 관련 양상을 구체적으로 규명한 적이 없었다. 그러다 100주년에 새 표창자들의 실체를 추적하는 과정에서 김현주와 김원배, 그 주변 인물들의 천도교 관련

23 천도교 여성들의 작명 방식이 중요한 단서였다. 하손곡 주민들의 개인기록에서 천도교의 전형적인 여성 이름 작명 방식인 '○嬅' 형식의 이름이 여럿 확인되었다. 우선 김원배의 어머니(尹水原, 1871~1918)의 어머니, 즉 그의 외할머니 이름이 '박인화(朴仁嬅)'였다. 그런가 하면 김원배와 같은 집에 살던 강춘석(1861~1920)의 며느리 이름이 '구회화(具會嬅, 1898~?)'였고, 그 며느리의 어머니 이름이 '박명화(朴明嬅)'였다. 여기서 '박인화'와 '박명화'의 관계를 확인하는 것은 지금으로선 거의 불가능하다. 분명한 것은 ① 그 두 사람이 모두 19세기 중반 용인 또는 수원 인근에서 태어났으며, ② 남편이 각각 '인(仁)' 자와 '명(明)' 자를 이름의 가운데 자로 한다는 점으로 미루어보아 천도교인과 결혼함으로써 자신의 이름을 얻었고, ③ 각각 딸을 동천리로 시집보냈다는 사실이다. 그리고 그 딸들(윤수원과 구회화)은 비록 나이 차이는 나지만 하손곡의 어느 집 한 울타리 안에서 아마도 농업노동자의 아내들로서 서로 의지하며 살았을 것이다.

24 이 장의 각주 13 참조.

성 및 활동 양상이 일정 부분 드러난 것이다. 이를 계기로 용인 지역의 천도교와 3·1 운동의 관련성이 더욱 구체적으로 확인되기를 기대한다.

7) 표창

이 『범죄인명부』에서 확인된 머내만세운동 적극 참가자, 즉 태형 90대 처분을 받은 만세운동 적극 참여자들에 대한 포상 작업은 그해 12월 12일 경기동부보훈지청의 민-관-전문가 3자로 구성된 보훈혁신자 문단 관계자들과 일부 후손이 공동 신청함으로써 시작됐다.[25]

그 이후 국가보훈처 등 국가기구의 심사 작업은 순조롭게 진행되어 2월 말 머내만세운동 관계자 15명에 대한 '대통령 표창'이 결정되었다. 심사 과정에서 한 명은 일제 말기에 일부 친일 흔적이 발견되어 '결정 보류' 되었다.[26] 2019년 제100주년 삼일절을 계기로 새로 포상된 333명의 독립유공자들 가운데는 머내만세운동 관계자 홍재택이 대표 격으로 거명되는 등, 모두 15명이 포함되었다.[27]

참고로 '태형 90대' 수형자들 외에 만세운동 당일 절명한 안종각에게는 이미 1991년에 건국훈장 애국장이, 1년 반의 징역형을 받은 이덕균에게는 1990년에 건국훈장 애족장이 각각 추서된 바 있다.

25 "용인 독립운동가 공적기록 뒤늦게 발굴… '지역공동체의 힘'", ≪오마이뉴스≫, 2018년 12월 12일 자(http://www.ohmynews.com/NWS_Web/View/at_pg.aspx?CNTN_CD=A0002495605).

26 "風雨一過後의 各地選擧後報", ≪매일신보≫, 1935년 5월 24일 자(https://nl.go.kr/newspaper/detail.do?content_id=CNTS-00094703147) 참고. 당초 서훈이 신청되었던 16명 중 윤승보(1876~1942)는 일제강점기인 1935년 용인군 수지면 면협의회 의원으로 출마해 당선된 경력이 확인되어 '결정 보류' 조치되었다.

27 국가보훈처 보도 자료(https://www.mpva.go.kr/mpva/news/reportView.do?id=43805) 참고.

8) 기타

『범죄인명부』에서 동막골 이희대가 1920년대에 '조선연초전매령 위반'으로 별도의 처벌을 받은 기록은 동천리 일대가 그 시대에 담배 농사를 크게 지었다는 기록과도 부합한다. 아마도 그가 허가받지 않은 상태에서 담배 농사를 지었거나, '전량 수매' 의무를 어겨 처벌받은 것이 아닌가 추측된다. 이는 당시 왕왕 있는 일이었고, 당시 이 지역의 생산 활동과 경제 양상을 살피는 데 단서가 될 수 있다.

그런가 하면 〈표 12-3〉의 주석에서 설명했다시피 남정찬, 진암회, 정원규의 『범죄인명부』 기록에 광복 이후에도 일부 내용이 추가되었다는 사실은 대단히 씁쓸한 여운을 남긴다. 식민 당국의 블랙리스트를 광복 이후 대한민국 정부에서 아무런 의식 없이 그대로 이어서 사용했다는 얘기가 되기 때문이다. 아무런 선입견 없이 판단해도, 일제강점기에 감시 대상이었으면 대한민국 치하에서도 감시 대상이었다는 뜻을 함축하고 있는 것으로 보인다. 이 대목에 대해서는 별도의 검토와 평가가 필요하다.

3. 남는 문제들

머내만세운동의 내용과 관련해 몇 가지 미진한 문제를 간단히 정리해 향후의 숙제로 남기고자 한다.

첫째, 머내만세운동 발발 일자의 문제다. 이것은 아주 기본적인 사항이기도 하지만 자세히 살펴보면 조금 미묘한 대목이 있다. 현재 머내 지역의 주민들은 3월 29일을 머내만세운동의 발발일로 보고 이를 전제로 기념행사를 진행하고 있다. 실제 『범죄인명부』 발굴 전의 가장 중요한 1차 자료였던 이덕균의 판결문에서 발발일을 이론의 여지없이 3월 29일로 적시했다.

그러나 「조선소요사건일람표」에는 용인군 수지면과 읍삼면의 소요사건이

3월 30일에 일어났다고 기록되었다. 이것은 당시 조선헌병대 사령관이 작성한 1919년 만세운동의 종합보고서에 해당하는 문서다. 여기에 덧붙여 머내만세운동 당시 현장에서 절명한 두 사람 중 한 명으로 기록이 확인된 안종각 지사의 후손들은 그의 절명일을 3월 30일로 기억하고, 그렇게 제사를 지내오고 있다.

> 우리는 할아버지(안종각 지사) 제사를 3월 29일 자정, 그러니까 3월 30일 0시에 지내고 있어요. 이건 3월 30일에 돌아가셨다는 얘기지요. 그리고 현재 할아버지 제적등본은 남아 있지 않은데, 아버지 제적등본에 아버지의 호주 승계일이 3월 31일로 되어 있어요. 이것도 같은 이야기가 되겠지요(안병화의 증언, 2018년 1월 27일).

이 밖에도 이런저런 기록들에서 '3월 29일'과 '3월 30일'이 엇갈린다. 이 문제는 둘 중 하나만 진실일 수도 있지만, 그렇지 않고 만세 시위가 이틀에 걸쳐 일어났으며, 첫째 날은 수지면 주민들이, 둘째 날은 수지면과 읍삼면 주민들이 합동으로 각각 시위를 주도했을 가능성도 열어두고 재검토해야 할 것으로 생각한다.

둘째, 「조선소요사건일람표」에 수지면과 읍삼면 주민으로 시위에 참여한 사람들 중 35명이 검거됐다고 기록되어 있다. 그러나 이번에 수지면의 『범죄인명부』를 통해 처벌된 것이 확인된 사람은 17명(이덕균 구장과 태형 90대 수형자 16명)뿐이다. 물론 수지면에서 검거 또는 체포된 사람 수가 더 많고 그중에 17명만 처벌되었다고 볼 수도 있다. 그러나 그것보다는 수지면에서는 17명이 체포되어 전원이 처벌되었고, 나머지 18명은 읍삼면 등 타 지역의 주민들로서 당일 시위에 참여했다가 체포되어 처벌받은 사람들로 보는 것이 좀 더 상식적인 추론일 것이다.

그러면 그 '읍삼면의 18명'은 어떻게 확인해야 할까? 아직까지 읍삼면(훗날의 구성면, 지금의 기흥구의 일부)에서 시위에 참여했다가 처벌된 사람들의 명단은 확인된 바 없다. 이것은 향후의 숙제다. 수지면의 경우와 같이 『범죄인명부』에 해당하는 기록이 지금의 구성동주민센터 또는 기흥구청 문서고 등에 보존되어 있을 가능성도 있다. 이 기록의 발굴은 '머내만세운동 전체상의 재구성'이라는 측면에서 대단히 중요한 과제다.

셋째, 앞에서도 언급한 적이 있지만, 만세운동 당일 절명자 중 한 사람이면서도 아직 서훈되지 못한 최우돌 애국지사의 기록 또는 기억을 발굴하는 일이다. 이것은 앞서 말한 읍삼면 『범죄인명부』를 발굴하는 일과는 성격이 다르다. 수지면 『범죄인명부』에 안종각 지사가 기재되지 않은 것과 똑같은 이유로 읍삼면의 해당 기록에도 사망자 최우돌 지사는 당연히 기재되지 않았을 것이기 때문이다.

그러나 최우돌 지사의 고향으로 알려진 보정리는 읍삼면 지역이었기 때문에 읍삼면의 기록이 발굴되어 그 지역의 인물들을 추적하고, 그런 과정을 통해 읍삼면의 만세운동 준비 및 진행 양상이 확인되다 보면 만세 시위 당일 앞장서다 절명한 최우돌 지사의 흔적도 발굴될 가능성이 커 보인다.

넷째, 머내만세운동 적극 참여로 2019년 대통령표창을 받은 15명 애국지사들의 후손을 확인하는 일이다. 2020년 5월 현재 11명 애국지사의 후손이 확인되어 표창이 전수되었다. 나머지 네 명 애국지사의 후손을 찾는 것도 중요한 숙제다.[28]

이 후손 찾기는 표창을 전수한다는 의미도 있지만, 후손들의 분절화되고 희석된 기억들이나마 발굴하고 한데 모아 만세운동의 기억을 집대성하는 계기로 삼을 수 있다는 점에 오히려 더 큰 의미가 있을 것이다. 특히 이 작업은 만세운동 주역들이 계층별, 마을별, 종교별로 서로 다른 배경 속에서 만세운동에 참여하고 그 후의 개인과 가족의 삶도 각기 달리 영위해 간 양상을 확인함으로써 만세운동의 현재적 의미까지 확인하는 계기가 될 수 있겠다.

28 아직 후손이 확인되지 않은 네 명을 자연부락별로 보면 동막골 이희대, 하손곡 김원배·김영석, 기타(미상) 이달순 등이다. 이들은 기록 부재 또는 절손(絶孫) 등의 이유로 확인이 쉽지 않아 보인다.

예컨대 머내의 애국지사 상당수가 당대 또는 자식 대에 조상 대대로 살아온 삶의 터전을 떠날 수밖에 없었던 이유라든가, 고향을 떠난 뒤에도 어딘가 정착한 경우와 일본에 징용당해[29] 끝내 돌아오지 못함으로써 후손들이 타향을 떠돌게 된 경우처럼 삶의 궤적에서 차이가 생긴 이유 등이 살펴볼 만한 대목이다. 이것은 독립운동가 또는 그 가족의 생활사라는 관점에서 중요한 과제라고 할 수 있다.

다섯째, 지금까지 언급한 작업들이 충실히 이뤄지고 그 결과 새로운 자료들이 더 발굴된다면 머내만세운동의 발발 계기와 준비 과정도 새로운 빛 속에서 다시금 정리할 수 있을 것이다.

머내만세운동이 유학생 등의 외부 동인이나 장날 등의 우발적 요인에 의해 일어난 것이 아니라 자체의 기획과 치밀한 준비에 의해 일어난 것이라는 점은 이미 앞에서 밝혔다. 그렇다고 해서 그 과정이 완전히 고립적이고 독자적이었다는 얘기는 아니다. 전국적 시위의 전개 과정과 어떤 방식으로든 연계되어 있을 수밖에 없었을 것이다. 그런 맥락을 더 구체적으로 파악하는 것이 마지막 숙제일 수 있겠다.

4. 나가는 말

지역사의 발굴이 활발히 논의되는 역사학계 흐름과 3·1 운동 100주년이 전국적으로 광범위하게 기념되는 최근의 국민적 분위기 속에, 머내만세운동도 새로운 자료의 발굴을 통해 새로운 빛 속에 재조명의 기회를 얻은 것은 반가운 일이다.

29 16명의 머내만세운동 적극 참가자들 가운데 적어도 두 명 정도의 후손들 중 일제 말기에 징용을 나가 돌아오지 못한 사례가 확인된다.

그림 12-9 머내 주민들의 자발적인 만세운동 기념행사

2018년 3월 머내 지역 주민들은 정부 등 외부의 지원을 전혀 받지 않은 가운데 자체 역량만으로 머내만세운동의 제99주년 기념행사를 진행했다. 이는 그 이후 기념행사의 출발점이자 원형이 되었다. 이 사진은 주민들이 직접 제작한 대형 태극기와 "조선은 독립국", "우리는 자주민" 등의 플래카드를 앞세우고 제99주년 기념행진을 진행하던 중 낙생저수지 둑 위에서 촬영한 것이다.

특히 이 만세운동이 단순히 외부로 드러난 전개 양상뿐만 아니라 그 주체들의 사회경제적 성격을 분석해 내고, 나아가 사전 기획 등의 준비, 자연부락과 자연부락, 지역과 지역 간의 연계 양상까지 일부 확인할 수 있었던 것은 큰 성과라고 할 수 있다.

더욱이 이를 통해 해당 지역 주민들이 만세운동을 지금의 마을 현장에 '살아 있는 역사'로 주목하고, 그 현재적 의미를 찾아내려 노력하는 모습은 가상해 보이기까지 한다. 그 100주년 기념행사를 머내 지역 주민들이 자신의 손으로 준비하여 2019년 3월 30일, 600여 명의 주민들이 참여하는 기념 행진을 조직해 낸 것

그림 12-10 머내만세운동 100주년에 세워진 발상지 표지석

용인시와 고기동·동천동 주민들은 2019년 머내만세운동의 100주년을 기념해 과거 만세 행렬이 출발했던 고기초등학교 앞에 발상지 표지석을 세웠다. 휘호는 캘리그래퍼 강병인 선생의 작품이다.

이 그러하다. 그중에서도 머내만세운동의 출발지였던 고기초등학교 앞에 용인시의 협조를 얻어 '머내만세운동 발상지' 표지석을 설치한 것은 100주년의 의미를 더욱 깊게 하는 것이었다.

이제 100년 만에 비로소 지역민들의 시야 속에 들어온 이 자랑스러운 역사를 일상생활 속에서 실감하고 손으로 만질 수 있는 형태로 더욱 구체화하는 일도 지역민들 자신의 손에 맡겨진 과제일 것이다.

송강약방

제5부

머내열전

제13장

백헌 이경석과 머내 지역에 터 잡아 살아온 그의 후손들

얼마 전 머내의 토박이 원로 한 분과 대화하던 중에 "우리 동네도 수지면장을 배출했다"라는 말을 들었다. 이택주(李宅周) 씨였다. 동천동(하손곡) 출신으로서 '전주 이씨 중에서도 상당한 명문가' 출신이라고 들었다는 것이다. 그분은 그저 점잖은 정도가 아니라 행동거지에 기품이 있었으며, 그의 종중이 지금 동문그린 아파트 단지를 포함해 하손곡 일대에 농지와 임야를 상당히 많이 갖고 있었다는 말까지 덧붙였다.

머내 지역에서 전주 이씨 중에서도 명문가라 ……. 머내에는 각종 본관의 이씨들이 많은 편이었다. 장수 이씨(이종무 장군), 덕수 이씨(이완 장군), 광주 이씨(이덕균 이장), 용인 이씨(이보영 주민자치위원장) 등등. 그런데 전주 이씨는 ……. 가물가물했다.

그 순간 무릎을 쳤다. 이경석(李景奭, 1595~1671)이었다. 행정적으로는 용인시가 아니라 성남시지만 머내에 인접할 뿐만 아니라 같은 분수계에 속하는 석운동에 그의 묘소가 있어 머내 사람이라면 한 번쯤 가봤을 수 있다. 병자호란 직후 당대의 문장가라는 이유로 굴욕적인 삼전도 비문을 지은 주인공이자, 그런 연유로 본인 의사와 관계없이 노론과 소론 대립에 한 단서가 되기까지 했던 분이다. 그런가 하면 동천동 래미안아파트 뒤편 등산로에는 이분의 손자 이우성(李羽成, 1641~1698)의 산소가 있는데, 그곳도 동네 사람들에게 낯익은 장소다.

이경석은 전주 이씨 덕천군(德泉君: 조선의 제2대 왕 정종의 열 번째 아들)파로서, 이경석과 그의 맏형 이경직(李景稷, 1577~1640)의 증손자 대(眞 자 항렬)와 고손자 대(匡 자 항렬)에서 '무더기로' 문장가가 쏟아져 나오는 바람에 '육진팔광(六眞八匡)'이라는 표현이 후대에 만들어지기도 했다.

그림 13-1 이경석 선생 묘소의 묘표

이경석 선생의 묘소는 성남시 분당구 석운동의 전주 이씨 덕천군파 선산에 자리하고 있다.

1. 전주 이씨 명문가 사람이라고?

요즘은 잘 쓰지 않는 표현이지만 조선시대에는 '명문가'임이 분명했던 집안이다. 그런 집안 주요 인물들의 묘소가 여기저기 자리 잡고 있는 동네에 살다 보면 '그의 후손들은 어떤 사람들일까?' 또는 '후손들이 지금도 이 동네에 살고 있을까?' 등의 궁금증을 가질 법하다.

실제 머내여지도팀도 마을 탐사를 시작하면서 가장 먼저 만나보고 싶었던 사람들이 석운동과 동천동 등 '머내 자루'(이 책의 제3장 중 '머내의 자연지리' 참조)를 형성하는 양쪽 산줄기에 모두 묘소를 둔 이 가문의 후손들이었다. 그러나 후손들이 현재 집성촌을 형성하고 있지 않다 보니 그럴 기회를 만들 수도 없었고, 다른 일에 치여 그런 희망도 가슴츠레 수그러들고 말았다.

그러던 중 '전주 이씨', '명문가' 등의 표현에 귀가 번쩍했다. 그러나 아직은 이경석의 후손인지 확실하지 않았다. 이택주 전 수지면장을 소개한 분도 남의 족보 상황을 그 이상 확실히 알지 못했다. 그러나 어찌어찌하여 현재 강원도에서 사업을 하고 있는 그의 조카 한 분을 바로 수배해 알려주었다. 그가 바로 이용완(李鎔完, 1967년생) 씨였다.

그 뒤 부리나케 귀가해 인터넷에서 전주 이씨 덕천군파의 항렬표를 찾아보았다. 景○ → ○英 → ○成 → 眞○ → 匡○ → ○翊 → 勉○ → ○遠 → 象○ → 建○ → ○夏 → ○商 → ○周 → 鎔○ ……. 탄성이 절로 나왔다. '景○' 항렬에서 10여 대 아래로 내려와 '○周' 및 '鎔○' 항렬이 확인된 것이다. 이 분들이 전주 이씨 덕천군파일 가능성이 대단히 높아졌다.

이번에는 최근 확보한 일제강점기의 『동천동 임야조사부』(1918)를 들춰 봤다. 얼른 래미안아파트 뒤편 산책로상의 이우성 묘소 근처의 지번과 소유주를 살펴봤다. '동천리 산135번지'의 27.9정보, 즉 8만 3700평의 소유주가 '이주하(李柱夏)'와 '이명상(李明商)'이라고 기재되어 있었다. '○夏'와 '○商'이라면 '○周'와 '鎔○'의 바로 위 항렬 아닌가? 줄줄이 중국 고대 왕조의 명칭(하, 상, 주)을 항렬로 사용한 것도 이채로웠다. 이 낯선 인물의 이름들이 갑자기 허공 위의 어느 지점으로 빙글빙글 모여들면서 우주의 기운을 한데 모아 강력한 신호음을 울리는 듯했다.

그림 13-2 동천리 임야조사부

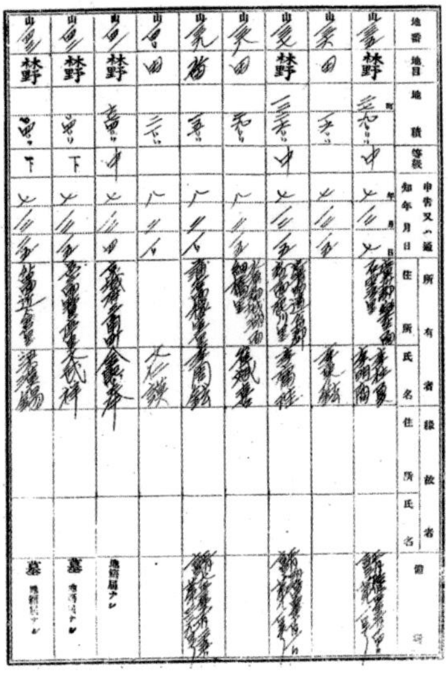

『동천리 임야조사부』(1918)에 산135번지 27.9 정보의 소유주가 '이주하'와 '이명상'이라고 기재되어 있다. 이 이름들은 머내 지역 역사의 과거와 현재를 이어주는 중요한 단서들 가운데 하나다.

2. 알고 보니 '육진팔광'의 후손

그 다음 날, 날이 밝기를 기다려 이용완 씨에게 바로 전화를 넣었다.

필자: 덕천군파의 후손을 그렇게도 만나보고 싶었는데요 …….

이용완: 그러셨어요? 저는 사실 별로 아는 게 없어서 …….

필자: 선대에 이명상 할아버지라고 계십니까?

이용완: 제 할아버지신데요.

필자: 아!

퍼즐이 사정없이 맞아 들어가는 소리가 귓전에 울렸다. 몇 가지 대화를 조금 더 나눈 뒤 이분은 '자신은 잘 알지 못하는 가문의 내력'을 살펴보라며 자신의 직계 조상들의 족보를 사진 찍어 보내주었다. 그 족보를 보는 순간, 가슴이 벅차올랐다.

景奭 → 哲英 → 羽成 → 眞望 → 匡德 …….

이경석과 이철영은 석운동에 묘소가 있는 부자지간이고, 이우성은 앞에 언급한 대로 래미안아파트 뒤에 묘소가 있고, 그런가 하면 그다음의 이진망(李眞望, 1672~1737)과 이광덕(李匡德, 1690~1748) 부자(父子)는 모두 영조 대에 대제학, 즉 당대의 문장으로 꼽히던 분들로서 앞서 소개한 '육진팔광' 중 두 분이었다.

요약하자면 머내여지도팀이 소개받은 이용완 씨는 이경석 선생의 후손들 가운데 가장 주목할 만한 족적을 남긴 소종중의 후손이었다. 게다가 그가 말하기를, "조금 전에 말씀하신 동천동 산135번지가 종중 땅인데 제가 종손이라 등기부상에는 제 소유로 되어 있습니다"란다. 스토리가 척척 맞아 들어갔다. 이로써 이경석으로부터 이용완에 이르는 14대의 족보를 두루루 한 줄에 꿰듯 살펴볼 수 있게 되었다.

그러면서 이용완 씨는 지금도 그 '동천동 산135번지'에 이우성 할아버지 외에도 자신의 5대조 이하 조상들의 산소가 그대로 있어서 명절에는 제사 지내러 동천동에 온다는 얘기였다.

3. 마치 초하룻날 연꽃이 바람에 기울며 절로 웃는 듯하구나

여기서 잠깐 이진망과 이광덕의 글을 몇 편 살펴보는 것도 나쁘지 않겠다. 도대체 얼마나 글을 잘 썼기에 당대의 문장으로 꼽혔는지 그 체취의 일부나마 맡아보자는 얘기다.

이들이 남긴 시편들 중에는 '판교', '석운동' 등의 지명이 자주 등장한다. 그것은 이곳에 그들의 가까운 조상인 이경석과 이철영뿐 아니라 더 윗대로 올라가 신종군(神宗君, 1416~1487)을 포함해 여러 조상들의 마지막 안식처인 선산이 자리 잡고 있기 때문일 것이다. 신종군은 이들 종중의 종조(宗祖)인 덕천군의 장남이다. 아마도 이 선산 주변에는 덕천군파의 위토 내지 장토가 넓게 자리 잡고 있었을 것이다. 그러다 보니 후손들로서는 성묘, 휴식 등의 이유로 꽤나 자주 판교와 석운동을 찾았던 게다.

穿林踏石幾縈廻　수풀을 뚫고 돌을 밟으며 몇 번을 돌고 돌아
南出溪橋大野開　남쪽으로 다리를 벗어나니 큰 들판이 펼쳐지네
不有向來辛苦力　그동안 힘든 노력이 없을진대
今朝那得坦途來　오늘 아침 어찌 편안할 수 있겠는가

이진망이 쓴 「판교 가는 길에(板橋道中)」이라는 시다. 정확하게 시인의 눈앞에 펼쳐진 경치가 어느 지점인지는 알 수 없으나 조상의 터전을 찾아가는 길에 과거의 역경을 생각했던 것 같다. 그것은 병자호란과 같은 전쟁이었을 수도 있고, 이경석 등 조상의 삼전도 비문 작성과 같은 수난이었을 수도 있다. 어제의 어려움을 타고 넘어 새로이 맞는 오늘 아침에 어찌 감회가 없겠는가? 이진망은 이런 무거운 어조와는 달리 아주 재미있는 소품 같은 시도 남겼다.

陋屋多蚊又多蚋　누추한 방에 모기도 많고 파리도 많아

競乘幽暗嚼人膚　고요한 어둠을 다투듯이 틈타서 사람의 피부를 무는구나
不知御史霜威重　어사(御史)의 추상같은 위엄이 무거운 줄 모르다니
可咲微虫甚矣愚　작은 벌레의 어리석음이 우습구나

이 시에는 "석운에서 묵노라니 모기와 파리의 괴롭힘에 잠들기 어려워 장난삼아 읊노라(宿石雲 爲蚊蚋所苦 難於入睡 戲吟)"라는 시제가 붙어 있다. 여기서 이진망이 어사까지 지낸 상당한 고위 관료임이 드러난다. 그러나 그런 지위를 슬쩍 소도구 삼아 선산 근처의 누추한 집에서 하룻밤 묵으며 자신의 몸으로 감당해 내야 했던 괴로움을 선명하게 그려 보여주었다.

다음은 그의 아들 이광덕의 시를 살펴보자.

園中鵑花數朶開　동산에 두견화 여러 떨기 피어나니
重尋奇絶雨中來　기이한 절경을 거듭 찾아 비 속에 왔노다
因思塢紅爛熳處　문득 생각하는 두둑의 붉은 꽃 난만한 곳
漱石亭畔兩行栽　수석정 둑에 양 갈래로 심겨 있지

정황을 잘 모르고 읽으면 그저 꽃과 정자가 어우러진 정원의 스케치일 뿐이다. 이 시의 제목은 「장차 석운으로 돌아가리(將歸石雲)」다. '석운'은 우리가 잘 아는 대로 이광덕의 선산이 있는 석운동이다. 왜 그곳으로 돌아가려는 것일까? 지금의 우리로서는 알 길이 없다. 다만, 그가 이 시를 짓던 시점에 그곳에 살고 있지 않으며, 그럼에도 그곳이 뭔가 강력한 인력으로 그를 끌어당기고 있다는 사실만은 분명히 알 수 있다. 어쩌면 그 자신도 당시의 임금 영조와 마찬가지로 탕평론의 중요한 주창자였음에도 벼슬살이에 부침이 많았던 녹록지 않은 현실이 옛 조상의 지혜와 명분에 기대고 싶은 마음을 불러일으켰기에, 도연명의 '귀거래사'에서 모티브를 가져와 자기 생각을 담아본 것인지도 모르겠다. 풍경에 슬쩍 자신의 생각을 얹어 넣는 솜씨가 예사롭지 않다.

그림 13-3 『사기집』에 실린 이광덕의 행장

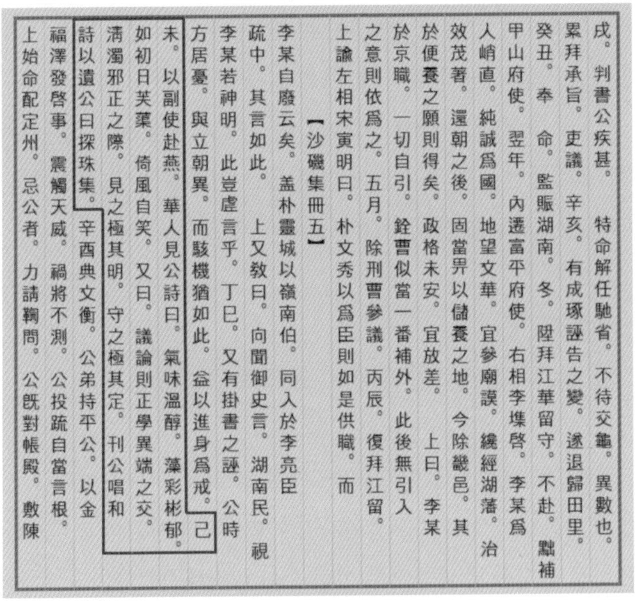

戌。判書公疾甚。特命解任馳省。不待交龜。異數也。
累拜承旨。吏議。辛亥。有成琢誣告之變。遂退歸田里。
癸丑。奉命。監賑湖南。冬。陞拜江華留守。不赴。黜補
甲山府使。翌年。內遷富平府使。右相李㙫啓。李某爲
人峭直。純誠爲國。地望文華。宜參廟謨。縻經湖藩。治
效茂著。還朝之後。固當畀以儲養之地。今除畿邑。其
於便養之願則得矣。政格未安。宜放差。上曰。李某
於京職。一切自引。銓曹似當一番補外。此後無引入
之意則依爲之。五月。除刑曹參議。丙辰。復拜江留。
上諭左相宋寅明曰。朴文秀以爲臣則如是供職。而
【沙磯集冊五】
李某自廢云矣。盖朴靈城以嶺南伯。同入於李亮臣
疏中。其言如此。上又敎曰。向聞御史言。湖南民。視
李某若神明。此豈虛言乎。丁巳。又有掛書之誣。公時
方居憂。與立朝異。而駭機猶如此。益以進身爲戒。己
未。以副使赴燕。華人見公詩曰。氣味溫醇。藻彩彬郁。
如初日芙蕖。倚風自笑。又曰。議論則正學異端之交。
淸濁邪正之際。見之極其明。守之極其定。刊公唱和
詩以遺公曰探珠集。辛酉典文衡。公弟持平公。以金
福澤發啓事。震觸天威。禍將不測。公投疏自當言根。
上始命配定州。忌公者。力請鞫問。公旣對帳殿。敷陳

강조된 부분은 이경직 선생의 후손 이시원(李是遠)의 문집 『사기집』에 실린 이광덕의 행장 중에서 중국인들이 그의 시를 보고 찬탄한 대목이다. "기미년(1739)에 (동지사의) 부사로 연경에 갔다. 중국인이 공의 시를 보고 말하기를, 기미가 온후·순수하고 문채가 환하게 빛나니, 마치 초하룻날 연꽃이 바람에 기울며 절로 웃는 듯하다고 하였다. 또 말하기를, 의론(議論)은 정학과 이단이 얽힘, 맑고 탁함, 사특함과 반듯함의 사이를 보아 그 밝히기를 지극하게 하고 그것을 지켜 바르게 하기를 지극하게 하였다고 하였다. 공의 창화시를 간행하여 공에게 남기며 『탐주집(探珠集)』이라 하였다."

이 집안들은 정치적으로는 서인 중에서 소론이고, 학문적으로는 강화학파로 분류됐다. 정치적으로 노론이 득세해 가는 세상에서 분명한 정치적 위상이 있었다고 하기 어렵고, 학문적으로도 성리학 중심의 조선사회에서 탄탄한 위치를 구축했다고 하기 어렵다. 그러나 이들은 강화학파의 토대였던 양명학의 가르침에 따라 자신의 마음을 닦고 지행합일에 이르는 길을 꽤나 성실하게 추구해 갔다. 그런 현실에 대한 인식이 '장차 석운으로 돌아가리'라는 마음의 저변에 깔려 있지 않았을까?

이런 그의 시재(詩才)에 대해서는 특출난 평가가 남아 전한다. 이광덕이 1739년 동지사의 부사로 중국 연경에 갔을 때 중국인들이 그의 시를 보고 말하기를 "기미가 온후·순수하고 문채가 환하게 빛나니, 마치 초하룻날 연꽃이 바람에 기울며 절로 웃는 듯하구나(氣味溫醇 藻彩彬郁 如初日芙蕖 倚風自笑)"라고 했다는 것이다. 도대체 '초하룻날 바람에 기울며 절로 웃는 연꽃'은 어떤 정경이고, 어떤 느낌일까? 그 말만으로도 잔잔한 미소가 절로 떠오른다.

4. 고조할머니 시집오시던 때에 이 동네로 들어왔어요

그들은 정말 석운동으로 돌아갔을까? 이제 그 점을 살펴볼 차례다. 앞에서 이용완 씨와 대화하던 장면으로 되돌아가자. 그가 전화 통화하고 족보를 사진 찍어 보내준 바로 그다음 날 카톡으로 이런 소식을 전해주었다.

> 오늘 어머니께 손골(머내의 일부로, 정확하게는 '하손곡'이다)에 언제 집안이 정착하게 되었는지 여쭤보니 고조할머니 시집오시던 때라 합니다. 유추하건대 고조할아버지[이건회(李建繪), 1835~1921] 20세 때이니 1850년대 철종 초기쯤으로 보면 맞을 듯합니다.

아주 친절한 설명이었다. 이 설명을 통해 이들 소종중이 머내 지역에 들어와 살게 된 시점을 1850년대로 추정할 수 있게 되었다. 그것은 앞에서 '장차 석운으로 돌아가리'라고 읊었던 이광덕(1690~1748) 사후 100년도 넘은 시점이었다. 물론 이광덕과 그의 아버지 이진망도 석운동이든, 머내든 이 지역에 직접 거주하지 않았다. 사실 이경석의 후손 가운데 그의 묘소 근처에는 종손을 포함해 일부 종중만 거주할 뿐 덕천군파는 이 일대에서 거의 찾아보기 어려웠다. 이곳은 그저 이들이 서울 주변에 살면서 벼슬살이에 지쳤을 때 가끔씩 찾아오는 마음의

그림 13-4 이우성 묘소

동천동 산135번지의 뒷산 산책로에서 볼 수 있는 이 묘소는 이경석의 손자인 이우성의 묘소다. 할아버지 이경석과 아버지 이철영의 묘소가 모두 석운동에 있는 것과 달리 이우성의 묘소가 상당히 떨어진 이곳에 자리 잡게 된 경위도 검토되어야 할 과제다. 이 묘소의 왼쪽 아래로 이진망-이광덕의 후손들 중 한 소종중의 선산이 자리 잡고 있다.

안식처 같은 곳이었던 것 같다. 그러다가 이경석 후손들 가운데 문명을 떨쳤던 소종중 일파가 19세기 중반 아예 머내에 들어와 눌러앉게 되었던 것이다.

> 백헌(白軒, 이경석의 호) 할아버지가 관직에 계시면서 하사받으신 농토가 석운동과 머내 일대라고 합니다. 사촌 형님도 석운동에서 머내까지 고기리로 걸어서 넘나들었다 하십니다. 거기가 지름길이니까요. 머내에서부터 선산 일대(래미안아파트 뒤편 산록)까지, 그리고 성심원 부지도 모두 조상의 부지였다 하시며, 큰어머니 시집 오셨을 때 집 농지가 좌에서 우로 끝이 보이지 않을 정도였다고 하십니다. 아마도 백헌 상공께서 관직에 나아가신 이후가 저희 조상들이 동천동에 자리 잡고 살게 된 시초라고 사료됩니다.

이로써 조금 더 분명해졌다. 이경석의 생시에 조상 신종군의 묘소 주변에 상당한 농토를 하사받아 일군의 후손들이 자리 잡게 되었는데, 이진망-이광덕 소종중은 여전히 이 지역으로 들어오지 않았다가 19세기 중반에야 전입했다는 얘기다.

이렇게 일군의 사대부 동족 집단이 어느 지역으로든 이주하게 되면 필연적으로 생기는 것이 선산이다.

> 동천동 산135-1에 가족묘 형태로 5대조부터 고조부, 증조부, 조부, 큰어머니까지 모셔져 있습니다. 위치는 정랑공(이우성) 할아버지 묘소에서 능선 따라 광교산 방향으로 가다가 우측 식물원으로 내려가는 능선 7~8부에 모셔져 있습니다. 그 바로 위의 5대조 할아버지(이상정 李象正 1800~1849) 묘소는 비석으로만 모시고 있습니다.

이용완 씨는 산줄기에서 내려오는 방향으로 이들 종중 묘지의 위치를 설명했지만, 평지에서 올라가는 방향으로 설명하면 이렇게 된다. 동천동 래미안아파트 지나서 손골 올라가는 계곡으로 조금 올라가다가 왼쪽으로 동천자연식물원 근처에서 산기슭으로 올라가면 어렵지 않게 이 종중 묘지를 찾을 수 있다. 이들의 조상 모시기에는 조금 더 복잡한 경위가 있었다.

> 1975년 사당동 선산(이곳은 덕천군파 대종중의 선산이다)이 도시개발 되면서 토지보상이 이뤄졌고, 그 후 후손들이 각자 직계 조상들을 이장하거나 화장해서 모셨습니다. 도운공(이진망), 관양공(이광덕)도 그때 석운동으로 이장했습니다. 머내에 정착하셨던 고조부도 산소만은 그 사당동 선산에 있었는데, 바로 이때 화장해서 동천동 산135-1로 모신 거지요.

5. 왜 이제는 아무도 살지 않게 되었을까?

이렇게 이용완 씨의 설명을 통해 덕천군파의 이경석 후손 일부가 19세기 중반 머내 지역에 정착하게 된 경위와 그 전후 사정을 살펴보았다. 아직 확인해야 할 것들이 많다.

적어도 이진망-이광덕 소종중이라도 그 이전에 어디에 세거하다 무슨 연유로 이곳으로 이주했는지 묻고 확인해야 할 일이다.

또 이 글의 서두에서 언급한 이택주 전 수지면장 등 '주(周)' 항렬의 인물들이 대개 세상을 떠나거나 타지로 이주하면서 현재 이 소종중 가운데 머내 지역에 거주하는 이는 아무도 없다고 하는데, 그렇게 된 이유도 사실은 살펴볼 만한 대목이다. 어느 시점에 어떤 경위로 머내 지역을 떠났으며, 그렇게 떠날 때 "좌에서 우로 끝이 보이지 않을 정도"였다는 토지들은 모두 어떻게 처리했는지도 궁금하다.

이른바 근대화와 도시화의 물결 속에서 20세기 초기부터 중후반에 이르기까지 몇 차례에 걸쳐 수많은 농촌과 지역 공동체가 파괴되고 도시로의 이주가 대거 이뤄졌지만, 이렇게 종중 전체가 뿌리박고 있던 근거지를 일제히 떠나는 것은 쉬운 일이 아니다.

아무튼 이렇게 해서 이제 머내 지역에서 찾아볼 수 있는 전주 이씨 덕천군파와 이경석 선생의 흔적은 몇 군데 드문드문 남은 묘소들뿐이다. 이들이 이곳을 오가며 읊었던 시가와 "장차 석운으로 돌아가리"라고 노래했던 그 정조를 되짚어 보는 일은 이제 거의 불가능하다. 사실 이들의 활동상과 생각을 추적하려면 경제활동을 영위했던 영역과 방식도 따져봐야 하겠지만 아직 거기까지는 역부족이다. 자료의 확보도 쉽지 않다.

아쉬운 마음에 글의 말미에 이런 제안을 한 가지 덧붙인다. 덕천군파의 인물들이 머내 지역에 남긴 묘소들은 크게 두 장소로 나뉜다. 한 곳은 성남시 분당구 석운동 선산이고, 다른 한 곳은 용인시 수지구 동천동 선산이다. 석운동 선산에는

그림 13-5 『해동지도』 중 광주부 지도

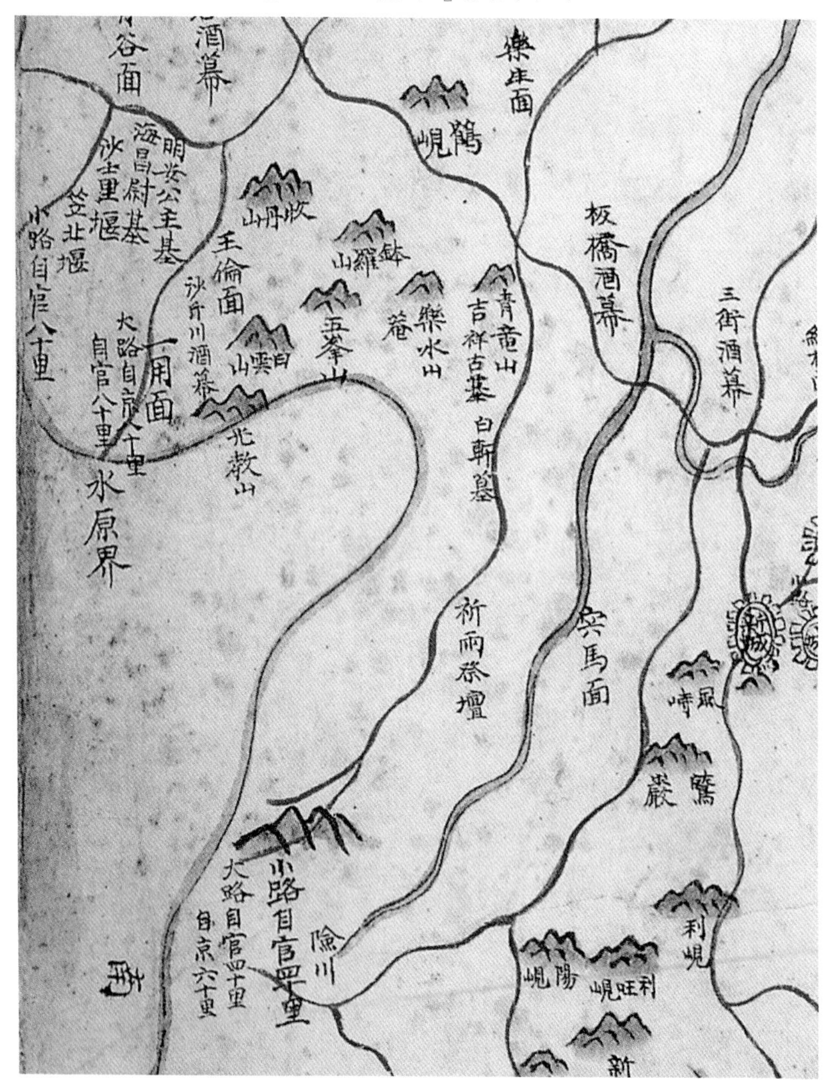

험천 주변의 정황을 잘 보여주는 『해동지도』(18세기 중반) 중 광주부 지도다. '백헌(이경석) 묘'(지금의 성남시 석운동), 병자호란 전사자들의 원혼에 제사 지내던 '기우제단'(지금의 성남시 구미동), 그리고 탄천으로 흘러들어가는 '험천' 등의 표기가 보인다. 험천 냇물의 왼쪽(서쪽)에 '백헌 묘'와 '기우제단' 등이 걸쳐 있는 붉은색 선이 조선시대 동래대로 중 판교-험천 구간이다.

이경석의 묘소도 있지만 가장 앞자리는 덕천군의 아들 신종군의 자리다. 전망이 아주 좋다. 석운동 깊은 골의 살짝 높은 언덕에 앉아 고기리 방향을 그윽하게 내려다보는 위치다. 그런가 하면 동천동 선산에는 이경석 선생의 손자 이우성 선생의 묘소가 있다. 대개 석운동 선산을 바라보는 방향으로 묘소를 앉힌 것으로 이해되는데 그 자리가 이제 산책로의 일부가 되는 바람에 모양새가 썩 좋지는 않다.

그러나 두 곳의 묘소가 자리 잡은 산자락은 정확하게 머내 지역 분수계의 양쪽 날개에 해당한다. 말하자면 빗물을 동막천 또는 손곡천으로 모아 탄천을 거쳐 한강으로 흘러들어 가게 하는 가장 먼 위치의 산자락 중 하나라는 이야기다. 그래서 이 동네의 이름이 '머내'가 되었는지도 모르겠다.

6. 그 두 곳 산자락에 한번 가서 서보라!

시간이 나면 두 곳 산자락의 묘소를 한번 찾아가 보기를 권한다.

이는 덕천군파 종중의 흔적을 찾는 일일 수도 있지만, 그것보다는 머내 영역에 대한 지리적 감각을 익히고, 과연 이곳이 어제건 오늘이건 사람 살 만한 곳인지 한 번쯤 가늠해 보는 맛도 있을 것이다. 그러다 보면, 혹시 덕천군파 또는 이경석 가문이 왜 이곳에 자리 잡게 되었는지 불현듯 깨달을 수 있을지 누가 알겠는가?

거기서 한 걸음 더 나아가면, 왜 이경석 가문에 대해서만 그런 걸 따져봐야 하느냐는 데 생각이 미칠 수도 있다. 그러다 보면 필경, 나는 왜 지금 이곳에 살고 있는지 스스로에게 묻게 되지 않을까? 그러고 보니 정말 궁금하다. 나는 왜 머내에 살고 있는가? 그리고 머내는 도대체 왜 머내인가? 어쩌면 그것이 바로 이경석과 그의 후손들이 오늘 우리에게 던지는 질문인지도 모르겠다.

제14장

이재 선생, 험천에서 돌아가시다!

여기 조선시대 후기의 초상화가 한 점 있다. 국립중앙박물관 소장품이다. 세로 97.9cm에 가로 56.4cm이니 그 크기도 작지 않거니와 형형한 눈빛이 지금도 보는 이를 압도한다. 도암(陶菴)이라는 호를 가진 이재(李縡, 1680~1746)의 초상으로 알려져 있다. 최근에 도암 선생이 아니라 그의 손자 이채(李采, 1745~1820) 말년의 초상이라는 주장이 강력히 대두해 학자들 간에 논란이 계속된다.

아무튼 그건 미술사학자들이 결판을 낼 문제이고, 우리는 당초 이 초상화의 주인공으로 알려졌던 도암 이재 선생에 대해 관심이 있다. 그는 숙종과 영조 대의 큰 성리학자였다. 노론 중에서 낙론 계열의 중요한 학자로 꼽히며, 말년에는 한천(寒泉: 지금의 용인시 처인구 이동면 천리의 우봉 이씨 세거지)에 내려와 후학을 가르치며 살았다. 그래서 용인 지역의 학맥을 잇는 중요한 학자로 언급되기도 한다.

그런데 송구스럽게도 도암 선생에 대한 우리의 관심은 그의 생애와 학문 전반에 대한 것이 아니다. 최근에 머내여지도팀이 우연히 그가 돌아가시던 장면과 장례 절차를 기록한 글을 발견해 읽은 것이 계기였다. 그중에는 우리가 익히 아는 지명이 여럿 등장한다. 약간 길지만 그 대목만 한문 원문대로 옮겨본다.

丙寅十月望間. 醫人李道吉至寒泉. 診脈命藥. 仍曰大監若還寓花田則小人亦可以頻往. 議藥調治之道. 必勝於在此時矣. 先生然之. 遂定移徙之計. 連進道吉所命蘇橘飮. 蘇葉二兩. 木香五錢. 橘皮稱是. 數貼. 遂大發汗. 泄瀉

그림 14-1 국립중앙박물관 소장 <전(傳) 이재 초상>

그림 자체에는 아무런 화제(畵題)가 없으며, 소장자 또는 연구자가 제목에 '전(傳)'이라고 붙인 연유는 '정확하게는 알 수 없으나 그저 그렇게 전한다'는 뜻이다. 이 그림의 주인공은 이재 선생일까, 아닐까?

又作. 往往遺矢. 元氣不可收拾. 二十二日大經危境. 僅得小安. 二十八日門人李行祥抱先生入轎. 雙轎. 行到**龍仁邑內**將宿. 先生曰今日甚溫和. 進宿**板橋**可也. 遂前進. 先生書行祥之掌曰過**險川**乎. 對曰未也. 俄而到**險川**. 痰忽升. 灌鷄子卽直下. 事已無可爲矣. 遂奉轎入路傍村舍. 問之則李塾農幕也. 諸生曰雖倉卒不可入此家. 以傷先生之心. 門人盧以亨負先生移入他舍. 遂屬纊. 復曰陶庵李先生復.

한문에 질릴 필요 없다. 이것은 도암 선생의 제자 임성주(任聖周, 1711~1788)가 스승께서 별세하시던 상황과 초상 치른 절차 등을 적어 남긴 기록의 일부다. 글머리의 '병인(丙寅)년'은 1746년이다. 우리는 중간의 "二十八日門人 ……"이라는 대목부터 보면 된다. 그 부분만 한글로 옮긴다.

(10월) 28일에 제자(門人) 이행상(李行祥)이 선생을 안고 가마에 들었다. 가마 두 대가 행차하여 용인 읍내에 이르러 잠을 청했는데, 선생이 이르기를 "오늘은 심히 온화하니 판교(板橋)에 가서 머무는 것이 좋겠다"라고 하여 마침내 더 가는데, 선생이 이행상의 손바닥에 글을 써 묻기를 "험천(險川)을 지났느냐" 하여 답하기를 "아직 지나지 않았습니다"라고 하였다. 잠시 후 험천에 도달하니 가래가 홀연히 끓어올라 목이 막혔다. 일은 이미 손쓸 수 없었다. 마침내 가마를 시골집 곁의 길에 내리고 물으니, 이숙(李塾)의 농막(農幕)이라 하였다. 말하기를 "비록 다급하지만 이 집에 들지는 못하겠습니다" 하니 이에 선생의 마음이 상하셨다. 제자 노이형(盧以亨)이 선생을 업고 다른 집으로 갔다. 마침내 임종을 마치고 도암 선생께서 돌아가셨다고 복하였다.

요컨대 도암 선생이 말년에 병이 깊어 그동안 거주하며 제자들을 가르치던 용인의 한천(寒泉)에서 한강 북쪽의 고향 화전(花田, 고양시 덕양구 화전동)으로 옮기

그림 14-2 「험천예설」

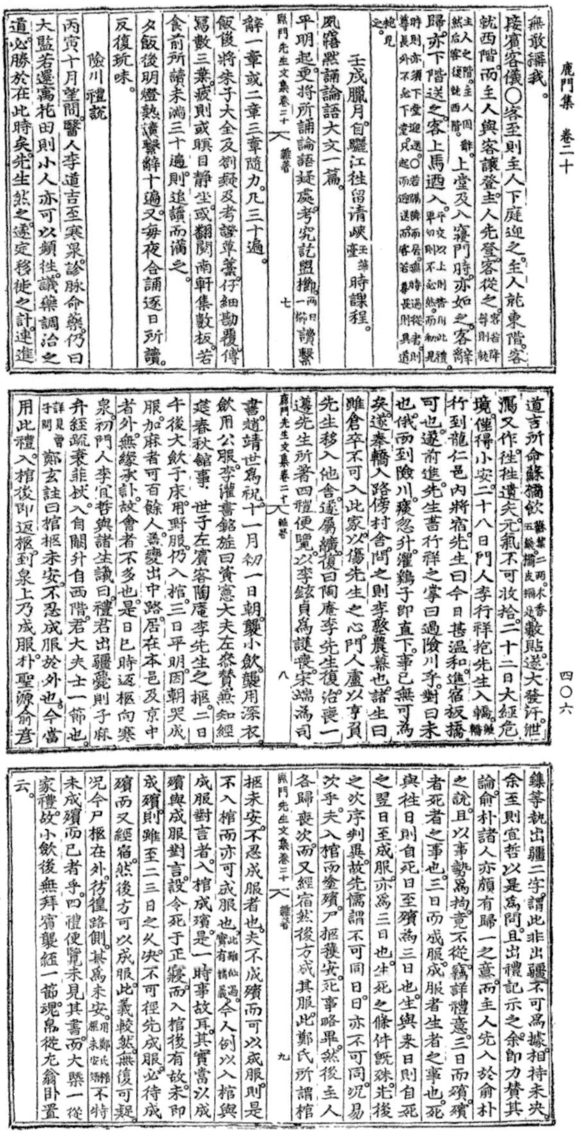

鹿門集 卷二十

無敢獨我。
接賓客儀○客至則主人下庭迎之。主人就東階。客
就西階。而主人與客讓登。主人先登。客從之。(客若降等則就主人之階。主人固辭。然后客復就西階。)上堂及入寢門時。亦如之。客辭
歸。亦下階送之。客上馬迺入。(平交以上則皆用此禮。卑幼則不必然。而初見禮時則亦須下堂迎送。○若隣居過從者則尊長外不必下堂。只起而迎送。而客若尊長則具道見之。)

壬戌臘月。自驪江往留清峽臺(玉華)時課程。
風㝵黙誦論語大文一篇。
平明起。更將所誦論語疑處考究記盟擲。(兩日一擲)讀繫

鹿門先生文集卷二十 雜著 七

辭一章或二章三章隨力。凡三十遍。
飯後將朱子大全及劄疑及考證草藁仔細勘覆傳
寫數三業。疲則或瞑目靜坐。或翻閱南軒集數板。若
食前所讀未滿三十遍則追讀而滿之。
夕飯後明燈熟讀繫辭十遍。又每夜合誦逐日所讀。
反復玩味。

險川禮說
丙寅十月望間。醫人李道吉至寒泉診脉命藥。仍曰
大監若還寓花田則小人亦可以頻往議藥調治之
道。必勝於在此時矣。先生然之。遂定移徙之計。速進
道吉所命蘇橘飲(藿葉二兩木香五錢橘皮…)數貼。遂大發汗。泄
瀉又作。徃徃遺矢。元氣不可收拾。二十二日大經危
境。僅得小安。二十八日門人李行祥抱先生入轎。(轎…)
行到龍仁邑內將宿。先生曰今日甚溫和。進宿板橋
可也。遂前進。先生書行祥之掌曰過險川乎。對曰未
也。俄而到險川。瘦忽升濯鷄子即直下。事已無可為
矣。遂奉轎入路傍村舍。問之則李姓農幕也。諸生曰
雖倉卒不可入此家。以傷先生之心。門人盧以亨負
先生移入他舍。遂屬纊。復曰陶庵李先生復。治喪一
遵先生所著四禮便覽。以李鉉貞為護喪。宋端為司

鹿門先生文集卷二十 雜著 八

書。趙靖世為祝。十一月初一日朝。襲。小斂。襲用深衣
斂用公服。李潅書銘旌曰資憲大夫左參賛兼知經
筵春秋館事。世子左賓客陶庵李先生之柩。二日
午後大斂于床。用野服。仍入棺。三日平明。因朝哭成
服。加麻者可百餘人。蓋變出中路。居在本邑及京中
者外。無緣承訃。故會者不多也。是日巳時返柩向寒
泉。初門人李宜哲與諸生議曰。禮君出疆薨則子麻
弁經疏衰菲杖。入自闕。升自西階。君大夫士一節也。
(詳見曾子問)鄭玄註曰棺柩未安。不忍成服於外也。今當
用此禮。入棺後即返柩。到泉上乃成服。朴聖源俞彥

四〇六

鏶等執出疆二字。謂此非出疆。不可爲據。相持未決。
余至則宜哲以是爲問。且出禮記示之。余卽力贊其
論。俞朴諸人亦頗有歸一之意。而主人先入於俞朴
之說。且以事勢爲拘。竟不從。竊詳禮意。三日而殯。殯
者死者之事也。三日而成服。成服者生者之事也。死
與往日。則自死日至殯爲三日也。生與來日。則自死
之翌日至成服。亦爲三日也。生死之條件既殊。先後
之次序判異。故先儒謂不可同日。日亦不可同。況易
次乎。夫入棺而塗殯。尸柩獲安。死事略畢。然後主人
各歸喪次。而又經宿。然後方成其服。此鄭氏所謂棺

鹿門先生文集卷二十 雜著 九

柩未安。不忍成服者也。夫不成殯而可以成服。則是
不入棺而亦可成服也。(此雖似過。實有據義。)今人例以入棺與
成服對言者。入棺成殯是一時事故耳。其實當以成
殯與成服對言。設令死于正寢。而入棺後有故。未即
成殯。則雖至二三日之久。決不可徑先成服。必待成
殯而又經宿。然後方可以成服。此義較然。無復可疑。
況今尸柩在外。彷徨路側。其爲未安。(鄭氏用棺柩未安字)不特
未成殯而已者乎。四禮便覽未見其書。而大槩一從
家禮。故小斂後無拜賓襲絰一節。魂帛從尤翁卧置
云。

鹿門集 卷二十

도암 이재의 별세와 장례 절차를 기록한 「험천예설」의 원문이다. 도암 선생의 제자 임성주의 문집 『녹문집』에 수록되어 있다. 아마도 우리 동네 '머내'의 가장 오래된 한자 표기인 '험천'이 제목으로 등장하는 조선시대 유일의 글일 것이다.

다가 중간에 '험천'이라는 곳에서 돌아가셨다는 얘기다. '험천'! 어디서 많이 들어본 지명 아닌가? 바로 우리 동네 '머내'다. 그리고 이 글의 제목도 「험천예설(險川禮說)」이다. 말하자면, 험천에서 행한 상례(喪禮)의 기록이라는 뜻이다. 우리 동네 이름 '험천'이 글의 제목에까지 등장했다니!

감격스러움을 잠시 접고 이 글의 내용을 살펴보면, 집 나서면 고생이라는 말이 과히 그르지 않는 것 같다. 누구나 노년에는 수구초심(首丘初心)이라고 고향을 그리는 마음이야 충분히 이해할 수 있지만 도암 선생이 노구를 이끌고, 그것도 한겨울에 길을 떠난 것은 자못 안타까운 일이었다. 가마 타고 한천을 떠난 뒤 하루도 채 못 가 판교 못 미쳐 바로 우리 동네 대로 변의 어느 집에서 돌아가셨다는 이야기다. 듣기에도 송구스럽다.

처음에 가마에서 내린 집이 '이숙(李塾)'이라는 사람의 농막이었다고 한다. 그 농막은 틀림없이 큰길가에 위치해 있었을 것이다. 용인 이씨 족보를 찾아보면 이분의 이름을 확인할 수 있을지도 모르겠다. 그런데 그 집이 너무 허름했던지 제자들이 이름을 알 수 없는 다른 사람의 집으로 옮겨 도암 선생을 누이고 임종했다는 얘기다. 스승을 누추한 곳에 모실 수 없다는 제자들의 행태가 한편으로 이해되면서도, 그것이 이제 막 별세를 앞둔 스승의 괴로움을 더하는 길임은 왜 생각하지 않았는지 안타깝기도 하다.

그건 그렇다 치고, 도암 선생이 처인 쪽에서 판교를 향해 갔다면 우리는 그 길을 이렇게 추정해 볼 수 있다. 우리의 관심사는 어디까지나 우리 동네의 역사지리에 있다. 그 행렬은 틀림없이 지금의 중부대로(용인시청 앞길) 배후에 위치한 금학천변의 옛길을 타고 북행해 어정가구단지 근처를 지나, 다시 현재 구성의 교동초등학교(전국에서 교동(校洞) 또는 교촌리(校村里)라는 지명이 붙은 곳은 모두 옛날 향교가 있던, 그 지역의 중심지임을 기억하자!) 근처를 지나 지금의 대왕판교로와 동막천이 만나는 곳 근처에 이르렀을 것이다.

인용문에서 도암 선생이 "험천을 지났느냐(過險川乎)?"라고 직접 제자의 손바닥에 글자를 써서 물은 걸 보면 그가 이 '험천'이라는 지명을 알고 있었음이 분명하다. 그러나 유감스럽게도 우리는 도암 선생이 돌아가신 곳의 정확한 위치를 알기 어렵다. 「험천예설」을 보면 "잠시 후 험천에 도착했다(俄而到險川)"라고 했다. 그것은 판교 쪽으로 동막천을 건넜다는 얘기일 수도 있고, 그렇지 않으면 동막천 못 미쳐 험천주막까지 왔다는 얘기일 수도 있다. 아니면 두꺼비 주유소 근처에서 동막천을 넘지 못한 채 황망하게 들어갈 집을 찾았을까? 알 수 없는 일이다. 장소를 알면 그곳에 술이라도 한 잔 올리겠건만, 그럴 수 없는 것도 송구스럽다.

도암 선생의 영구(靈柩)는 사흘을 더 험천 지역에 머물며 장례 절차를 다 마친 뒤 11월 3일 100여 명의 가족, 제자 등 상복을 입은 사람들이 늘어선 가운데 이곳 험천에서 발인해 그가 떠나왔던 곳 한천으로 되돌아가 묻혔다.

지금은 아무도 기억하지 못하지만 270여 년 전의 어느 겨울날 우리 동네에서 일어났던 일이다. 아마도 도암 이재 선생의 별세는, 지금까지 확인된 바로는, 우리 동네의 이름 '험천'이 조선시대의 문건 제목에 유일하게 등장하는 계기가 되었다. 그런 점에서 우리는 그에게 일정한 빚을 지고 있는 셈이다.

제15장

100년 전 동막골 한의사 '윤호성'은 어디로 갔을까?

'동천리'를 키워드로 일제강점기 신문을 검색하다가 아주 흥미로운 기사를 하나 발견했다. 조선총독부 기관지 ≪매일신보≫의 1922년 8월 20일 자 기사다. 그 무렵 동천리에서 일어난 부정의료 행위를 다뤘다. 좋은 내용일 리 없었다. 그러나 동천리의 당시 상황에 대해서는 시사점이 많은 기사였다.

먼저 약 100년 전의 이 기사를 한번 읽어보도록 하자. 원문과 현대문 번역을 비교해 가면서 읽는 것도 좋겠다.

그림 15-1 ≪매일신보≫ 1922년 8월 20일자 기사 "부정의생 취체(不正醫生 取締)"

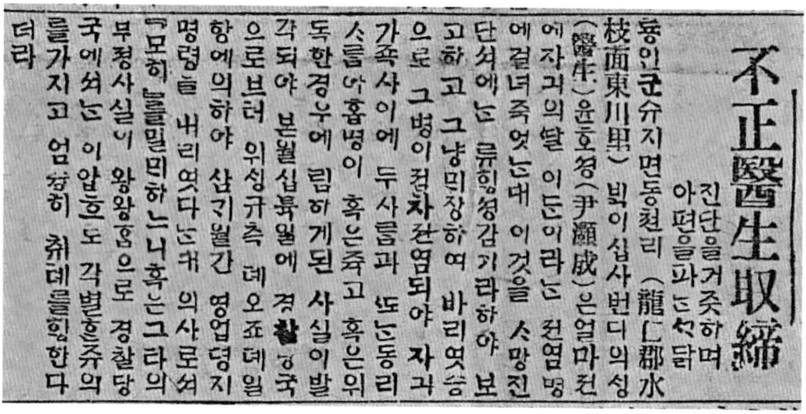

不正醫生取締
진단을거즛하며
아편을파는연닭
룡인군슈지면동천리(龍仁郡水
枝面東川里)빅이십사번디의싱
(醫生)윤호셩(尹灝成)은얼마젼
에자긔의딸이둔이라는젼염병
에걸녀죽엇는데이것을스망진
단셔에는륜힝셩감기라하야보
고하고그냥미장하여바리엿슴
으로그병이졈차젼염되야자긔
가족사이에두사름과또는동리
사름아홉명이혹은죽고혹은위
독한경우에림하게된사실이발
각되야본월십륙일에경찰당국
으로브터위싱규측뎨오죠뎨일
항에의하야삼기월간영업뎡지
명령을내리엿다는데의사로셔
『모히』를밀미하느니혹은그라의
부정사실이왕왕홈으로경찰당
국에셔는이압흐로도각별흔쥬의
를가지고엄즁히취톄를힝한다
더라

원문

不正醫生 取締

진단을 거즛 하며

아편을 파ᄂᆞᆫ ᄭᆞ닭

룡인군 슈지면 동쳔리(龍仁郡 水枝面 東川里) ᄇᆡᆨ이십사 번디 의ᄉᆡᆼ(醫生) 윤호셩(尹灝成)은 얼마 전에 자긔의 ᄯᆞᆯ이 ᄃᆞᆫ이라ᄂᆞᆫ 전염병에 걸녀 죽엇ᄂᆞᆫ대 이것을 ᄉᆞ망진단셔에ᄂᆞᆫ 류ᄒᆡᆼ셩 감기라 하야 보고하고 그냥 ᄆᆡ장하여 바리엿슴으로 그 병이 점차 전염되야 자긔 가죡 사이에 두 사ᄅᆞᆷ과 ᄯᅩᄂᆞᆫ 동리 ᄉᆞ람 아홉 명이 혹은 죽고 혹은 위독한 경우에 림하게 된 사실이 발각되야 본월 십륙일에 경찰 당국으로브터 위ᄉᆡᆼ규측 뎨오죠 뎨일항에 의하야 삼ᄀᆡ월간 영업뎡지 명령을 내리엿다ᄂᆞᆫ대 의사로셔 『모히』를 밀ᄆᆡ하ᄂᆞ니 혹은 그 타의 부정 사실이 왕왕ᄒᆞᆷ으로 경찰 당국에셔ᄂᆞᆫ 이 압흐로 각별ᄒᆞᆫ 쥬의를 가지고 엄즁히 취톄를 ᄒᆡᆼ한다더라.

현대문 번역

부정한 의사 단속

거짓 진단을 하며

아편 판매한 이유로

용인군 수지면 동천리(龍仁郡 水枝面 東川里) 124번지 한의사 윤호성(尹灝成)은 얼마 전에 자기의 딸이 단이라는 전염병에 걸려 죽었는데, 이것을 사망진단서에는 유행성 감기라고 보고하고 그냥 매장해 버렸으므로 그 병이 점차 전염되어 자기 가족 중 두 사람과 동네 사람 아홉 명이 죽거나 위독한 경우에 이르게 된 사실이 발각되어 이달 16일에 경찰 당국으로부터 위생규칙 제5조 제1항에 의하여 3개월간 영업정지 명령을 내렸다는데, 의사로서 모르핀을 밀매했다는 등 기타 부정 사실이 언급되고 있어 경찰 당국에서는 앞으로 각별한 주의를 기울여 엄중히 취체(取締: 규정을 지키도록 단속)한다고 한다.

당시 '용인군 수지면 동천리 124번지'에 거주하던 '의생 윤호성(尹灝成)'은 자기 딸이 '단'이라는 전염병에 걸려 죽은 사실을 숨기고 당국에 '유행성 감기'로 죽었다고 거짓 보고했고, 딸의 사체도 화장 등 적절한 처리 절차를 밟지 않고 매장하고 말았으며, 그 결과 그의 가족을 포함해 동네 사람 10여 명이 이 병에 전염되어 죽거나 위독해진 사실이 적발되었다는 것이다. 이로써 윤호성은 경찰로부터 위생규칙 위반을 이유로 '3개월 영업정지' 처분을 받았으며, 그 밖에도 '아편 밀매' 등의 혐의를 받아 엄중하게 조사를 받았다는 얘기다.

'단(丹)'은 지금은 그리 익숙한 병이 아니지만 『향약구급방』, 『동의보감』 등 전통 의서에 모두 '단독(丹毒)' 또는 '단독증(丹毒症)'이라는 이름으로 등장하는 전염병으로서 현대 서양의학에서는 '에리시펄러스(erysipelas)'라고 불린다. 의학사전 등에 따르면, 이는 "피부에 연쇄상구균이 감염되어 피하조직과 피부에 병변이 나타나는 급성 접촉성 전염 질환"으로서 "환자들은 감염된 후 48시간 이내에 고열, 오한, 피로감, 두통, 구토가 발생하고, 감염된 부위의 피부병변은 주위와 경계가 뚜렷하고 납작한 모양으로 빨갛고 빠르게 부어오르는 것이 특징"이라고 소개되어 있다.

1. 윤호성의 흔적을 찾아서

우리가 여기서 관심을 가질 만한 대목은 이 같은 의학적 측면은 아닐 것이다. 그보다는 100년 전 용인군 수지면 중에서도 변두리에 해당하는 동천리에 의사가 상주했다는 사실이 먼저 눈에 들어온다. '의생'은 지금은 잘 사용되지 않는 표

표 15-1 『토지조사부』에 기록된 '윤호성' 소유 필지들

번지	지목	면적(평)	번지	지목	면적(평)
동천리 122	林野	1,324	동천리 412	畓	208
동천리 123	田	2,315	동천리 414	畓	69
동천리 124	垈	905	동천리 417	田	2,181
동천리 127	田	538	동천리 419	田	1,191

현이지만, 요즘 기준으로 말하자면 '한의사'에 해당한다. 아마 자택을 의원으로 사용했을 것이다.

'윤호성'이라는 인물이 해당 주소에 거주했는지 확인하는 데는 큰 힘이 들지 않았다. 기사가 보도되기 10년 전인 1912년 조선총독부에서 작성한 『토지조사부』가 있기 때문이다.

『토지조사부』에 따르면 윤호성이 당시 동천리에 소유한 토지는 모두 8필지다. 그 가운데 기사에 그의 거주지로 소개된 '동천리 124번지'는 지목이 '대지'로 되어 있다. 기사 내용에 부합한다. 이 대지 외에도 윤호성은 동천리 영역 안에 임야, 전, 답 등을 포함해 모두 8700여 평에 이르는 토지를 소유하고 있었음을 알 수 있다. 재력이 상당했던 셈이다. 이 가운데 동천리 122~127번지는 원주민들이 '동막골'이라고 부르는 영역이고, 동천리 412~419번지는 동막골과 손골의 경계 지역으로서 지금의 염광피부과의원 맞은편 손곡천 주변이다. 이 중에서도 동막골 영역에 포함된 그의 소유 필지는 2018년 9월 완공된 자이아파트 단지의 중심부에 해당한다.

이곳은 아파트로 개발되기 전에는 각종 농작물이 자라는 들판이었고, 그 사이사이의 오솔길은 인근 학교의 등하굣길이기도 했다. 그렇게 가다 보면 도중에 길이 갈리는 곳에 정원을 아주 정성 들여 가꾼 집이 한 채 있고, 그 옆에 한때 '진지방'이라는 꽤 맛있는 순댓국집이 운영(지금은 큰길 건너편으로 이전)되기도 했는데 그곳이 바로 이 '의생 윤호성'의 집이 있던 위치다.

이 집을 포함해 윤호성의 토지는 자이아파트 초입의 대단히 넓은 지역이었다.

아파트 단지 정문 바로 안의 101동과 108~110동이 들어선 노른자위 위치다. 그의 소유지 중 122번지(임야)는 마을의 공유지로서 비보(裨補) 숲 역할을 하던 144번지와 붙어 있는 곳이기도 했다.[1]

2. 윤씨 5형제의 일족은 아닌 듯

이렇게 윤호성이라는 인물의 존재와 그의 흔적이 확인되자 그의 삶의 모습이 더욱 궁금해졌다. 우리는 한때 머내 지역이 1960년대 후반 송강약방의 심영창 씨가 침구 가방을 들고 나타나기까지 일종의 무의촌이었을 것으로 생각했는데, 그보다 무려 반세기 전인 1920년대 초반에 이미 '의생 윤호성'이라는 인물이 의료 활동을 하고 있음을 확인했기 때문이다. 그는 과연 어떤 사람이었으며, 어떤 활동을 했을까?

그동안 우리가 확인한 바에 따르면 동막골에는 100여 년 전 윤영보 등 윤씨 5형제가 살았다. 동천리 98~112번지에 밀집해 있던 윤씨 5형제의 거주지는 마침 윤호성의 터전과 바로 인접한 곳이기도 했다. 우리는 이미 윤씨 5형제의 후손도 알고 있었다. 모든 것이 일거에 확인될 수 있을 것 같았다. 이렇게 간단할 수가 …….

그런데 우리가 확인한 윤씨 5형제의 족보에서 윤호성의 이름은 발견되지 않았고, 그의 이름자('灝'와 '成')도 항렬자로 전혀 등장하지 않았다. 조금 의아했다.

마침 아직 동천동에 살고 있는 윤씨 5형제의 후손 한 분에게 물었다. 윤호성이라는 의원을 아느냐고. 질문을 받은 이는 한참 동안 고개를 갸웃거렸다.

> 글쎄요, 그런 이름은 들어본 적이 없는데요. 우리 친척 중에는 없습니다.

1 마을 공유지 '비보 숲'에 대해서는 이 책의 제16장 "동막골 터줏대감 '윤씨 5형제'의 다채로운 삶"에서 자세히 다루었다.

만약 그런 이름을 가진 사람이 동막골에 살았더라도 우리 윤씨는 아니었을 겁니다.

윤씨 5형제의 족보 기록과 그들 후손의 기억은 윤호성에 대해 아무것도 알려주는 것이 없었다. 윤호성이 윤씨 5형제의 영역 옆에 자리 잡은 것은 우연이었던 것 같다. 하긴, 의생이었다면 중인 가문 출신이었을 테니 사대부를 자처하는 윤씨 5형제와는 애당초 일족이 아닐 가능성이 높았다. 다만 윤씨 5형제가 수대에 걸쳐서 모두 합쳐 1만 평 정도의 재산을 일군 것과 비교해 볼 때, 혼자 보유한 재산이 그에 견줄 정도였으니 그 규모는 대단했던 셈이다.

마침 『토지조사부』에 따르면 한자 표기는 다르지만, '윤호봉(尹戶封)'이라는 비슷한 이름의 인물이 같은 동막골 안에 상당한 토지를 갖고 있었던 사실도 관심을 끈다. 즉, 동천리 50번지(대자 346평)와 62번지(밭 1742평)가 그의 소유였다. 이 가운데 현재 50번지는 자원재활용센터로, 길 건너편의 62번지는 CJ대한통운 택배 대리점으로 각각 사용되고 있어 향후 개발될 여지가 큰 위치다. 두 사람이 일족인지는 앞으로 확인해 볼 일이다.

3. 모든 기억에서 지워진 윤호성

'윤호성 찾기' 작업이 잘 나가다가 이렇게 한번 막히자 그 뒤로도 일이 영 풀리지 않았다. 윤씨 5형제와 일족이 아니라는 것까지는 그렇다 쳐도, 윤호성의 이름은커녕 과거 동막골에 있었다는 사실조차 기억하는 사람이 없었다. 동막골 출신 원주민 가운데 최고령자라고 할 수 있는 성일영 씨(1931년생)도 "동막골에 의사가 있었다는 얘기를 들어본 적이 없다"라고 말했다. '윤호성'이라는 이름도 당연히 몰랐다.

그렇게 막다른 골목에 다다른 것 같던 추적 작업은 의외의 곳에서 돌파구를 찾았다. 한 비공개 문건이 확인된 것이다.

그 문건에 의하면 윤호성의 부친도 동막골의 같은 장소에 거주했으며, 같은 동막골 출신으로 추정되는 여성과 결혼해 1852년 윤호성을 낳았다. 그리고 윤호성은 바로 그 동천리 124번지에서 1927년 향년 75세를 일기로 숨졌고, 윤호성의 아내는 그로부터 7년 뒤인 1934년에 경기도 화성에서 숨졌다는 것이다. 그 밖의 가족들도 그 이후 대부분 화성 지역을 근거지로 생활했던 것으로 보인다.

이 같은 내용이 정확하다면, 윤호성의 가족은 윤호성 당대에 동막골로 이주해 온 것은 아니라 적어도 그의 아버지 대 또는 그 이전에 동막골에 자리 잡은 것으로 보인다. 그리고 ≪매일신보≫ 기사대로 '영업정지' 처분을 받았을 때 윤호성은 이미 70세가 된 노의사였고, 그 뒤로 5년을 더 마을에 거주하다가 숨졌으며, 그 뒤 1930년을 전후한 시점에 일가가 모두 동막골을 떠나 다른 지역으로 이주한 것으로 보인다.

이 문건에서 한 가지 더 특기할 만한 사항은 앞서 ≪매일신보≫ 기사에 소개된 '1922년 사망자'가 윤호성의 자식 중에서 딸이 아니라 아들로 기록된 점이다. 그렇다면 ≪매일신보≫ 기사가 사망자를 '윤호성의 딸'로 특정한 것은 오보로 추정된다.

이 같은 사실들을 바탕으로 우리는 이렇게 정리해 볼 수 있겠다. 윤호성의 가문은 적어도 100년 이상 동막골에 거주하며 의업 등을 바탕으로 상당히 큰 재산을 쌓았다. 그러나 1920년대에 윤호성의 아들이 먼저 숨지고 몇 년 뒤 윤호성까지 숨지자 1930년경 모두 동막골을 떠났다. 아마도 이들은 동막골을 떠나는 시점을 전후해 마을에 갖고 있던 재산도 모두 정리했을 것이다. 재산을 부지하기 어려운 상황이 되었을 수도 있다. 그때는 윤호성의 손자가 어렸기 때문에 그 같은 복잡한 이주 작업을 주도할 수는 없었고, 윤호성의 아내 또는 며느리가 이주를 이끌었을 것으로 보인다.

그 이주의 이유는 우리가 정확히 알 수 없고, 그저 추측해 볼 뿐이다. 윤호성에 대한 당국의 영업정지 처분 또는 그 이후의 조사가 의업을 계속할 수 없게 만들었을지도 모른다. 몇 년 사이에 부자(父子)가 잇달아 숨지면서 윤호성의 남은 가족들은 고향 마을이 싫어졌을 수도 있다. 어쩌면 그런 요인들이 모두 결합되어 윤호성의 가족들이 동막골을 떠나도록 내몰았을 수도 있겠다.

아무튼 ≪매일신보≫의 기사 이후 윤호성은 동막골 누구의 기억에도 등장하지 않았다. 모든 기억에서 지워졌다고 할 수 있다. 어쩌면 동막골을 포함해 머내 지역 최초의 의료인이었을 수도 있는 사람이 이렇게 역사에 잠깐 얼굴을 내밀었다가 이내 그 뒷면으로 사라져 버린 셈이다.

4. 역사의 무대에서 사려져 오히려 흥미로운 인물

윤호성의 삶은 대단히 홍미롭지만 지금까지 확인한 것 이상 알기는 어렵다. 윤호성 또는 그의 가족이 언제부터 의업을 수행했는지, 그 이전에 언제부터 동막골에 거주했는지, 어떻게 재산을 형성했으며 주민들로부터 어떤 평판을 받았는지 등을 확인할 만한 단서가 없다.

그런 점에서 그는 모든 가능성에 열려 있는 인물이다. 예단은 금물이다. 그래서 오히려 홍미롭다. 그는 실존 인물이었으되 많은 흔적을 남기지 않았으며, 큰 재산을 일궜으면서도 오히려 마을의 기억에서 자신의 존재 자체를 지워버렸다. 동천리와 같은 변두리에서 그렇게 많은 재산을 형성했다면(당대에건 혹은 누대에 걸쳐서건 간에), 그는 수지면 일대는 물론이고 인근 분당 지역까지 포함해 19세기 말부터 20세기 초에 걸쳐 유일한 의사로서 활동했던 것으로 추정할 수 있는데, 그럼에도 불구하고 한사코 역사에서 자신의 족적을 지워버린 것이다. 어쩌면 그는 수지 지역에 상주하는 첫 의사였을 수도 있다.

그렇다면 약 100년 전의 신문기사 한 건을 계기로 그의 흔적을 찾으려는 시도 자체가 그를 욕되게 하는 것일까? 우리는 그럴 의도가 전혀 없다. 우리는 머내,

더 좁히자면 동막골 모둠살이의 옛 모습을 찾아가는 길목에서 윤호성이라는 인물과 우연히 만났고, 그를 통해 동막골 살림살이의 편린을 살펴볼 수 있었다. 우리는 그에게 감사할 뿐이다.

앞으로 어떤 길목에서 그에 대한 또 다른 기록과 기억을 만나게 될지 알 수 없다. 다시 윤호성을 마주치는 일이 있으면 그에게 더욱 감사하는 마음을 갖게 될 것 같다.

5. 사족: 훗날의 연구를 위하여

윤호성에 대해 관심이 발동된 것을 기화로 1900년에 작성된 『광무양안초』뿐만 아니라 1903년에 정리된 『광무양안』의 동막골 대목에서도 윤씨 5형제와 의생 윤호성의 이름 등을 여러 차례 검색해 봤지만 전혀 나타나지 않았다. 다른 윤씨들의 이름만 줄줄이 나왔다.

윤씨 5형제와 윤호성이 1900년대에 동막골에 전혀 토지를 갖고 있지 않다가 일제강점기에 들어서자마자 엄청난 토지를 갖게 되어 『토지조사부』에 이름을 올리게 되었다고 한다면 그것은 너무도 비현실적인 추정이다. 그보다는 『광무양안』의 윤씨들이 일제 초기를 전후해 이름을 바꾸었다고 보는 것이 상식적이다. 나라를 잃은 직후에 개명을 하게 된 계기와 이유는 과연 무엇이었을까? 그것도 정말 궁금하다. 만약 그것도 아니라면, 『광무양안』 등과 『토지조사부』 사이에 이름 표기 방식이 바뀌었기 때문일 수도 있다. 예컨대, 『광무양안초』와 『광무양안』에서는 자(字)나 아명을 사용하고 『토지조사부』에서는 족보명을 사용하는 방식이었을 수 있다는 말이다.

어쨌든 1900~1910년대의 이 세 가지 토지 관련 기록에서는 동일한 필지를 가리키는 것으로 볼 수도 있는 내용이 눈에 띄었다. 〈표 15-2〉의 『광무양안초』과 『광무양안』의 '윤장쇠(尹長釗)' 소유 필지는 『토지조사부』의 '윤호성(尹灝成)'

표 15-2

『광무양안초』, 『광무양안』, 『토지조사부』에서 찾은 동막골 윤호성(또는 윤장쇠)의 토지 현황

광무양안초(1900)			광무양안(1903)			토지조사부(1912)		
제8책 053b 虛字 第67田	積 1242尺 (402평)	田主 尹長釗	제27책 074b 體字 第17田	積 868尺 (281평)	時主 尹長釗	동천리 127 田	538평	소유자 尹灝成
						동천리 122 林野	1324평	소유자 尹灝成
제69垈	積 540척 (175평)	垈主 尹長釗 (草三間)	075a 제20田	積 272尺 (88평)	時主 尹長釗			
054a 堂字 제1田	積 6760척 (2190평)	田主 尹長釗	제21田	積 8470尺 (2744평)	時主 尹長釗	동천리 123 田	2315평	소유자 尹灝成
제2垈	積 770척 (249평)	田主 尹長釗 (四間)	제22田	積 756尺 (242평)	時主 尹長釗	동천리 124 垈	905평	소유자 尹灝成
054b (소작) 제7-2畓	積 1040척 (337평)	畓主 宣禧宮 作人 尹長釗	075b (소작) 제27-2 畓	積 1040尺 (337평)	時主 宣禧宮 作人 尹長釗	동천리 412 畓	208평	소유자 尹灝成
						동천리 414 畓	69평	소유자 尹灝成
제8田 (소작)	積 7748척 (2510평)	田主 宣禧宮 作人 尹長釗	제28田 (소작)	積 6432尺 (2084평)	時主 宣禧宮 作人 尹長釗	동천리 417 田	2181평	소유자 尹灝成
059b 제59田	積 1905척 (617평)	田主 尹長釗	079b 率字 제11田	積 1456尺 (472평)	時主 尹長釗	동천리 419 田	1191평	소유자 尹灝成
061a 習字 제14田	積 3922척 (1271평)	田主 尹長釗	081a 제31田	積 2352尺 (762평)	時主 尹長釗			

* 量田尺 x 0.324 = 坪.

** 『광무양안초』 제8책의 055a 이하는 '손골 뒷들(蓀谷後坪)', 057a 이하는 '손골(遜谷)' 영역이다.

*** 『토지조사부』의 동천리412~419는 동막골과 손골의 경계 지역으로서 손곡천의 천변부지에 해당한다.

소유 필지와 거의 일대일로 대응되었기 때문이다. 두 사람은 동일인이라고 추정할 수도 있을 것 같다. 훗날의 연구를 위해 그 기록을 비교표 형식으로 남겨둔다.

제16장

동막골 터줏대감 '윤씨 5형제'의 다채로운 삶

전통사회의 큰 특징 가운데 하나는 혈연관계가 대단히 중요한 역할을 했다는 점이다. 가문을 중심으로 형성된 유대가 지역사회 등 크고 작은 사회적 관계의 근간이 되었다. 계약이라든가 법률적 권리나 의무 같은 근대적 장치가 정착되기 전에 혈족의 보호막보다 안전한 것은 없었다. 그 혈족이 숫자도 많고 재산도 상당히 축적한 데다가 사회적 지위까지 갖추고 있었다면, 그것은 최고의 자산이자 안전장치였다.

머내에도 그런 가문이 여럿 있었다. 비록 왕조 사회의 권력 위계에서 높은 계단에 위치하지는 못했지만 지역사회에서는 '행세한다'는 말을 들을 만한 집안들이었다. 각각 일족의 숫자도 상당히 많았던 데다 몇 대에 걸쳐 형성한 재산도 만만치 않았다. 그중 하나가 '파평 윤씨(坡平尹氏) 통례공파(通禮公派)' 일족이다.

1. 300년을 헤아리는 '동막골 윤씨'들의 내력

이들이 머내 중에서 동막골로 들어온 것은 약 300년 전으로 추정된다. 이들의 족보가 그 단서다. 통례공파 24세손 정서(廷瑞, 1643~1714) 부부의 산소가 "용인 서봉(捿鳳)에 합장"되어 있다고 한다. 이것이 이들의 족보에 용인 지역이 처음 등장하는 장면이다. 그 뒤 25세손 명연(明淵, 1670~1722) 부부의 산소는 '용인 험천(險川)에 합장'되어 있으며, 이어 32세 후손에 이르기까지 거의 모든 산소가 이 두 곳과 독곡(篤谷) 또는 동막(東幕)을 벗어나지 않는다.

이 네 곳 가운데 '험천'과 '동막'은 사실상 같은 머내 지역을 가리키는 것이고, '서봉'은 지금의 신봉동 일부이며, '독곡'은 머내와 풍덕천 사이의 언덕이다. 독곡은 20세기 중반까지 이 지역의 중요한 공동묘지였다.

족보의 기록이 충실하다면, 이 윤씨들은 17세기 말~18세기 초(조선조 효종 · 현종 · 숙종 무렵)에 용인 수지, 그중에서도 머내의 동막골 지역에 들어와서 이곳을 근거지로 생활했으며, 여기에 삶의 마지막 안식처까지 마련했던 것이다. 이들이 머내 동막골과 맺은 인연은 20세기 후반까지 계속되었으니 대략 300년을 헤아리는 세월이다. 그 기간 동안 이들은 머내의 중요한 가문으로서 역할을 했던 셈이다.

> 집안에 전하는 말로는, 저희는 서울의 한강 근처에 살면서 벼슬을 하다가 어느 시점에 나라로부터 땅을 받아 동막골에 와서 정착했다고 합니다. 그래서 동막골 윤씨들이 '한강댁'이라고 불렸어요. 그때 서울에서 함께 내려온 하인들이 우리 집 근처에 집을 짓고 살았구요. 내가 어려서는 '아씨', '마님' 등의 호칭을 자주 들을 수 있었어요. 다들 한 식구들같이 잘 어울려 살았습니다(윤광현, 1935년생).[1]

2. 5형제의 풍부한 흔적들, 동막골의 땅부자

동막골 윤씨들은 이렇게 긴 역사를 간직하고 있지만 자손은 그리 번성하지 못했던 편이다. 족보의 기록이 비교적 상세한데 용인 정착 이후 외아들이 상당히 많이 눈에 띈다. 그러다 19세기 말의 32세에 와서 5형제가 나타났다. 이들 가문

1 윤광현의 증언 구술·채록은 2018년 6월 30일 이루어졌다.

표 16-1 『토지조사부』에 나타난 윤씨 5형제의 동천리 내 토지 소유 현황

이름	생몰 연대(족보)	거주지(토지조사부)	동천리 내의 기타 소유 필지 (토지조사부)	묘소(족보)
영보(榮普)	1871~1950	동천리 106번지(1021평) [자이104동]	11번지(田 234평), 12번지(田 165평), 15번지(田 122평), 99번지(林野 164평), 100번지(林野 47평), 101번지(林野 611평), 104번지(田 166평), 105번지(田 1848평), 107번지(田 488평), 135번지(田 237평)	동막(東幕) 선영하
정보(正普)	1874~1941	동천리 109번지(138평) [자이102동 뒤 놀이터]	110번지(田 1137평), 112번지(田 600평), 304번지(畓 827평)	동막(東幕) 선산하
승보(昇普)	1876~1942	동천리 108번지(651평) [자이103동 뒤 경로당]	111번지(田 622평)	광주군 낙생면 동원리
국보(國普)	1881~1951	확인되지 않음	확인되지 않음	기재되지 않음
창보(昌普)	1885~1940	동천리 102번지(143평) [광주군 돌마면 분당리]	98번지(田 290평), 103번지(田 485평)	동막(東幕) 선영하

* 대괄호 안은 현재의 위치다.

에서는 아주 이례적인 경우였다.

이들은 '가까운 과거'의 인물들이다 보니 풍부한 기록과 기억을 남겼다. 5형제의 맏이 영보(榮普, 1871~1950) 씨에서부터 막내 창보(昌普, 1885~1940) 씨에 이르기까지 족보와 당시 『토지조사부』(조선총독부 작성, 1912)에다 후손들의 기억까지 종합하면 가문의 역사는 물론이고 마을의 역사까지 상당 부분 복원할 수 있을 정도다. 이 5형제의 기본적인 정보만 정리해도 〈표 16-1〉과 같다.

이를 종합하면 이렇게 된다. 윤씨 5형제가 20세기 초반에 머내 지역 중 동천리에 보유했던 토지를 모두 합치면 1만 평이 넘는 대단한 규모다. 그리고 이는 동천리 중에서도 모두 동막골 영역이다. 『토지조사부』 상에 동천리의 손골 등 다른 마을에는 토지를 거의 갖지 않았던 것으로 확인된다. 다만 『토지조사부』

그림 16-1 『토지조사부』에 기록된 윤씨 5형제 소유의 동천리 토지 일부

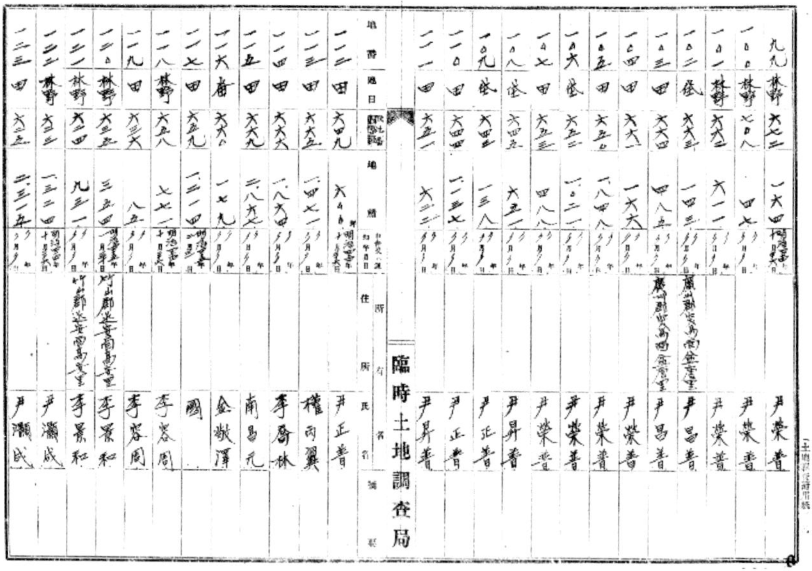

동천리 98~112번지는 모두 이들의 소유였다.

외에 『임야조사부』가 별도로 있지만 확인하지 못했다. 그렇기 때문에 이 1만 평 규모가 윤씨 5형제 보유 토지의 전체라고 단언할 수는 없다.

> 지금 목양교회 땅은 원래 전주 이 씨네가 소유한 땅이었고, 그 옆의 삼성쉐르빌 자리부터 낙생저수지 있는 곳까지의 산은 모두 우리 윤씨 땅이었습니다(윤광현).

이 증언을 사실로 전제한다면, 동막골 중에서 평지 영역의 핵심 부분은 절반 이상이 윤씨 가문의 소유였고, 그 배후의 산지도 대부분 이 가문들이 소유했었다는 얘기다. 『토지조사부』에 따르면 '동천리 98~112번지'는 모두 100년 전 윤씨 형제들 소유로서 2018년 9월 입주를 시작한 자이아파트의 중심 지역이다. 지번이 좀 떨어져 있지만 장남 영보 씨 소유인 '동천리 135번지'는 사실상 윤씨 형

제들 집단 거주지와 잇닿아 있는 서남쪽 언덕 위의 현재 삼성쉐르빌 자리다.

3. 장남은 고향 서당 훈장, 막내는 도시로 이주

지금 우리의 목적은 이들 윤씨 5형제의 재산을 확인하는 것이 아니다. 이렇게 재력을 갖춘 가문의 사람들이 어떻게 살았는지를 알고 싶은 것이다. 특히 이들의 생존 연대가 조선시대 말기부터 일제강점기를 거쳐 광복 직후까지의 격변기에 걸쳐 있다 보니 그런 관심은 더욱 커진다. 지방 부자들은 도대체 그런 격변기를 어떻게 건넜을까?

5형제 각각의 모습을 살펴보기에 앞서 두 가지 이야기를 요약적으로 먼저 하는 것이 좋겠다. 하나는 이들의 삶의 모습이 대단히 다양해서 한 방향으로 일반화할 수 없다는 것이고, 다른 하나는 그런 각각의 모습이 시대의 변화상을 담는다는 것이다. 말하고 보니 너무 상식적인 이야기 같기도 하다. 그러나 이것은 대단히 중요하다. 5형제가 제각각 자기의 욕망 또는 의지대로 산 것 같지만, 사실은 그 각각의 모습이 시대의 변화상을 반영하는 것이었다면, 그 자체로 살펴볼 가치가 있지 않을까? 우리가 윤씨 5형제에 주목하는 이유도 바로 여기에 있다.

예를 들어 이런 식이다. 5형제의 장남 영보 씨는 역시 전형적인 장남의 모습이다. 선대로부터 물려받은 재산의 규모가 형제들 가운데 가장 컸다. 그리고 마을에서도 중요한 어른의 모습으로 남아 있다. 그는 자신의 집에 마을 서당을 개설하고 훈장의 역할을 했던 것이다.

> 큰할아버지가 서당을 크게 하셨어요. 한양으로 과거시험 보러 가셨다가 두어 번 떨어지고 나서 동막골에서 서당을 하셨지요. 저도 할아버지로부터 공부 배우다가 매 맞고 했어요. 내가 초등학교 다닐 때까지 서당 하셨습니다. 예전에 사랑방이 크니까 거기서 자신이 공부한 것을 후손들에게 가르

치신 것이지요(윤광현).

이들의 집안에서 전하는 족보에 영보 씨는 "대성원(大聖院) 직원"이라고 소개되어 있다. '대성원'은 1930년 서울에 설립되었던 유교개혁운동 단체로서 이 단체의 임원은 지역사회에서 유지와 같은 대우를 받았다고 한다. 그 단체의 실상을 정확히 알기는 어렵지만, 영보 씨는 마을의 재력가이자 지식인으로서 만년에 나름대로 일정한 사회적 위상까지 갖춘 것으로 보인다.

그런가 하면 넷째와 막내인 다섯째는 아주 상반된 모습을 보였다. 이들은 사회 변화의 물결에 자신을 내맡겼다. 고향을 떠나 도시로 진출하는, 과감한 도전의 삶을 살았던 것이다.

넷째 국보(國普) 할아버지는 원래 승보 할아버지 집 앞의 들에 집을 짓고 살다가 내가 태어나기도 전에 서울로 이사 가서 아현동에 살았습니다. 일찍 도시로 진출한 셈이지요. 막내이자 나의 조부인 창보(昌普) 할아버지는 젊을 때 혼자서 만주에 가셨다가 다시 고향에 돌아와 사셨습니다. 내가 대여섯 살 때 돌아가셔서 장사 치르던 기억은 나는데 얼굴은 잘 기억이 나지 않습니다(윤광현).

족보에서 넷째 국보 씨의 생몰연대(1881~1951)는 확인되지만, 1912년에 작성된 『토지조사부』에는 그의 소유 필지가 전혀 나타나지 않는다. 그리고 그의 아들이 1903년생인 것을 보면 그는 1900년대 초에 결혼하면서 재산을 분할받아 도시로 떠난 것으로 추정된다. 전통사회의 해체기에 과감하게 도전적 삶을 시도했던 것이다.

막내 창보 씨(1885~1940)가 젊은 시절 아예 나라를 떠나 만주에 가서 생활했던 것을 보면 그는 더욱 적극적이었던 것 같다. 그러나 그 삶이 마음먹는 대로 되기는 쉽지 않았을 것이다. 그가 만주에 정착하지 못하고 고향으로 다시 돌아왔다는 애기가 그런 점을 보여준다. 여기서 재미있는 점이 한 가지 발견된다. 1912년에 작성된 『토지조사부』에 그는 고향 동막골에 자택(102번지)과 밭(98번지와 103번지) 등 일정한 토지를 보유하고 있으면서도 정작 주소는 '광주군 돌마면 분당리'로 기재되어 있었던 것이다. 창보 씨의 손자 광현 씨의 설명은 이렇다.

> 일제시대의 토지조사부상에 창보 할아버지의 주소가 '광주군 돌마면 분당리'로 되어 있는 것은 이번에 보고 처음 알았는데, 그곳은 할머니(한산 이씨, 창보 씨의 아내)의 친정이 있던 곳입니다. 내가 어려서 가보기도 했어요.

창보 씨의 두 아들이 1910년생과 1915년생인 것을 보면 그도 20대 중반인 1900년대 말 결혼하면서 일정한 토지를 분할받았지만 무슨 이유에선가 처가 쪽에서 생활했던 모양이다. 일반적인 경우는 아니었다. 그리고 "젊을 때 혼자서 만주에 가셨다"는 얘기는 결혼한 뒤 가족은 처가 쪽에 남겨두고 처가 쪽 친척들과 함께 혹은 그들의 도움을 받아 한때 만주로 진출했던 것 아닌가 생각이 든다. 만주행이 결과적으로 성공하지는 못했지만, 그의 삶에서도 상당한 도전 의식이 느껴진다.

4. 머내만세운동의 주역 배출

5형제 중에는 전혀 다른 모습도 발견된다. 셋째 승보 씨(1876~1942)가 그렇다. 그는 1919년 3월 29일에 일어난 머내 지역 만세 시위의 주역 중 한 명이었다.

> 할머니 말씀으로는 할아버지(승보 씨)가 이장을 맡고 계셨고 만세를 부르다 경찰서에 잡혀가서 매를 맞았다고 합니다. 엉덩이가 부풀어 오르고 피가 나고 걸을 수 없어서 동네 사람이 업고 왔으며, 엎드려서 주무시고 3~4개월

거동 못하셨다고 합니다. 할아버지는 제가 어릴 때 돌아가셔서 얼굴은 기억이 안 나고 사진으로만 뵈었습니다(윤승보의 손자 윤하현, 1935년생).

셋째 할아버지가 구장 일을 보시니까 동막골 만세 시위는 할아버지 중심으로 돌아갔을 것이고, 그래서 태형도 받으신 겁니다. 구성에 있던 일본 헌병대에서 매를 맞으셨다고 해요. 거기서부터 지게인지 리어카인지로 모셔왔다고 들었습니다. 셋째 할아버지는 형제 다섯 분 중에서 비교적 일찍 돌아가신 편입니다. 아마 태형의 영향이 있었던 게 아닌가 생각합니다(윤광현).

승보 씨의 기미년 만세 시위 참여 경위와 그 활동상을 정확하게 규명하기는 쉽지 않다. 그러나 후손들의 기억 속에서 그가 동막골 만세 시위의 주역이었고, 그 결과로 일본 헌병대에 끌려가 태형의 처벌을 받았으며, 이로 인해 건강이 좋지 않았다는 이야기는 대개 일치한다.

최근 발굴된 일제강점기 수지면의 『범죄인명부』[2]는 이 같은 내용을 사실로서 입증해 주었다. 이에 따르면 당시 '44세'로 '농업'에 종사하던 승보 씨는 '대정 8년(1919) 4월 28일', '용인헌병분대'에 의해 '보안법 위반' 혐의로 '태(笞) 90'의 처벌을 받았다. 정식 재판은 아니고 일종의 즉결처분이었다.

만세 시위가 3월 29일에 일어났고, 대개 적극 참여자들이 그다음 날 헌병대로 연행되어 4월 28일에 이런 처분을 받았다고 하니 한 달 가까이 헌병대에 잡혀 있으면서 온갖 고문을 당한 뒤 종국에 무려 90대의 매까지 맞고 풀려났다는 얘기다.

머내 만세 시위는 고기리에서 시작되어 동막골을 거쳐 주막거리를 지나고 풍

2 일제강점기 해당 지역의 범죄인들을 관리하기 위해 면사무소에 만들어 비치한 명부다. 일종의 블랙리스트였던 셈이다. 2018년 경기도 용인시 수지구청의 문서고에서 발견되었다. 이 명부에는 1919년 머내 만세 시위에 참여해 1년 6개월의 징역형을 선고받은 이덕균 씨와 태형 90대의 행정처벌을 받은 윤승보 씨 등 16명의 명단이 모두 실려 있다. 이로써 윤 씨 등이 태형 90대의 처벌을 받았다는 사실이 일제 당국의 문서를 통해 처음으로 확인되었다.

덕천의 수지면사무소까지 진행되었으며, 그 뒤 구성의 용인 중심지로 향하다가 일제 헌병의 총격으로 해산되었다. 그 과정에서 이 시위를 기획하고 주도해 당일 사망하거나 감옥에 간 인물 대부분은 고기리 주민들이었지만, 태형 90대의 처분을 받은 16명의 적극 참여자들 중에는 무려 다섯 명이 동막골 사람들이었다. 그중에서도 권병선(權丙璇, 58세) 씨와 윤승보(尹昇普, 44세) 씨가 연배로 보나 가문의 위상으로 보나 지도적 위치일 수밖에 없었다.

마지막으로 둘째 정보(正普, 1874~1941) 씨는 딸만 넷을 두어서 막내 창보 씨의 세 아들 중 막내를 양자로 들였고, 그 자손들이 현재 충청남도 공주에서 살고 있다고 한다.

5. 그 후 윤씨 5형제의 흔적은 모두 지워졌을까?

동막골 윤씨 5형제는 이렇게 다양한 삶의 모습들을 보여주었다. 이런 모습들만으로도 이들이 마을의 지도적 위치에 있었으며, 일제강점기의 쉽지 않은 시기를 나름대로 적극적으로 헤쳐나갔음을 알 수 있다. 그렇게 한 시대를 풍미하다가 모두 일제 말기와 6·25 전쟁 시기 사이에 세상을 떠나 대부분 동막골 또는 그 인근에 묻혔다.

그러나 이제 이들의 산소는 동막골을 포함해 머내 지역에 한 기도 남아 있지 않다. 산소는커녕 동막골 윤씨들이 5형제 또는 그 선대로부터 물려받은 막대한 토지(임야 포함) 역시 한 뼘도 이들 손에 남아 있지 않다. 나아가 윤씨 가문 중에 현재 머내 지역에 거주하는 가족도 한 손에 꼽을 정도다. 윤씨 가문이 300년에 걸쳐 일군 터전과 그 흔적이 사실상 사라지고 지워진 것이다.

어떻게 된 일일까? 1970년 경부고속도로가 놓일 때 그 노선이 바로 머내 지역을 지나간 것이 결정적인 배경이었다. 이 지역이 공장 또는 물류기지로 각광을 받으면서 자연히 땅값이 크게 뛰었다. 더는 농사를 지을 이유가 없었다. 이들은 우선 조상들의 산소를 정리해 화장을 한 뒤 납골당에 모시고 하나둘씩 수백 년의 터전을 떠났다. 그사이 후손들이 각자 물려받았던 땅들도 대부분 건축업자들의 손에 넘어갔다.

이처럼 윤씨들이 300년에 걸쳐 동막골에서 보여준 성쇠(盛衰)의 모습은 이 지역 주인의 교체 과정이라고 할 수도 있다. 마을 또는 도시는 결국 누군가 선대 주민이 살던 흔적 위에 후대 주민이 자신의 흔적을 덧붙여 가는 장소이기 때문이다. 그 과정에서 후대의 주민이 선대 주민을 꼭 알아야 한다는 법도 없다.

정말 그래도 되는 것일까? 우리는 이미 선대 주민들로부터 많은 빚을 지고 있다. 그들이 걷던 길을 지금도 우리가 고스란히 걷고 있으며, 그들이 매일 바라보던 동막천을 우리도 늘 바라보며 그 시원한 공기를 호흡하고 있다. 우리가 땅에 발을 붙이고 사는 이상 선대에 형성된 땅의 모양새를 완전히 벗어난다는 것은 원천적으로 불가능하다. 그것이 인간의 운명인지도 모르겠다. 그런 점에서 지금 머내 지역에 윤씨들이 머물러 살고 있든 그렇지 않든, 우리는 여전히 그들과 함께 호흡하고 있다고 할 수 있지 않을까?

6. '비보(裨補) 숲'이 들려주는 소리

그런 점에서 한 가지 생각해 볼 것이 있다. 일제강점기 초에 작성된 『토지조사부』에 따르면 동천리 지역 몇몇 곳에 '동천동' 소유의 필지가 있었다. 당시 조선총독부는 '국유'와 '개인 소유' 외에 다른 소유 형태는 거의 인정하지 않았다. 전통 시대의 궁방전 등 소유 관계가 모호한 땅을 총독부에서 접수하는 것이 토지조사사업의 목적이기도 했다. 그럼에도 불구하고 예외적으로 '동천동'이라는 공동체 소유의 필지가 어떻게 남아 있을 수 있었는지 의아했다.

그곳은 지금의 동천초등학교 후문 옆의 동천동 144번지(임야 1183평)와 차도 건너 맞은편의 동천동 145번지(임야 303평)였다. 물론 지금은 개인 소유의 필지들이다. 오래된 원주민들은 그곳이 모두 과거에는 밤나무 숲으로서 마을의 공유지였다는 사실을 기억하고 있었다. 그 숲 안에는 동막골의 상여독(마을 공유의 상여를 보관하는 장소)이 설치되어 있기도 했다. 그러나 그 공유지 숲의 유래를 아는 사람은 만나기 어려웠다. 뜻밖에 윤광현 씨가 이와 관련된 이야기를 전해주었다.

> 지금 동천초등학교 뒤편에서 자이아파트 초입에 해당하는 영역(동천동 144번지, 임야 1183평)이 원래는 셋째 승보 할아버지 소유의 땅이었는데 마을에서 팔라고 해서 마을 소유로 넘겨준 곳입니다. 왜냐하면 동막골의 마을이 평지에 죽 늘어선 모양새여서 기(氣)가 빠져나가는 바람에 부자가 나오지 않는다고 해서 그걸 막기[비보(裨補)] 위해 마을 어귀에 숲을 조성하려 했다고 합니다. 그래서 승보 할아버지가 그 땅을 마을에 판 뒤에 마을에서 거기에 밤나무를 많이 심었지요.

말하자면 그 동천동 소유의 두 필지는 동막골의 '비보 숲'으로서 더럽고 악한 것들이 마을로 들어오지 못하도록 막는 '동구(洞口)' 역할도 하도록 인위적으로 설정된 장소였던 것이다. 대단히 흥미로운 대목이다.

승보 씨가 그곳의 땅을 분배받아 소유하게 된 것은 1900년대 말 결혼 무렵이었을 것인데, 1912년에 발간된 『토지조사부』에 이미 '동천동' 소유로 되어 있는 것을 보면 승보 씨가 그 땅을 마을에 판 것은 1910~1912년 무렵이었을 것으로 추정된다. 지금으로부터 100여 년 전의 일이다.

그 100년 사이에 이곳에는 대형 아파트 단지가 들어서고 숲은 흔적도 없이 사라졌다. 그저 동막골 지역 여기저기에 옛 시절의 잔영인 양 밤나무 몇 그루가 드문드문 서 있을 뿐이다. 정말 그렇게 모든 것이 사라진 것일까? 이 비보 숲이 있던 자리에 가만히 서서 바람결에 귀를 기울이면, 한 세기 전 선대 주민들이 오늘의 우리에게 들려주는 다양한 지혜의 목소리들이 귓전에 울리지 않을까?

제17장

머내의 싸움꾼 '쌍칼'과 장소의 추억*

머내 유협기(遊俠記)**

오늘은 이분 이야기를 하고 싶네요. '쌍칼'이라는 분입니다. 그 별명에서 분위기가 느껴지지요? 대단한 분이었어요. 싸웠다 하면 지는 일이 없었으니까요. 나도 이분이 주막거리에서 싸우는 걸 몇 차례 현장에서 지켜봤는데, 아, 정말 대단했어요. 빙글 돌면서 팔꿈치로 상대방의 옆구리를 지르면 나가떨어지지 않는 사람이 없었으니까요. 그 부드러우면서도 날랜 몸놀림이라니 ……. '쌍칼'이라는 별명은 이분이 실제로 쌍칼을 사용했기 때문이 아니고 그렇게 팔꿈치로 상대방을 날카롭게 가격하곤 해서 붙었던 것 같습니다. 참 낭만적인 세월이었지요?

* 제17장은 머내 원주민 한 분이 두 차례에 걸쳐 했던 구술(2018년 6월 2일과 6월 23일)을 정리한 것이다. 이 글에 등장하는 인물들의 실명을 모두 가린 것처럼 구술자의 실명도 가렸다. 그렇게 하는 것이 말하고 듣기에, 그리고 그 내용을 글로 쓰고 읽기에 편하다고 판단했기 때문이다.

** 국립국어원의 표준어국어대사전에 따르면 '유협(遊俠)'은 "호방하고 의협심이 있는 사람"이라는 뜻으로, '협객'과 유사한 말이다. 이 두 표현은 모두 현대에 와서는 잘 쓰이지 않지만, 조선시대에는 이들을 다룬 소설이 많았다. 그것은 대부분 불세출의 재주를 갖고서도 은둔해 살던 의로운 인물이 혼탁한 세상을 바로 잡기 위해 세상에 잠깐 모습을 내보이는 이야기들이다. 의협심을 필요로 하는 시대일수록 유협 또는 협객이 던져주는 의미가 커 보였다.

1. '쌍칼'의 추억

그런데 사실 놀라운 건 그분이 양팔 모두 없는 사람이라는 점이에요. 농담하냐구요? 아니에요, 정말이에요. 양팔 다 팔꿈치 아래가 없었어요. 왜 그렇게 됐는지는 몰라요. 내가 그분한테 그런 걸 물어볼 나이가 아니었으니까요. 그렇지만 그분 쌍칼은 그 팔로 자전거도 타고 나무도 했어요. 그뿐 아니에요. 그 팔로 극장 간판도 그렸어요. 그게 직업이었으니까요. 안 믿어지세요? 안 믿으셔도 그만인데, 사실은 사실이에요. 그걸 내가 지금 보여주거나 증명할 수 없는 게 안타깝네요.

아무튼 쌍칼은 '머내의 싸움꾼' 이야기를 할라치면 당연히 첫손에 꼽을 수 있는 사람이지요. 내가 아는 한 이 동네에 쌍칼 이상 가는 싸움꾼은 없었습니다. 염광농원 사람들과 가끔 주막거리에서 시비가 붙으면 그걸 막거나 대적할 수 있는 사람이 별로 없었는데, 이분만은 그렇지 않았어요. 그 사람들과 싸워서도 이겼으니까요.

그렇다고 이분이 늘 싸움을 일삼아 하고 다닌 건 아니에요. 그랬다면 그건 문제가 있는 거지요. 술을 잘 마시는 데다 한 성깔 하다 보니 오히려 건드리는 사람이 별로 없었어요. 늘 '도꾸다이(獨對)'로 다녔어요. 요즘 식으로 얘기하자면 조직에 속한 사람이 아니었던 거지요. '맞장뜨기'에 능한 황야의 외로운 싸움꾼! 훨씬 멋있지 않아요?

오늘 왜 갑자기 이분 이야기가 생각나는지 모르겠네요. 한 가지 유의할 점이 있어요. 보통 싸움꾼을 '주먹'이라고 하잖아요? 그런데 이분은 싸움꾼이긴 하되 '주먹'은 아니었어요. 왜 그런지 아시겠지요?

아, 이분 성(姓)이 생각나네요. 류씨, 버들 류씨예요. 그래서 동작이 그렇게 부드러웠는지도 모르겠네요. 이름은 기억나지 않고요. 원래 고향은 길 건너 성남 쪽의 구미동인데 그분 누님이 머내로 시집 왔기 때문에 우리 동네 주막거리에도 자주 드나든 거지요. 저기 평택 아래 송탄이라고 있잖아요?

이분이 거기서 주로 놀았어요. 거기 한 극장에서 간판도 그리고요.
내가 알기로 그분이 1938년생이니까 살아 있다면 벌써 80세를 넘기셨을 텐데, 안타깝게 몇 년 전에 돌아가시고 말았네요. 머내의 '원로 협객' 한 분이 사라진 겁니다. 그분의 명복을 빕니다. 주막거리에서 쌍칼이 보여주던, 부드러우면서도 전광석화 같던 몸놀림이 오늘 따라 그립네요.
아마 쌍칼을 제외하면 솔직히 머내에서 '유협' 또는 '협객'이라고 할 만한 사람은 거의 없었어요. '주먹'은 있었지요. '주먹' 없는 동네가 동서고금을 막론하고 어디 있던가요?
우리 동네에서 그런 주먹 중 하나가 내 후배였어요. 유독 흰 옷에 흰 고무신을 신고 다녀서 눈에 잘 띄었어요. 그리고 그 밖에도 몇몇 친구들이 더 있었기는 한데 쌍칼 얘기를 하고 났더니 다른 친구들 얘기는 굳이 더 하고 싶지 않습니다.

2. 희미한 옛사랑의 그림자

그 대신 다른 얘기를 조금 해볼까요? 협객이 됐건, 주먹이 됐건 이들이 어울리던 장소도 궁금하지 않습니까? 뭐, 나야 주먹패에 낄 정도는 못 되었지만, 그래도 젊은 시절에는 나도 한 동네 산다고 꽤나 같이 어울려 다니곤 했지요. 재미있었어요.
우선 주막거리에는 술집이 서너 곳 있었는데, 그중에 제대로 간판을 가진 곳은 '밀밭'뿐이었습니다. '밀밭'은 맥줏집이라는 뜻인데, 성남 쪽 길가에 새로 지은 2층짜리 건물의 2층에 있던 술집입니다. '아가씨'도 몇 있었고 양주도 팔았어요. 지금 장작불 곰탕집 있지요? 바로 그 자리, 그 건물이에요.
1990년대 중반쯤에는 지금 농협 근처 강원도막국수집 있는 건물의 지하에 '워싱턴'이라는 술집도 있었어요. 주인이 고기리에 지금도 사는 화가인데 아주 독특한 사람이었지요. 그 건물에 무슨 지하층이 있냐고요? 나한테 묻지 말고 직접 가서 살펴보세요. 지하층이 있나 없나.

식당은 1970년대 후반에 진미식당, 부산식당, 이리식당 등 세 군데가 있었는데, 이 가운데 이리식당만 자리를 옮겨서 지금도 장사를 하고 있지요. 아마 머내에서 모든 업종을 통틀어 자기 간판을 가장 오래 달고 있는 데가 여기 아닌가 생각됩니다. 다방으로는 '머내다방', '중앙다방' 같은 이름들이 생각나네요.

뭐 이런 데서 술도 마시고 서로들 어울렸지요. 그러다가 머내가 너무 좁으니 좀 밖으로 나가서 놀고 싶다 생각되면 수원 쪽으로들 나갔지요. 원천유원지로 가서 바람을 쐬곤 했어요. 수지초등학교, 문정중학교 가는 길로 가면 걸어서 한 시간이면 충분히 갈 수 있었어요. 옛날에야 다 걸어서 다녔지요.

극장도 우리가 함께 어울리곤 하던 곳이지요. 머내를 포함해서 수지 쪽에는 극장이라는 게 없었어요. 지금도 없잖아요. 그것도 결국은 수원까지 가야 했어요. 남문 근처에 중앙극장이 있었고, 남문 밑으로 로얄극장, 수원극장이 있었어요. 용인에는 나중에 처인구청 옆에 극장이 하나 들어섰어요. 그게 이름이 뭐였더라 …….

어휴, 머내에는 밥 먹고 술 마시고 차 마시는 곳 말고는 즐길 수 있는 시설이 아무것도 없었어요. 당구장 생긴 것도 1980년대 들어서서니까요. 강씨 성 가진 사람이 경영했어요.

모두 우리한테는 희미한 옛사랑의 그림자 같은 곳들입니다. 실제 우리의 옛사랑이 서려 있기도 했고요.

3. 지금도 그곳에 가고 싶다

그러면 머내에서는 바람 쐬러 갈 만한 곳이 없었냐구요? 물론 있었지요. 우선 고기리에 가면 되었으니까요. 골짜기가 유원지가 되고 음식점들 들어선 게 벌써 오래전 일입니다.

그렇게 영업하는 가게 말고 그냥 우리끼리 놀러 갈 만한 곳도 몇 군데 있었어요. 우선은 낙생저수지 둑방이 좋았어요. '야전'이라고 아세요? '야외전축'을 가리키는 말입니다. 그거 들고 가서 커다랗게 틀어놓고 음악도 즐기고 춤도 추고 그랬지요. 거기서야 누구 말리는 사람도 없고 좋았지요. 또 저수지 둑방에 서면 바람이 시원하게 불어와서 얼마나 좋았다고요.

아, 거기 말고도 우리가 다니던 데가 또 한 군데 있어요. 동막천에 작은 댐이 하나 있는 것 아세요? 원주민들은 오룡뜰이라고 부르고, 요즘 여러 사람이 어울려서 텃밭 농사짓는 곳 근처에 있지요. 그게 정확하게는 '댐'이 아니라 '보(洑, 둑)'라고 부르는 건데요. 농사용 물을 공급하려고 물길을 조금 가둬두는 데지요.

그 보를 밟고 동천동에서 동원동으로 건너갈 수도 있는데요, 그렇게 건너가면 둑방에 엄청나게 큰 미루나무가 10여 그루 서 있어요. 아, 보셨다고요? 거기가 또 얼마나 시원하고 좋다고요. 그 둑방에 앉으면 한쪽으로는 동막천, 또 거기서 직각으로 꺾여서는 동원동 거쳐서 백현동으로 나가는 관개용 수로(水路)가 모두 내려다보이니 시원하지 않으려야 않을 수 없었습니다.

거기선 동네 사람들끼리 동막천에서 잡은 붕어, 피라미 등으로 천렵을 하곤 했지요. 정말 동막천에 물고기가 많았습니다. 지금은 바닥에 퇴적물들이 많이 쌓이고, 그러다 보니 갈대들이 많이 자라서 개천 모습이 아주 이상하게 되어버렸지만 옛날엔 이렇지 않았어요. 수심도 꽤 되고 물고기들도 많았지요. 충분히 잡아서 먹을 수도 있었고, 집에 가져가기도 했어요.

그리고, 사실은요, 이 동막천 건너 둑방은 개 잡아서 소주 한잔 걸치는 데에도 최고였어요. 마을에서 멀지 않으면서도 사람들 사는 집과는 조금 떨어져 있고, 게다가 물가이다 보니 그렇게 즐기기에 아주 좋았지요. 나요? 나도 당연히 동네 사람들하고 여러 번 갔어요.

그런데 그 둑방 근처에 이 동네 김해 김씨 문중 선산이 있어요. 지금은 묘지도 훨씬 늘었지요. 아마 자기네 선산 근처에서 개 잡아 먹고 술 마시는 꼴이 보기 싫었겠지요. 오래전 언젠가 그 둑방 근처에 입간판이 하나 세워졌어요. "이곳은 유원지가 아닙니다. 개를 잡거나 쓰레기를 버리지 마십시오."

그림 17-1 "여기서 개 잡아 먹지 마시오!"

동막천 건너편에 지금도 서 있는 이 간판은 지난 시절 머내 지역 '여가문화'의 상징이다.

그렇다고 동네 사람들이 먹을 걸 안 먹고 마실 걸 안 마셨겠어요. 그런 간판 세워지는 걸 보면 역설적으로 그렇게 하기에 꽤나 알맞은 장소라는 뜻 아니었겠어요? 동네 가까운 곳에서 달리 갈 만한 곳도 없었고요.

그렇지만 이제는 거기서 개를 잡아 먹는 사람은 없어요. 그 간판 때문이 아니라 사람들도 나이를 먹고 세월이 그만큼 달라진 거지요. 세월을 이기는 장사는 없는 법이니까요.

이런 얘기를 하다 보니 오랜만에 거기 한번 가보고 싶네요. 누군가 얘기하던데, 그 개 잡아 먹지 말라는 간판이 지금도 그 자리에 그대로 서 있다고요. 아마 우리 동네에서 세월을 이기고 살아남은 것은 그 간판 하나뿐인지도 모르겠네요.

제18장

'머내의 화타' 송강약방 심영창 씨

머내에서 오래 산 사람치고 그가 놓는 침과 그가 조제한 한약 신세를 지지 않은 사람은 없다. 그렇게 단언해도 된다고 이 동네 토박이들은 입을 모은다.

머내가 아파트촌이 되기 시작한 1990년대 중반 이전부터 이 동네에서 살아온 주민들은 '송강약방 심영창 씨'를 '머내의 화타(華陀)'[1]쯤으로 기억한다. 온 동네를 통틀어 주민들이 손쉽게 접근할 수 있는 유일하면서도 만능의 의료인으로 30년 이상 지역민들에게 봉사했기 때문이다. 세상을 떠나지만 않았더라면 아직도 그는 우리 곁에서 우리 건강을 지켜주고 있을지 모른다.

> 정말 한밤중에도 누가 아프다고 하면 안 가는 데가 없었어요. 오토바이 타고 고기리건 판교건 다 갔어요. 정말 좋은 일 많이 했어요.

> 지금도 이 동네 오래 산 할머니들이 중앙약국에 와서 전화하는 걸 들어보면 "응, 나 지금 송강약방에 있어!"라고 말을 해요. 그만큼 이 약방이 오랫동안 주민들과 지근거리에 있었다는 얘기지요.

1 화타(華陀, ?~203)는 중국 한나라 말기의 전설적인 명의다. 특히 침술과 마취, 외과 수술 및 양생술에 능했던 것으로 전한다. 『삼국지연의』에서 화타는 관우가 독화살 맞은 부위를 직접 칼로 도려내는 수술을 시행한 당사자로 그려져 더욱 유명해졌다.

> 아, 심영창 씨는 돈을 많이 벌기도 했지만, 그걸 제대로 쓸 줄 아는 분이었어요. 동네에 자율방범대가 구성되니까 그 유니폼도 맞춰주고 ……. 동네에 스폰서 할 일이 있으면 알아서 그런 걸 다 해줬어요. 침술과 약은 물론이고 여러모로 신세 많이 졌지요.

이렇게 주민들은 배탈이 나도 그를 찾았고, 농사일을 하다가 어깨가 결려도 그를 찾았다. 그가 놓는 침은 참으로 신통했다. 만병통치약이었다. 침을 놓은 뒤에는 증세에 따라 한약 또는 양약을 지어주었다. 심지어 그는 간단한 수술을 직접 하기도 했다. 손이 찢어져서 찾아오는 사람은 잠시 지혈한 뒤 직접 꿰매주기도 했다.

1. 머내 중심지 농협사거리에 자리 잡은 안목

그렇게 '머내의 종합의료센터' 역할을 한 곳이 바로 '송강약방'이었고, 그 위치는 지금 머내의 농협사거리에 위치한 중앙약국 자리였다. 지금 머내의 농협사거리 중에서도 최근까지 중앙약국이 있던 자리였다. 물론 최근의 중앙약국과 과거의 송강약방은 직접 관계가 없다.

한 번만 더 생각해 보면 그 위치는 정말 대단하다. 지금도 농협사거리가 머내의 중심지이지만, 이곳은 고기리에서 동막골을 거쳐 머내의 중심지로 내려오는 길과 손골에서 역시 머내 중심지로 내려오는 길이 만나는 곳이다. 두 갈래 큰길이 만나는 바로 그 자리에 약국 자리를 잡았던 것이다. 길목을 알아보는 안목을 타고난 것이었는지 …….

약국이 이 자리에 터 잡은 뒤 10여 년이 지나 성남시에서 고기리로 1번 버스가 들어오기 시작했다. 하루에 세 번 다녔다. 그러면 수원에 나가서 장을 보거나 성남으로 나갔다가 다시 들어가는 고기리와 대장동 쪽 주민들이 버스를 타기 위해 모이는 곳이 바로 이 송강약방 앞이었다. 그때 성남에서 오는 버스는 옛 솔밭해장국 옆 골목을 거쳐 이 송강약방 앞의 농협사거리에서 우회전해서 고기리로 향했다. 요즘의 마을버스 14번이 다니는 노선과 거의 흡사하다. 앞날을 내다보는 예지력이었을까? 만약 운이었다면 대운(大運)이었다.

이쯤 되면 궁금증이 들 법하다. 도대체 심영창 씨의 정체가 무엇이냐고. 한의사인가, 침구사인가? '약방'이라는 명칭으로 미뤄볼 때 한의사는 아니었나? 게다가 간간이 '양약 처방'을 했다는 것은 도대체 무슨 말인가? 그렇게 동서양 의학을 넘나들며 그 모든 기능을 아주 유효적절하게 수행해 낸 것은 물론이고 각종 마을 대소사에 빠지지 않고 후원하는 '큰손'이기도 했던 그는 도대체 누구인가?

머내여지도팀은 생전의 그를 잘 아는 사람들을 수소문한 끝에 그를 지근거리에서 지켜본 토박이 몇 분을 만날 수 있었다. 그들은 송강약방 얘기가 나오자마자 심영창 씨에 대해 "참 애 많이 썼다"거나 "침놓는 솜씨가 정말 귀신같았다"라고 입을 모았다. 그렇게 하고서는 "그런데 술을 너무 좋아 해서 ……"라고 허두를 뗀 뒤 자기가 아는, 심영창 씨의 음주 관련 '무용담'들을 덧붙이곤 했다.

이렇게 조각조각 모아본 송강약방과 심영창 씨의 이야기는 이렇다. 여기 소개하는 이야기는 심영창 씨의 의업(醫業)과 마을의 역사에 직간접적으로 관계되는 대목에 국한했다.

2. 한의·양의를 모두 눈으로 터득했다

심영창 씨는 본래 머내 사람이 아니었다. 그는 용인에 인접한 이천의 마장면 오천리에서 태어났다. 1942년생이니 지금도 생존해 있다면 우리 나이로 여든 줄에 들어섰을 것이다. 할아버지가 오천리 고향에서 한의원을 한 것으로 알려졌다. 그의 의술의 원천은 할아버지였던 것이다. 그는 고향에서 초등학교를 졸업한 뒤 할아버지에게서 한의학과 침술을 배웠다. 그는 생전에 "할아버지가 하는 걸 눈으로 보고 배웠다"라고 말하곤 했다.

한의학의 기본 지식을 어느 정도 익히자 그는 고향 오천리가 너무 좁고 답답하다고 생각했다. 그래서 군대에 가기 전인 1960년대 초반 외가가 있는 광주군(지금의 성남시) 궁내동으로 나왔다. 가방 하나 들고 궁내동과 동천동, 그리고 산자락 너머 대장동 등을 돌며 침을 놓아주기 시작했다. 그는 그때 이미 판교와 수지 일대에 '청년 명의(名醫)'로 소문이 났다고 한다.

그 시절에 심영창 씨가 순회한 지역은 북쪽으로는 판교 근처까지였고, 남쪽으로는 풍덕천과 죽전까지의 수지 지역이었다. 그런가 하면 동쪽으로는 지금 성남시의 야탑동까지 갔고, 서쪽으로는 고기리와 대장동 골짜기까지 마다 않고 다녔다. 백운산 너머 안양 쪽으로는 가지 않았다고 한다. 말하자면 그는 머내 지역에서 활동하던 '의생 윤호성'이 1920년대의 어느 날 사라진 뒤 40여 년 만에 처음으로 나타난 의료인이었다.

'청년 무면허 침구사' 심영창 씨의 순회 구역 또는 영업 구역과 관련해서는 재미있는 증언이 있다.

> 심영창 씨가 왜 풍덕천까지만 가고 그 남쪽으로는 다니지 않았는지 아세요? 풍덕천 바로 아래 정평에는 박창호라는 분이 의원을 열고 있었거든요. 그러니 거긴 갈 수가 없었지요.

면허 있는 의사가 버티고 있는 지역에는 들어가서 영업을 할 수 없었다는 이야기다. 그러나 이것은 반대로 아주 적극적인 의미로 해석할 수도 있다. 심영창 씨는 근대화 이전의 무의촌 지역을 자기 발로 뛰어서 의술을 베푸는 동시에 그 같은 활동을 통해 돈도 버는 아주 적극적인 인간형이었다. 그것도 전통 의술을 바탕으로 인술(仁術)을 베푸는 동시에 일찍이 자본주의적 이윤 창출에도 능했던, 당시로서는 아주 예외적인 인간형이었다고 할 수 있다.

게다가 운이 좋았다고 해야 할지, 아니면 그의 능력에 따른 당연한 결과라고 해야 할지, 그는 군대에 가서도 위생병으로 근무했다. "한의(韓醫)는 이미 할아버지 어깨너머로, 양의(洋醫)는 군대 가서 위생병이 되어 눈으로 다 터득했다"라는 것이 그의 동서양 의술 정복기다. '눈으로'에 방점이 찍힌다.

3. 한 걸음씩 한 걸음씩: 개업부터 입소문이 나기까지

그렇게 군 생활을 생산적으로 마친 그는 다시 고향 이천으로 가지 않고 스스로 기반을 닦았던 광주·용인 지역으로 돌아온다. 그리고 쇠골(지금의 성남시 금곡동)에서 안동 권씨 처자를 만나 결혼하고 신혼 생활을 동천동에서 시작했다. 지금의 동문5차 아파트 후문 안쪽에 있던 김종현 씨의 집에 방 한 칸 세를 얻었던 것이다. 김종현 씨는 머내에서 가장 많은 땅을 소유했다고 회자되는 김한배 씨의 아들로, 1960~1970년대에 자기 집 자리에 무려 50여 개의 방을 들여 인근 공장 여공 등에게 세를 놓았다고 전해진다.

아무튼 이 집이 그의 신혼집이자 한약방인 동시에 침을 놓는 의원이기도 했다. 이것이 심영창 씨가 동천동에 정착하게 된 계기였다. 1968년의 일이다. 그 해는 머내 코앞을 지나는 경부고속도로의 서울-신갈 구간이 1차로 준공된 해였다. 반세기 이상 잠자고 있던 머내 지역이 깨어나는 시점이다.

그 무렵 그는 독학으로 공부해 한약방을 열 수 있는 자격도 취득한 것으로 전해진다. 제도권의 교육으로는 초등학교가 끝이었지만 한의학과 관련해서는 이미 할아버지에게 충분히 배웠기 때문에 이 같은 자격 취득이 그리 어렵지 않았다고 한다.

지금도 심영창 씨의 지인들은 "아, 심영창 씨가 붓글씨를 얼마나 반듯반듯하게 잘 썼다고요. 할아버지로부터 구학문(舊學問: '한학'이라는 뜻)을 배울 만큼 이미 다 배운 분이었지요"라고 말하곤 한다.

그는 군대 가기 전까지 걸어서 동막천 이쪽 저쪽의 마을들을 돌며 침을 놓았지만, 군 제대 후에는 동천동을 근거지 삼아 자전거로 마을들을 순회했다. 그러다 조금 사정이 나아지자 이번에는 오토바이를 사서 순회 진료를 했다. 형편이 조금씩 피었던 것이다. 그것은 머내의 유일한 의사로서 성실하게 일한 대가였다.

마침내 어느 날 그는 머내의 중심지 농협사거리의 한 모퉁이 땅을 사서 '송강약방'이라는 상호를 내걸고 정주(定住) 진료를 시작했다. 1972년 무렵의 일이다. 이때 '송강'은 그에게 한의학을 전수한 할아버지의 아호였으니 자신에게 생업을 물려준 선대에 대한 오마주로는 최선의 것이었다. 지금 우리가 그 '송강'의 한문 표기를 알 수 없는 것이 못내 아쉽다.

2022년 최근까지 중앙약국이 자리잡고 있던 건물이 바로 그때 심영창 씨가 송강약방을 들이기 위해 지은 것이다. 이미 반세기 가까운 연륜을 자랑하는 셈이다. 이와 동시에 이 건물은 지금 우리가 확인할 수 있는 한 이 동네 최초의 콘크리트 건축물이기도 하다. 낡았다고 함부로 대할 일이 아니다. 안도현 시인이 "연탄재 함부로 발로 차지 마라"라고 했던 이유도 바로 이런 데 있을 것이다. 이 건물은, 지금도 그렇지만 과거에도 동네에서 가장 뜨거운 장소(hot place)였던 것이다. 다만, 심영창 씨의 후손이 이 자리에 새 건물을 신축할 계획인 것으로 알려져 앞으로 귀추가 주목된다.

이 장소가 뜨거웠던 것은 여러모로 설명된다. 고기리 주민들이 바깥세상으로 나들이할 때 차를 타고 내리는 장소였다는 설명은 이미 앞에서 한 바 있다. 그 밖에 이런 이야기도 있다.

> 어휴, 말도 말아요. 손님이 전국에서 다 왔어요. 운이 트였지! 요 위에 염광의원 알아요? 거기가 피부병에 잘 듣는다는 소문이 전국에 났잖아요? 그러다 보니 그 아래 있는 송강약방도 그 영향을 바로 받은 거야. 1970년대 초만 해도 여기가 허허벌판이었잖아요? 염광의원 아니었으면 손님도 그렇게 오지 않고, 소문도 안 났을 거야. 염광의원 덕분에 여기 침 잘 놓는 한의원이 있다는 입소문이 함께 난 거지.

이제 알 만하다. 송강약방이 처음에는 심영창 씨의 성실성을 바탕으로 판교와 수지 일대의 유일한 의료시설로서 자리를 잡았다면, 그렇게 어느 정도 자리가 잡힌 뒤에는 운 좋게도 인근에 들어선 피부과 전문의원인 염광의원 덕분에 머내의 경계를 넘어 유명세를 떨칠 수 있었던 것이다. 이런 외진 곳에 자리 잡은 쌍두마차 의료기관, 즉 염광의원과 송강약방의 존재는 꽤나 이색적인 것이었다.

4. 고달픔을 술로 달래다

참으로 알 수 없는 것이 인간사다. 송강약방의 영업이 그렇게 순풍에 돛 단 듯이 확장 일로를 걷자 정작 가장 고달파진 것은 심영창 씨 본인이었다.

한때 '양약'에 덧붙여 '한약'까지 판매하는 약국이 선풍적인 인기를 끌기도 했지만, 심영창 씨는 일찍이 '한약'을 기본으로 하고 '양약'을 덧붙여 판매해 재미를 본 경우였다. 너무 일렀던 것일까? 영업이 너무 잘되면 남의 이목을 끄는 법이다. 그 자신은 군에서 위생병 시절에 양약의 기제를 모두 익혔다 쳐도 약사 면허 없이 그런 영업을 하는 것은 엄연히 위법한 일이었다. 그는 여러 차례 경찰에 불려가 조사를 받았고 그때마다 벌금 등의 제재 조치도 받았다.

구속되지 않은 것이 다행이라면 다행이었다. 이런 고생과 수모를 견디다 못해 심영창 씨는 '관리약사'를 두고 '양약' 영업 행위를 병행한다. 합법적인 방법으로 한약과 양약 판매를 병행하는 길을 찾은 것이다. 말하자면 자신의 면허 범위 안으로 영업 범위를 줄인 것이 아니라 기왕에 벌여놓은 틀을 그대로 유지하는 쪽을 택한 것이다.

그 결과는 만만치 않았다. 법의 문제가 아니었다. 한 지인의 증언을 들어보자.

> 심영창 씨의 체구가 어땠는지 아세요? 키가 182Cm에 체중이 110Kg까지 나갔어요. 그런 거구의 사나이가 하는 일이라는 게 아침 10시부터 밤 10시까

지 거의 꼬박 12시간 동안 쭈그려 앉아서 손님들에게 침을 놓는 거예요. 손님들이 워낙 밀려들다 보니 그렇게 된 거지요. 그다음에는 한약이나 양약 처방을 내주고. 매일 똑같이 이런 식으로 생활하는 것을 한번 생각해 보세요. 무슨 낙이 있겠어요? 게다가 운동을 좋아하지도 않았으니 ……. 그래서 매일 밤 10시 송강약방 문 닫은 다음에는 그 사거리의 대각선 맞은편에 있던 정육점에 우리 '금강산친목회'의 일곱 명 회원들이 모이는 거예요. 하룻밤에 소 반(半)짝씩 먹고 술도 폭음했지요. 정말 밤새도록 술을 마시곤 했어요.

소는 통상 사분도체(四分屠體)의 형태로 도매상에 공급된다. 그게 이른바 '한 짝'이다. 여기서 '반 짝'이라는 것은 그 사분도체의 절반이라는 뜻이니, 소 한 마리의 8분의 1에 해당한다. 그것은 금강산친목회원 일곱 명이 모두 엄청난 대식가들이었다 하더라도 결코 하룻밤에 소화할 수 있는 분량이 아니었다. 거기에 폭주(暴酒)까지 곁들였으니 …….

스트레스 해소책이 결국 자신을 갉아먹는 첩경이 되고 만 것이다. 그는 각종 신병이 겹쳐 결국 1998년 세상을 떠나고 말았다. 머내에 터 잡고 약국 문을 연 지 꼭 30년 만의 일이다. 그리고 그 시점은 머내에 대형 아파트 단지들이 여기저기 들어서서 상전벽해의 변화가 막 시작되던 때였다. 머내 지역 자체가 변화에 몸부림 치고, 이곳 주민들도 그 변화의 흐름 속에서 몸살을 앓던 바로 그 시기에 살신성인의 자세로 마을 사람들을 돌보던 거한(巨漢)이 영원히 마을을 떠난 것이다. 마치 '나의 시대는 이제 지나갔다'는 듯이.

5. 머내 사람들이 결코 잊을 수 없는 이름

그 뒤 송강약방은 결국 간판을 내렸고, 한약 판매도 끝났다. 본인이 활동 범위를 조정하지 않자 하늘이 강제로 파국을 몰아온 것이다. 거기서 관리약사로 일하던 분이 양약 부문만 이어받아 '중앙약국'이라고 새로이 간판을 붙인 것이 오늘날 중앙약국의 시작이었다. 그 뒤 중앙약국은 다른 한 분의 약사를 거치면서 머내의 대표적인 약국으로 자리 잡고 있다가 최근 간판을 내리기에 이른 것이다.

본래 머내 태생이 아니면서도 달랑 침구(鍼灸) 가방 하나 들고 맨몸으로 이 동네를 찾았던 사나이가 '머내의 화타'가 되어 일세를 풍미하다 결국 그 자신도 생멸의 법칙을 이기지 못하고 세상의 진토(塵土)가 되고 만 것이다.

그렇지만 그가 이 동네에 의료인으로서 남긴 족적은 적어도 그와 한 시대에 한 공기를 호흡하며 살았던 사람들의 기억 속에 '송강약방'이라는 이름으로 잊히지 않고 남았다. 그는 1960~1990년대 머내의 결정적인 변화 시기에 머내인의 대표 명사 가운데 하나였던 것이다. 우리가 '머내 열전(列傳)'의 한 자리를 기꺼이 그에게 헌정해야 하는 이유가 바로 이것이다.

마지막에 사족으로 붙이는 이야기 한 가지. 심영창 씨가 머내의 장래 중심지에 송강약방의 자리를 잡는, 즉 장소를 볼 줄 아는 대단한 안목을 갖고 있었다고 앞에서 언급한 바 있다. 알고 보니 그의 아버지가 고향 이천에서 이름난 지관(地官)이었다고 한다. 할아버지는 그가 한평생 살아갈 수 있는 한의학 지식을, 아버지는 그렇게 한의사로 살아가는 가운데 약방의 입지를 선정할 수 있는 능력을 각각 물려주었던 것일까? 그런 능력은 유전되는 것일까? 궁금하다.

제19장

'머내 천주교의 개척자' 이우철 신부

머내에는 '손골성지'만 있는 것이 아니다. 곳곳에 천주교와 관련된 시설들이 많다. 아마도 150여 년 전 윗손골의 교우촌에서 시작된 머내와 천주교의 인연이 이 지역 여러 곳에 그 흔적을 남겨 놓은 것이리라.

1. 1967년 머내에 성심원 새 부지 마련

그렇지만 오늘날 머내 지역의 천주교를 이야기하려면 아무래도 이우철(李宇哲, 1915~1984) 신부와 그가 창설한 성심원에서 시작하지 않을 수 없다.

충청남도 부여의 천주교 순교자 집안에서 태어난 이우철 시몬 신부는 광복 직후 혼란기였던 1946년 7월 1일 서울역에서 만난 고아 다섯 명을 자신이 보좌신부로 있던 약현성당(서울 중구 중림동) 사제관으로 데려가 돌보기 시작했다. 그것이 성심원의 출발이었다. 그때만 해도 이 신부는 고아들 돌보는 일에 소명 의식을 가진 게 아니었다. "그냥 불쌍해서 데려다 키운 것"뿐이라고 한다. 그러나 두 해 뒤 경기도 시흥군 신동면 잠실리 13-59(지금의 서울 서초구 잠원동)에 교회와 성심원 건물을 새로 지어 옮겨가면서 그의 고아 돌봄 사업이 본격화되었다.

그 뒤 성심원은 6·25 전쟁 기간에 원아들의 분산과 피난, 인민군과의 갈등 등 많은 어려움이 있었지만 모두 이겨내고 전쟁 뒤 재건까지 이뤄 1957년 '사회복지법인'으로 정식 인가도 받았다. 그 무렵 신축된 '잠실리 성당'은 성심원 원아들을 위한, 국내 유일의 소년성당이었으나 서초와 강남 일대에 성당 건립 요구가 생기면서 1975년 '잠원동 성당'으로 바뀌었다.

1960~1970년대를 거치면서 성심원은 소속 원아가 200명을 넘을 정도로 규모가 커졌고, 학교, 목공소, 철공소, 병원 등도 자체로 설치해 지역 주민들도 이용하도록 했다.

문제는 교회와 성심원 시설이 자리 잡은 잠원동 일대가, 그때만 해도 한강의 치수가 제대로 이뤄지지 않아 조금만 홍수가 나도 침수된다는 점이었다. 몇 차례 그런 소동을 겪고 나서 이우철 신부는 마침내 1967년 전답과 임야로 이루어진 이곳 동천리의 현 부지를 매입하기에 이른다. 이 신부는 성심원 신축에 앞서 우선 자신의 거처를 동천리의 새 부지로 옮겼던 것 같다. 그 직후 그의 일기를 살펴보자.

시야와 환경이 맑고, 식수가 신선하니 …….

1969년 12월 3일, 수요일, 맑음, 기온 영하 8°C

수지(水枝)에서. 찬란한 태양(太陽).

수지 우리 집에서만 느낄 수 있는 찬란한 아침 해는 나를 신선하고도 활기 있게 해준다. 오! 맑고 맑은 하늘의 오늘 아침 해! 정신이 명백해진다. 대홍수로 잠실 전역이 침수됐던 65년 7월 15일, 66년 6월 15일을 생각하며, 그 몸서리치던 대소란이 또 없지 않을 것이라 생각하고, 서둘러 대토(代土)를 마련코자 이사(理事)들과 적지(適地)를 찾아 사방을 둘러 다니며 물색한 나머지, 여기 이 수지(水枝) 동천(東川) 산13번지에 자리를 잡고 보니, 주성모(主聖母) 님께서 특별히 마련해 주신 것을 감사한다. 시야와 환경이 맑고 신선한 식수와 더불어 만족한 이곳에, 하루라도 속히 아동들을 위한 시설과 주민들을 위한 거룩한 성전을 이루고 싶은 마음 간절하다. 그동안 매매된 토지를 연월일순으로 정리기록하며, 일광(日光)이 서경(西傾)할 무렵('해가 서쪽으로 기울 무렵'이라는 뜻) 면장, 이장, 그리고 풍덕천(豊德川) 유지 장(張) 씨가 주안(酒案)을 차려가지고 방문해 왔다. 이런 고마운 방문이 분에 넘친 듯 흐뭇했다. 발전성에 대한 말을 서로 흐뭇이 나누며 즐긴 후 작별해 갔다. 오늘의 원의(願意)는 성당과 중학교가 속히 이곳에 세워지는 것이었다. 기대될 만한 욕구이다. 잠실보다 민심이 진실해 보인다.

한강 변에서의 지긋지긋했던 물난리 상황과 동천리 부지 매입 후의 푸근한 감정이 절로 묻어난다. 이때 동천리에 마련된 성심원 부지는 모두 3만 5000여 평이었는데, 이 신부의 개인 유산으로 매입한 것으로 알려졌다. 매입가는 평당 70원이었다. 확실히 호랑이 담배 피던 시절의 이야기다.

그런데 이 일기에서 재미있는 것은 이날 이우철 신부를 예방한 면장, 이장 등 동네 유지들이 '성당과 중학교'가 속히 들어서길 바란다는 뜻을 밝힌 대목이다. 아마도 '성당'은 다소 의례적인 인사였을 가능성이 크다. 하지만 '중학교'는 조금 다른 얘기였다. 그 시점만 해도 이 동천동에는 국민학교도, 중학교도 없었다. 수지국민학교나 문정중학교에 가려면 모두 풍덕천동으로 나가야 했다. 국민학교는 그 밖에 고기리 등 다른 선택의 여지가 있었지만 중학교만은 문정중학교로 진학하든가, 그렇지 않으면 학력이 '국민학교 졸업'으로 끝나야 했다. 1960년대 이 동네 사정이 그랬다. 그런 점에 비춰 이우철 신부가 이날 청취한 동네 사정은 꽤나 인간적인 동시에 꽤나 절실한 것이었고, 그 연장선상에서 '진실한 민심'으로 읽힐 만도 했다.

2. 경부고속도로를 구경하며

그 무렵 이우철 신부가 썼던 또 한 편의 일기를 보면 앞에서 살펴본 민심보다는 조금 큰 시대상이 나타난다. 이 일기를 읽기에 앞서 먼저 몇 가지 연대기를 알아두는 것이 좋다.

즉, 경부고속도로의 전체 구간이 개통된 것은 1970년 7월 7일이지만, 그에 앞서 1968년 12월 21일 서울-수원(정확하게는 서울 압구정동-신갈 인터체인지) 구간이 우선 개통되었다는 사실이다. 이 구간이 바로 머내 지역 코앞으로 지나간다. 이는 1905년 경부선 철로의 개통으로 오지나 다름없는 곳으로 전락했던 용인, 특히 머내 지역이 다시 수도권의 요지로 등장하는 순간이었다. 그런데 서울-수원 구간 개통 때는 제3한강교(지금의 한남대교)도 완공되지 않아 서울 중심부에서 이 고속도로로 접근하는 데는 한계가 있었다. 제3한강교가 개통된 것은 1969년 12월 25일의 일이다. 이어지는 일기는 그 다리가 준공되기 직전의 시점에 쓰였다.

1969년 12월 7일, 일요일, 흐림

오는 길(잠실리 성당에서 수지 동천동의 거처로 돌아오는 길)에, 완공 직전인 제3한강교에 연결된 고속도로를 구경했다. 성실한 성의와 노력과 인내는 결국 엄청난 이 결실을 산출해 주었구나 느꼈다. 오늘 처음 시찰에, 나는 평소 경부고속도로가 생긴 후, 수지(水枝) 출근 혹은 서울 왕래(往來), 잠실(蠶室)에서 수지(水枝) 노선편(路線便) 등등을 주시해 오던 것이, 또 염원이 이루어졌다고 기쁜 마음을 달랠 길 없다. 그것은 교차로가 이곳에 생겼기 때문이다. 말죽거리로 뻗쳐 나갈 중앙도로라는 것, 고속도로라는 것, 이곳저곳 자유자의(自由自意)로 통행 가능이다. 이곳은 아무리 봐도 제2명동, 그렇지 않으면 일등 관광호텔들이 들어 채워질 듯 자못 전망이 커 보인다. 쥐구멍도 볕 들 날이 있다더니, 이 고장이 그렇겠다. 우리 성심원(聖心園)이 빚 없이 나간다면, 지금 이 원사(園舍) 자리는 큰 이용가치가 있을 것이다. 하루속히 빚을 청산하여야 되겠다. 개인주의자들인 이곳 주민들도 이제는 전기(電氣)도 맛볼 것이요, 전화(電話)도 이용할 것이다. 도강(渡江)도 필요없을 것이다. 그러나 때는 늦다. 거부(巨富)들에게 밀려 나갈 터이니까…….

우선 개통된 경부고속도로 구간을 이용해 귀가하는 길에 이 신부가 느꼈을 대토목공사의 위용과 그에 따른 격세지감, 그리고 자신의 두 근거지(잠실과 동천리)가 모두 이 고속도로의 노선에서 지척인 데 따른 자족감 같은 것들이 선명하게 다가온다.

본인이 의도한 것은 전혀 아니겠지만, 그렇게 해서 이우철 신부는 머내 지역이 오랜 잠에서 깨어나기 직전 자리 잡음으로써 머내가 기지개를 켜고, 나아가 큰 몸살을 앓는 초기 과정을 제3자의 눈으로 선명하게 지켜볼 수 있었다.

3. 1984년 성심원 신축공사, 기공식 다음 날 선종

아무튼 이렇게 부지를 마련했다고 성심원이 단박에 이곳으로 옮겨온 것은 아니었다. 건물을 지을 돈을 쌓아둔 것은 아니었으니까. 그러나 1970년대 들어 강남 개발이 본격화되면서 잠원동 일대가 서울시 도시계획에 의거해 아파트 단지로 책정되어 문제는 자연스럽게 해결될 수 있었다. 그 뒤 1988년 서울올림픽을 앞두고 정부는 사회복지시설의 지방 이전을 독려하면서 마침내 성심원도 1984년 11월 8일 이곳 동천리에 350여 평 규모의 새 원사를 짓고 이전하게 되었다. 본격적으로 동천동 시절이 시작된 것이다.

그러나 성심원을 일군 이우철 신부는 1984년 2월 21일 동천리 현장에서 기공식을 마친 다음 날 선종했다. 본격적인 동천동 시절에는 함께하지 못한 것이다. 참으로 아쉽고 안타까운 일이었다. "목수가 집을 짓는 것은 자기 살려고 하는 게 아니다"라는 말로 위안을 삼아본다.

이우철 신부가 40년 가까이 돌본 고아들은 약 1000명에 이른다. 그리고 이제 다시 동천동 시절도 벌써 30년을 훌쩍 넘긴 2016년, 성심원에는 1세부터 19세까지의 남자 아이들 49명이 생활하고 있다. 2017년 현재, 성심원 앞으로 대형 아파트 단지(LG 자이아파트)가 들어서면서 새 도로가 성심원 부지 일부를 관통하게

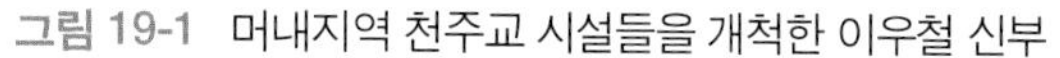
그림 19-1 머내지역 천주교 시설들을 개척한 이우철 신부

이우철 신부가 성심원을 동천동으로 이전하기 직전인 1983년, 잠실 지역의 성심원에서 고아들을 돌보고 있다.

되자 기존 건물들을 헐고 신축 작업을 진행했다. 차제에 성심원의 면모도 일신했다.

'성심사회복지법인'이 법인체로서 성심원의 운영 주체로 되어 있다. 실제 운영은 역시 이우철 신부가 창립한 '파티마의 성모 프란치스코 수녀회'가 맡아서 한다. 그러나 지금 성심원은 법인체나 수녀회 혹은 사무국 직원뿐만 아니라 원근 각처의 수많은 후원자와 자원봉사자들의 노력에 힘입어 운영 중이다. 그런 후원자와 자원봉사자들 중에는 종교의 벽을 넘어 이우철 신부의 헌신적인 노력에 큰 감명을 받았거나 이 같은 사회복지 활동에 공감하는 비천주교 신자들도 상당수 포함되어 있다.

4. 이우철 신부와 손골의 인연

이우철 신부가 평소 언급한 적도 없고, 그 자신이 명시적으로 인식했었는지도 불분명하지만, 이우철 신부의 집안은 오래전부터 이곳 동천동과 희미하나마 관계를 맺고 있었다. 그것은 정확하게 얘기하자면 손골성지와 관계된 인연이었다.

그것은 지금으로부터 150여 년 전, 정확하게는 이 신부가 1967년 동천동에 성심원 부지를 매입하기에 앞서 100년에 한 해를 더한 1866년의 일이었다. 그것은 바로 도리 신부를 포함해 손골 교우촌 관계자들이 잡혀가 순교한 '병인박해'였다. 그때 천주교 관계자들이 잡혀간 것은 손골뿐이 아니었다. 특히 충청도 지역 선교의 중심지였던 충청남도 보령에서는 여러 선교사 신부들과 평신도들이 굴비 엮듯 줄줄이 체포됐다.

손골의 도리 신부 등이 그해 3월 7일 서울의 새남터에서 순교한 직후 그달 30일 보령의 갈매못이라는 곳에서는 다블뤼 주교, 오매트르 신부, 위앵 신부와 평신도 황석두 회장, 장주기 회장 등이 역시 순교했다. 사제들은 모두 손골을 거쳐 간, 말하자면 '손골 동창생'들이었다(8장의 〈표 8-1〉 참조). 심지어 오매트르 신부는 도리 신부가 손골에 오기 직전 이곳에 1년 반 가까이 거처해 손골 천주교인들에게는 아주 친숙한 존재였다.

아무튼 보령 갈매못의 순교자 다섯 분 가운데 황석두 회장의 유해는 가족들이 찾아가고, 나머지 네 구의 유해가 문제였다. 사형장 근처 모래밭에 매장되었던 다블뤼 주교 등 네 구의 사체는 그 뒤 1967년(또 그해!) 서울 절두산 순교자기념관 지하성당에 안장되기까지 100여 년 동안 국내외의 무수히 많은 곳을 전전했다. 유해가 실전(失傳)되거나 일부가 일실(逸失)되기 십상이었다. 그러나 그렇지 않은 것은 물론이고 그 네 분의 유해가 섞이는 일도 없이 고스란히 보존될 수 있었던 데는 목숨을 걸고 나섰던 당시 천주교인들이 있었다. 바로 보령 인근 부여 출신의 이사심(1802~1866)과 이치문(1836~?) 부자였다. 이들은 바로 이우철 신부의 증조부와 조부였다.

표 19-1 병인년 갈매못 순교자 4인의 유해 이장 행적

장소	때	경위
충청남도 보령 갈매못 모래밭	1866년 3월 30일	순교 장소에 매장
갈매못 인근 오포리 야산 (수영 갈마연 진터)	1866년 5월 21일	이치문과 장노첨(장주기 회장의 아들)이 갈매못에서 10리 떨어진 야산 콩밭으로 이장
보령 서짓골 담배밭	1866년 8월 12일	이치문의 부친 이사심이 첫 이장터에서 여우굴 발견하고 다시 이장
블랑 주교	1882년 3월 10일	블랑(Blanc) 주교가 묘의 실전을 우려해 이치문 등에게 유해를 발굴해 모셔오도록 지시
일본 나가사키(長崎) 오우라(大浦) 성당 지하묘지	1882년 11월 6일	일본은 이미 천주교가 공인된 상황에 의거
서울 용산신학교	1894년	-
서울 명동성당	1900년	-
서울 절두산 순교자기념관	1967년	-

이 두 분 가운데 증조부 이사심과 다른 두 분의 할아버지 형제 등 세 분은 그 해(1866) 말 관군에 잡혀 끝내 병인박해의 순교자가 되었고, 조부 이치문은 가까스로 관군의 눈길을 피했다. 그렇다고 어느 심심산골로 들어가 종적을 감춘 것이 아니고, 자신과 아버지 이사심이 거두었던 다블뤼 주교 등 네 분의 유해를 끝까지 지키고 보존해 후세에 넘겨주는 역할을 했다. 정작 자신의 아버지와 형제 등 세 분 순교자의 유해는 찾지 못해 산소를 쓰지 못했다. 이치문이 다블뤼 주교 등의 유해를 옮긴 행적은 〈표 19-1〉와 같다.

이렇게 정리해 놓고 보면 이치문은 병인박해로부터 10여 년 지난 1882년 당시 고향을 떠나 강경으로 이주해 살던 상황에서 블랑 주교로부터 이 '손골 동창생' 등의 유해를 다시 발굴해 모셔오라는 지시를 받고 이를 성실하게 수행했던 것이다. 그 뒤 이 유해가 일본으로 넘어갔다가 돌아오는 과정에서 이치문이 할 역할은 없었다. 그러다가 그 손자인 이우철 신부가 병인박해 101년 후 손골 지척 동천동에 성심원의 새 터전을 마련하고 왕래했던 것이다.

이우철 신부는 이런 인연을 인식했을까? 자신의 증조부와 조부가 '손골 동창

생'들과 맺었던 인연 가운데 '손골'이라는 장소까지 인식했는지는 분명하지 않다. 그러나 그 자신이 순교자의 후손이기도 해서 이우철 신부는 순교자들에 대해 남다른 존경심과 사랑을 품고 있었다. 그는 자신이 설립한 '파티마의 성모 프란치스코 수녀회(Franciscan Daughters of Our Lady of Fatima)' 소속의 수녀들에게 손골성지를 자주 순례하도록 권했다. 성심원의 후원자들에게도 손골 교우촌 이야기를 소개하면서 손골성지를 순례하게 했다. 이우철 신부가 세상을 떠난 뒤 성심원 후원자들로 구성된 '성심가족회'가 이우철 신부의 뜻을 받들어 성지개발위원회를 구성하고 수원 교구의 인준을 받아 손골성당·십자가와 대형 성모상을 건립했으며, 1966년 손골성지에 세워진 도리 신부 순교현양비도 고쳐 세워 손골이 순례지로서 거듭나게 만들었다. 이우철 신부가 자신의 조상들과 손골의 연관성을 인식했든 아니든, 이 모든 일들을 누가 우연으로 치부할 수 있을까?

'파티마의 성모 프란치스코 수녀회'에서는 1997년부터 2011년까지 손골성지에 수녀를 파견해 신자들의 순례를 도왔다.

5. 프란치스코수녀회와 성심원 묘지도 이우철 신부가 설립

이제 자연스럽게 '파티마의 성모 프란치스코 수녀회'[1]를 살펴보자. 이 긴 이름의 수녀회는 앞서 소개한 대로 이우철 신부가 설립했다. 역시 중요한 계기는 이우철 신부가 창립한 성심원의 일이었다.

해방과 전쟁의 소용돌이 속에서 정부의 도움 없이 100명이 넘는 고아를 돌보는 일은 엄청난 희생을 전제로 하는 일이었다. 게다가 거칠기 짝이 없는 소년 고아들을 양육하기 위해서는 어머니의 섬세한 손길도 절실했다. 이우철 신부 혼자 힘으로 될 수 있는 일이 아니었다.

1 파티마의 성모 프란치스코 수녀회 홈페이지(www.fof.or.kr).

이러한 아동들의 어머니가 된다는 취지 아래 동정녀 김의경 막달레나(1916~2014)의 청원으로 만들어진 어머니회가 모체가 되어 1969년 3월 21일 마침내 '파티마의 성모 프란치스코 수녀회'가 창설되었다. 1980년 수원교구의 정식 승인을 받았고, 2001년 3월에는 교황청의 승인까지 받았다. 현재 성심원 안 동천동 138번지에 수녀회 본부가 있다. 이 수녀회는 불우 아동과 청소년을 보호·양육하고 고통받는 사람과 노약자를 돌보는 사회사업을 주로 한다. 역시 대표적인 일은 성심원 운영이다.

다음은 '성심공원묘지'다. 동천동 사람들은 윗손골로 올라가다가 용인-서울고속도로 못 미쳐 오른쪽(즉, 동쪽) 언덕배기에 꽤 넓게 자리 잡은 공원묘지를 지나치면서 보았을 수 있겠다. 그러나 그 묘지의 연유에 대해서는 제대로 아는 사람이 별로 없다.

이 묘지는 이우철 신부가 1967년 동천동에 성심원 부지를 매입하면서 함께 매입해 조성한 곳이다. 성심원의 운영자금을 마련할 수익사업의 일환으로 구상한 것이었다. 그래서 그때 매입한 1만 6000여 평의 부지 가운데 1만 평 정도의 부지에 대해 산지전용허가 및 개발행위 허가를 받아 공원묘지를 조성했고, 그때로부터 1970년대 후반까지 주로 천주교 신자들인 성심원 후원자들을 중심으로 묘지 자리를 분양했다. 지금도 이곳은 성심사회복지법인이 관리 중이다.

1980년대에 선종한 이우철 신부와 최근 선종한 김의경 수녀 모두 여기서 이 세상의 마지막 안식처를 얻었다. 성심원을 일군 두 주역이 성심공원묘지에 묻힌 것은 아주 자연스러운 일이다.

제20장

동천동 최후의 수로관리인 성일영 씨

그를 만난 것은 큰 복이었다. "이젠 나이가 많아서 기억도 잘 안 나!"라고 말하곤 했지만 그만큼 머내의 옛 모습을 구체적이고도 입체적으로 설명해 내는 사람은 없었다. 특히나 그의 설명은 아주 생생했고 재미까지 있었다. 이런 식이었다.

> 옛날에는 이 동막천에서 '딸팽이'랑 새우를 많이 잡아먹었어. 이 물이 아주 깨끗했지. 그런데 요즘은 오리들이 날아와서 그걸 다 잡아먹는 바람에 사람이 그걸 잡을 수가 없어. 그렇다고 오리를 잡아먹으면 법에 걸린다고 하고, 또 뭔 병(조류독감으로 추정)에도 걸린다고 하니 ……. 원, 세상에 이럴 수가 있나?

슬금슬금 몇 문장 얘기하는 듯했는데 그게 한 줄에 꿰이며 금방 한 편의 이야기를 이루었다. 그날 그는 '달팽이'를 '딸팽이'라고 불렀다. 'ㄷ'이 왜 된소리가 되었는지는 알 수 없으나 그는 두어 시간 대화 속에 '딸팽이'를 포함해 처음 듣는 토속어를 서너 개나 선보였다. 그는 자연 속에, 농사 속에, 과거 속에 머물다 툭 튀어나온 인물 같았다. 그만큼 그와 대화를 나누는 일 자체가 신기하게 느껴졌다. 이렇게 표현하면 좀 실례가 될지 모르겠지만, 그는 '걸어 다니는 머내박물관'이었다.

성일영 씨는 1931년 동막골에서 태어났으니 우리 나이로 아흔이 넘었다. "해

그림 20-1 '걸어다니는 머내박물관' 성일영 씨

머내여지도팀과 함께 2017년 3월 21일 동천동 일대 수로 답사를 마친 뒤 '솔밭해장국'에서 늦은 점심을 하고 있는 성일영 씨의 모습이다. 그는 이날 답사 중에 왕성한 체력과 기억력을 보여 주위를 놀라게 하더니 식사 때는 소주 몇 잔을 순식간에 비우는 노익장을 과시했다.

방 전에 부모님 따라서 만주에 가서 7년 살고, 단기 88년(1955)에 군대 가서 44개월 근무한 것 빼고는 줄곧 동천동이나 그 주변에서 살았다"라고 했다. 지금도 그는 동문3차 아파트에 살면서 동막골에서 농사를 짓는다. 동네 사람들은 그를 '도토리 할아버지'라고 부른다. 가을이면 배낭을 메고 머내 지역 산을 훑으며 도토리를 줍기 때문이다. 날래기가 다람쥐 버금간다. 그 작은 체구에 그토록 연세가 들고도 잽싸기가 이를 데 없다.

우리는 동천동이 전근대 시기에 전형적인 농업 지역이었다는 판단에 따라 그 모습을 상징적으로 보여줄 수 있는 장소와 인물을 찾다가 그를 만났다. 그는 생존해 있는 동천동 최후의 수로관리인이기 때문이었다.

'수로관리인', 그것은 농업, 그중에서도 수도작(水稻作) 논의 생명줄이나 다름없는 저수지 물의 수로를 관리하는 직책이었다. 과거에는 수리조합에, 요즘에는 농어촌공사에 고용되어 여름 한철 비정규직으로 일한다. 1961년 준공된 우리 동네 낙생저수지에도 당연히 수로가 딸려 있었고, 그것을 관리하는 담당자들이 있었다. 저수지 바로 아래인 동막골에 한 명, 그다음 하손곡에 한 명, 그리고 동원동·궁내동·금곡동·오리뜰(오리역 근처의 넓은 들) 등에 각각 한 명씩 관리인이 있었다고 한다. 성일영 씨는 이 가운데 동막골 관리인이었다.

우리는 이런 설명 중에 수로가 동막천을 건너서 고개 너머 동네인 궁내동까지 이어졌다는 말에 고개를 갸웃했다. 그 말을 이해하는 일은 우리 동네 지리에 대한 이해를 한층 깊게 하는 것이었다.

> 지금 (자이)아파트 공사장 한복판에서 수로가 갈렸어. 동원동과 동천동으로. 거기서 한 줄기는 GS편의점 옆골목으로 해서 동막천 보(洑)를 거쳐 동원동으로 간 뒤 궁내동과 백현동까지 갔지. 다른 한 줄기는 목양교회 앞으로 해서 동문5차 아파트 뒤에서 철다리로 손곡천을 건너서 현대1차 아파트 정문 앞에서 다시 두 갈래로 갈렸어. 그중에 한 갈래는 지금 없어졌지만 동천역 새로 난 자리를 거쳐 죽전리의 검바위(玄巖, 죽전동성1차 아파트)까지 갔고, 또 한 갈래는 동천동의 머내 버스 정류장 옆으로 해서 고속도로 건너 오리뜰까지 갔지. 낙생저수지가 탄천 서쪽의 굉장히 넓은 지역에 물을 대줬어.

우리가 농어촌공사에서 수로 지도를 얻지 못했다면 성일영 씨의 이야기를 실감하지 못했을 것이다. 아니, 곧이곧대로 듣지 않았을 가능성이 높았다. 특히 수로라는 것이 지하 매설 구간이 많을 뿐만 아니라 설사 지상으로 드러난 구간이라도 농사를 짓지 않는 사람의 눈에는 일반 도랑과 잘 구분되지 않기 때문이다.

아무튼 우리는 성일영 씨의 설명과 현장 안내, 그리고 농어촌공사의 지도를 통해 이 수로의 과거 수혜 면적이 만만치 않음을 알 수 있었다. 그뿐만 아니라 동천동 쪽 수로가 2013년까지 작동했으며, 그 시점에 최종 지점의 논은 머내기업은행 버스 정류장 뒤에 최근 준공된 루체스타 주상복합 건물 자리였음을 확인했다.

그러고 보니 최근까지도 기업은행 뒤 짧은 논둑길(지금은 루체스타 옆의 콘크리

그림 20-2 머내 지역의 수로를 아십니까?

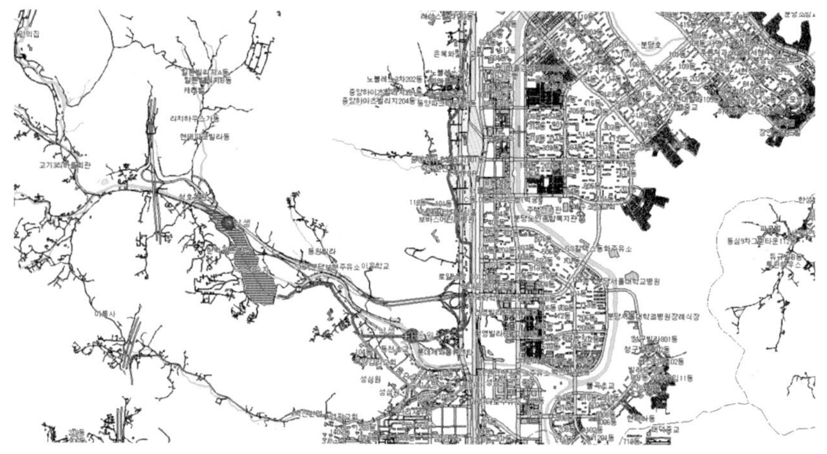

한국농어촌공사 화성·수원지사가 관리하고 있는 2017년 기준 낙생저수지의 수로(붉은색) 지도다. "낙생저수지(파란색 빗금 표시)가 탄천(하늘색) 서쪽의 넓은 지역에 물을 대줬다"는 성일영 씨의 설명이 한눈에 이해된다. 대형 자이아파트 단지 건설로 수로가 끊긴 부분은 아직 이 지도에 반영되지 않았다. 최근까지 작동했던 동원동 방향의 수로는 궁내동과 백현동까지 아주 길고도 분명하게 표시되어 있는 반면, 동천동 방향의 수로는 오래전에 소멸된 오리뜰 방면과 죽전 검바위 방면은 이미 지도에서 지워진 채 머내기업은행 버스 정류장(주막거리)까지만 표시되어 있다. 그나저나 동천동 방향에서는 2013년 마지막 논이 사라졌고, 동원동 방향에서도 2015년 궁내동의 마지막 논이 농사를 중지하면서 이 수로는 사실상 기능을 다했다. 게다가 2016년부터는 동천동의 자이아파트 단지 공사로 그 영역 안의 수로가 철거되면서 낙생저수지 수로의 물리적 흔적마저 지워지기 시작했다.

트 포장도로!)을 따라 개구리 소리 들으며 출퇴근하던 경험을 간직한 사람들이 우리 주위에는 많다. 특히 인근의 플러스빌 또는 영풍아파트에 거주하는 주민이나 근처의 일터로 출퇴근하는 사람들이라면 모를 수 없는 길이다. 그것이 동천동 최후의 논농사 터라니! 과거의 유적은 바로 우리 곁에 있었다.

> 한 삼사십 년쯤 (수로관리인으로) 일했지. 2015년까지야. 한 달에 72만 원 받았어. 1년에 넉 달, 5월 중순부터 9월 중순까지야. 아, 수리조합 시절에는 그렇게 넉 달 일하고 다섯 달 치 월급을 받았지. 왜 한 달 치 더 줬냐? 그건 여름이고 겨울이고 통관(낙생저수지의 수로 취수구)을 관리했기 때문이야.

겨울엔 통관까지 내려가서 얼음을 깨줘야 돼요. 그런데 농어촌공사 되고 나서는 그 일을 안 해. 그러니까 일한 대로 꼭 넉 달 치만 받았지.

그는 자신의 작업 내용은 아주 생생하게 기억했고, 설명은 더욱 실감이 났다. 다만 자신이 수로관리인으로 일한 시기를 포함해 연도는 거의 기억을 못했다. 그것은 어제 일이 오늘 일 같고, 오늘 일이 내일 일과 마찬가지인 농촌 주민들의 일반적인 특징일 수도 있었다.

어휴, 이 저수지 공사는 굉장히 오래 걸렸어. 내가 군대 가기(1955) 전부터 시작했는데 제대한 뒤에도 공사를 하더라고. 아, 나도 거기서 빤쓰에 쓰봉만 걸치고 일했지. 돈이 없어서 그렇게 오래 걸렸대.

성일영 씨는 낙생저수지(1961년 준공)와 그에 딸린 수로가 생기기 전 마을 상황에 대해서도 기억하고 있었다. 사실 낙생저수지가 생기기 전에 그 자리(고기동과 동원동의 경계)는 비교적 완만한 계곡이어서 고기동과 동천동을 이어주는 길이 자리 잡고 있었다. 지금은 승용차나 마을버스를 타지 않고는 두 동네 사이를 오갈 엄두를 내지 못하지만 저수지가 생기기 전에는 지금의 차도 위치로 둘러 다닐 리가 없었을 것이기 때문이다.

지금 댐 위에서 저수지 쪽으로 통관이 삐죽 나와 있는 데가 고기동(용인시)과 동원동(성남시) 경계야. 바로 거기 고기동 쪽 저수지 바닥이 고기동 1번지이고. 옛날에는 그 경계선 따라 냇물이 흘렀어. 동막천 상류지. 그리고 그 냇물 따라서 동원동 쪽에 길이 있었어. 그게 고기동에서 동천동으로 내려오는 길이야. 그리로 사람들이 다녔어. 지금 저수지 댐 위에 올라가서 동원동 쪽을 보면 툭 튀어나온 데가 있지? 거기가 '삐알'이야. 거기 장승도 두 개 서 있었어.

그림 20-3 낙생저수지, 이렇게 생겼습니다

2017년 초 낙생저수지 초입에 새로 설치된 안내판이다. 이 저수지로 빗물이 모이는 유역면적(집수 면적)이 1950헥타르에 이른다는 설명과 함께 그 유역현황도까지 친절하게 보여주고 있다. 그에 반해 이 저수지의 수혜 면적(몽리면적)은 37헥타르에 불과해 이제 농업용수 공급 기능은 그 사명을 다했음을 알 수 있다. 그나마 이제는 낙생저수지 아래로 사실상 논농사 지역이 모두 소멸해 수혜 면적은 거의 없다고 할 수 있다.

'삐알'이라고? 그게 뭘까? 우리는 대화 중에 얼른 스마트폰으로 검색해 보았다. 아, 그건 "비탈(벼랑)의 사투리"였다. 경상도 지역에서 '동피랑', '서피랑'이라고 할 때의 '피랑'도 같은 뜻이리라. 물길 따라가던 중에 만나는 고갯길이었던 것이다. 그리고 거기에 나무로 만든 장승 두 개가 있었다니, 영락없이 두 동의 경계였다. 개천 하류에서 올라가는 사람 입장에서는 거기까지가 동천동 동막골이고, 이제 고기동 지역에 들어선다는 표시였던 것이다.

지금 댐 바로 아래로 보이는 콘크리트 수로가 옛날 물 흐르던 길이지. 그 물길에 그대로 수로를 낸 거야. 댐에서 동막천으로 직접 들어가는 물길은 동원동 쪽으로 별도로 냈지. 지금 댐 바로 아래 수로 옆으로 뭔가 파란색 기계가 설치된 데가 있어. 거기가 원래 물레방앗간 자리야. 물레방아라는 게 물이 있어야 돌아가는 물건 아닌가? 저수지 생기기 전에 거기가 물 흐르는 길이었다는 얘기지. 동막골 사람들은 거기서 쌀을 찧어다 먹었어.

그의 설명을 듣고 있자니 동천동 중에서 옛 동막골의 모습이 아스라이 그려졌다. 동막천 따라 올라가면서 동네 끝나는 곳쯤에 물레방아 도는 방앗간이 있고, 그곳을 지나쳐 비탈길을 조금 올라가면 장승이 버티고 서서 고기동과의 경계를 알려주는 그림! 지금은 건조하기 짝이 없는 댐이 이런 정겨운 장면을 지우고 그 자리에 들어선 것이다.

이 동막천 양쪽으로 동네가 있어서 이쪽은 '용인 동막골', 저쪽은 '광주(廣州) 동막골'이라고 불렀어. 용인 쪽은 32호, 광주 쪽은 28호인가 됐어. 광주 쪽에선 여기 이우학교 앞마을에 네 집 있던 건 지금 다 없어지고, 학교 언덕 아래에 한 집만 남아 있지. 내가 1977년에 꼭 한 해만 '용인 동막골' 이장 일을 봤어. 하이고, 내가 이장 할 때가 새마을사업이 한창이어서 전봇대 세우고 길 넓히는 일 같은 게 너무 많아서 힘들었어. 빚도 많이 지고. 그래서 1년만 하고 그만뒀어.

동막천을 경계로 용인시와 성남시(과거 광주군)가 나뉘지만 '동막골'이라는 자연부락의 이름만은 양쪽이 공유하고 있었던 셈이다. 그것은 조금 더 하류 지역이 '용인 머내'와 '광주 머내'라는 표현으로 같은 지명을 공유하고 있었던 것과 마찬가지였다.

성일영 씨의 설명에 따르면, 옛 동막골의 범위는 지금의 낙생저수지 아래부터 손곡천에 이르기까지 동막천 서쪽의 모든 지역이었다. 동막천 너머 지금의 성남시 동원동은 '광주 동막골'로 별개의 지역이었다. 손곡천 주변에서는 지금의 남영

골프연습장과 성심원까지만 동막골이고, 손곡천을 거슬러 상류 지역과 손곡천 건너 남쪽은 손골이었다. 그리고 동막천과 손곡천이 합류해 탄천으로 흘러들어가는 구역과 거기서 약간 더 남쪽으로 떨어진 주막거리 주변은 머내라고 별도로 불렀다. 머내는 동막천과 손곡천을 끼고 있는 지역 전체의 이름이기도 했지만, 이 지역 안에서는 이렇게 국도 변의 동네만을 머내라고 불러온 것이다.

성일영 씨는 동막골 이야기를 하는 가운데 이런 이야기도 했다. 귀가 번쩍했다.

> 저수지 삐알 있는 데에 옛날에 장승이 있었다고 했지? 동막골 한복판에도 장승이 있었어. 얼마 전까지도 있었어. 지금 동광교회 앞이야. 길 이쪽(서쪽)은 남자 장승, 저쪽(동쪽)은 여자 장승이야. 1년에 한 번씩 가을에 소 한 마리씩 잡아서 고사 지냈어. 소가 비싸져서 나중엔 소머리 사다가 했지만. 마을 잔치야. 나도 어려서 죽 한 그릇씩 얻어먹는 재미에 거기 가곤 했지. 내가 이장 보던 1977년에 그 장승이 없어졌어. 그 전에는 이 길이 마차밖에 다닐 수 없는 길이었는데, 새마을운동으로 길을 넓히는 공사를 했지. 마을 사람들 모두 나와서 부역도 하고 ……. 그래서 산판에 다니는 트럭도 다닐 수 있게 확장이 됐지. 그때 장승은 불태워 버렸어. 그렇게 없애고 나서 77년에 큰 장마가 지고, 이 근처에서 사람들도 많이 죽었어. 그때 장승 없애지 말자고 했는데 ……. 아마 하손곡에도 장승이 있었던 것 같아. 지금 동사무소 뒤가 소나무밭이었는데 거기 장승이 있었을걸. 그건 연배한테 물어봐.

왜 마을 한복판에 장승이 있었는지는 알 길이 없다. 성일영 씨는 자신의 어린 시절부터 40대 후반까지 그게 있었다고 했다. 마을 길을 확장하면서 그걸 그대로 둘지, 아니면 없앨지를 놓고 마을 안에 논란이 있었던 모양이다. 성일영 씨는 동네 사람들에게 그 직후 들이닥친 액운들이 그 장승을 없앤 데 따른 일이 아닌가 싶어 못내 꺼림칙하다.

그런 꺼림칙한 심사는 성일영 씨 개인이 해소할 문제이고, 우리에게는 불과 40

그림 20-4 수로 관리, 이렇게 했어요!

동천동 자이아파트 건너 카페 건물의 옆골목에서 머내 지역의 마지막 수문조절장치 중 하나를 시연하는 성일영 씨의 모습이다. 이 장치도 2021년 겨울 사라져 버리고 말았다.

년 전까지만 해도 굳건하게 서 있던 이런 토속적인 장치들이 새마을운동이라는 강제적인 근대화 조치로 무참하게 뭉개지고 철거되었다는 얘기가 너무도 안타깝게 다가왔다.

이런 이야기를 들려주며 수로를 안내하는 가운데 성일영 씨는 자이아파트 109동 건너편 카페(고기로 100)의 바로 옆골목으로 들어섰다. 그 길이 바로 수로가 동막천 건너 동원동으로 넘어가는 구간이었다. 그곳, 동막천에 이르기까지 200m가 채 되지 않는 짧은 구간에서 그는 대단히 여러 가지를 우리에게 보여주거나 설명해 주었다. 그곳에 가지 않고, 그의 설명을 듣지 않고서는 도저히 알 수 없는 내용들이었다.

먼저 골목 안쪽으로 20m나 들어섰을까? 길옆에 삐죽 나와 있는 철근 같은 물건을 가리켰다. 이게 아직도 몇 군데 남아 있는 수문조절장치라는 것이다. 그는 자신이 여분으로 보관하고 있던 수문 개폐장치를 그 철근에 끼워 돌리는 시늉을 하며 "이게 이 수로 옆의 논으로 들어가는 수로 지선(支線)을 열고 닫는 장치"라고 설명했다.

거기서 몇 걸음 더 걷더니 이번에는 "여기가 동원동과 동천동의 경계"라고 했다. 아니, 여기서 동막천을 건너기 전에는 모두 동천동 아닌가? 그의 설명인즉 이랬다. 옛날에 동막천 가운데에 섬이 있었다. 그 섬은 동원동으로 지번이 부여됐다. 냇물이 당연히 섬의 양쪽으로 흘렀다. 그런데 성일영 씨도 모르는 그 어느

그림 20-5 수지 안의 분당, 동천동 안의 동원동

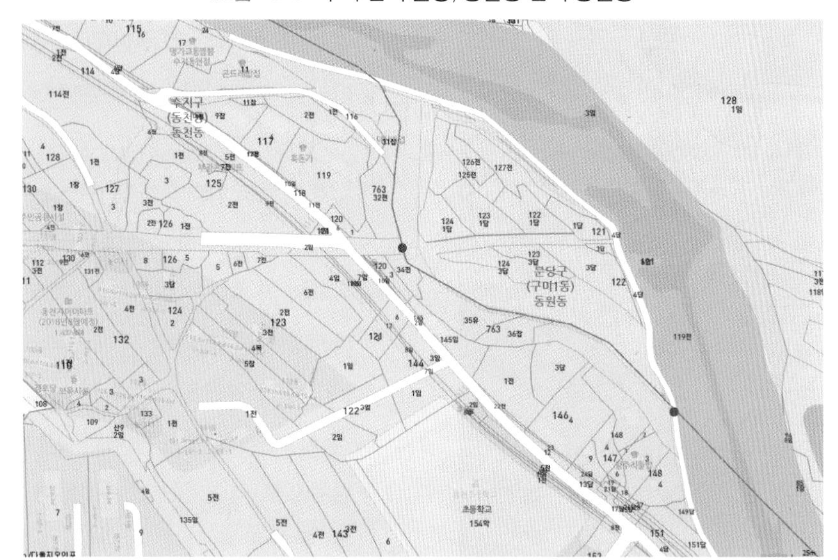

성일영 씨의 설명으로 동막천 변에 용인-성남 시계(市界)를 따라 복숭아씨처럼 생긴 영역이 과거 동원동이면서 섬이다가 물길이 메워지는 바람에 동천동 쪽 육지에 붙은 지역임을 알 수 있었다. 붉은색 점은 성일영 씨가 수문조절장치를 시연해 보인 장소, 파란색 점은 '분당구 녹지부산물 처리장' 간판이 있는 위치다.

옛날 홍수가 나서 섬과 동천동 사이의 물길이 메워져 버렸다. 그래서 동원동이 동천동에 붙어버렸다는 것이었다.[1]

요즘 동막천 변 길을 따라 걷다 보면 "분당구 녹지부산물 처리장"이라고 큼지막한 간판을 붙인 장소를 볼 수 있다. 그게 바로 옛날 섬의 경계선 위치다. 동원동은 성남시 분당구에 소속된 지역이니 분당구청에서 그런 간판을 붙이는 것은 알

1 1912년 조선총독부 임시토지조사국이 실시한 토지조사사업의 결과물 『토지조사부』 가운데 당시 용인군 수지면 동천리의 기록에 따르면, 동천리는 지번이 760번지까지만 부여되어 있었다. 그러나 최근 네이버에서 검색할 수 있는 지적도에 따르면, 당초 동막천상의 섬과 동천동 사이의 물길이었다고 추정되는 땅의 지번은 763번지다. 그렇다면 이 물길이 육지로 바뀌면서 지번이 부여된 것은 1912년 이후 성일영 씨가 태어난 1931년 사이의 어느 시점이었을 것이다. 그중에서도 지번의 일련번호가 1912년에 비해 많이 더해지지 않은 점으로 볼 때 1912년에 가깝지 않았을까 생각한다.

아서 할 일이겠지만, 꼭 그런 간판을 붙일 만한 이유가 있었는지는 잘 모르겠다.

이런저런 설명 속에 드디어 동막천 변까지 이르렀다. 여기서 성일영 씨의 설명은 한층 더 열기를 띠었다. 그는 우선 동막천을 일정 수위로 가로막고 있는 보(洑)를 가리키며 설명을 시작했다.

그림 20-6 오룡뜰의 당당한 모습

2017년 봄의 어느 날 동막천 상의 보(둑)에 올라서서 바라본 오룡뜰이다. 묵은 갈대들 뒤로 막 물이 오르기 시작한 버드나무들이 보인다. 여기가 380여 년 전 병자호란 때 조선의 근왕병이 청나라 군사에 패배한 험천전투의 현장이라고 동막천 주민들에게 구전되었다.

> 이 보 위쪽으로 내가 수로를 직접 만들어서 묻었어. 그런데 그게 오래 못가서 삭는 바람에 그다음엔 수로의 물을 이 보의 위쪽으로 그냥 흘려주고 동원동 쪽에 수문을 만들어서 그걸 열고 닫아서 저쪽으로 물을 공급해 주는 방식이 됐어. 원래 이곳은 보를 설치해서 물이 모인 게 아니고 원래 물이 많았어. 옛날부터 이곳을 오룡뜰이라고 불렀어. 명주실 한 타래를 풀어도 계속 들어간다고 했지. 그리고 이 오룡뜰 바로 위에 버드나무들 많이 있는 데가 보이지? 거기가 옛날 전쟁터야. 왜 그 옛날 전쟁 있잖아?

그는 오룡뜰이 옛날 전쟁터여서 이곳에서 사람들이 많이 죽었다는 이야기를 아버지와 할아버지에게 귀에 못이 박히도록 들었다. 그런데 유감스럽게도 그 전쟁의 이름을 당장 기억해 내지 못했다. 그래서 우리가 "그게 혹시 병자호란 아니었나요?”라고 물었다. 성일영 씨는 “그래! 병자호란!”이라며 파안대소했다.

아, 이곳이 1636년 12월 충청감사 정세규가 충청도 지역 근왕병 수천 명을 이끌고 인조를 구하기 위해 남한산성으로 향하다가 청나라 군사들에게 패해 몰사한 현장이라는 얘기였다. 380여 년 전의 얘기였다. 그 기간 동안 이 얘기는 당시 주민들의 아들과 아들의 아들과 아들의 아들의 아들들의 입을 통해 후세에 전해졌다. 그 최후의 아들들 중 한 사람이 성일영 씨였던 것이다.

그 장소는 다시 설명하자면 동원3교와 동막천을 가로막은 보(洑) 사이의 영역으로서, 더 좁히자면 ‘곤드레밥집’ 휴게실에서 내다보이는 개천 영역이었다. 또 ‘남원추어탕’ 뒤편에 있는 ‘동천2통 마을회관’의 바로 앞이었다.

정말 이곳이 병자호란 때 충청도 근왕병이 패한 곳인지는 검증이 필요하다. 그건 역사학자들이 할 일이다. 우리가 이곳 개천 바닥을 파서 당시 근왕병과 청나라 군사들의 싸움의 흔적을 발굴할 일은 아니다. 현재 우리에게 중요한 것은 바로 이 현장 맞은편 동막골의 주민들이 이곳을 병자호란 당시 ‘험천전투’의 현장으로 수백 년 동안 구전으로 전승해 왔다는 사실이다. 우리는 그 마지막 구전자로부터 그 이야기를 직접 들은 것이다. ‘과거와 현재의 대화’란 이런 것이 아닐까 생각됐다.

성일영 씨와 우리는 이야기의 연대를 조금 낮춰 현대로 끌어내렸다. 이번에는 동천성당 맞은편이자 동문5차 아파트 뒤편의 손곡천에 걸린 ‘수로 다리’ 쪽으로 자리를 옮겼다.

> 이 다리에 원래 철판도 덮여 있지 않았고, 양쪽에 떨어지지 말라고 막아주는 손잡이(가드레일)도 없었어. 왜냐하면 이게 사람 지나다니라고 놓은 다리가 아니잖아? 물만 지나가는 데지. 그런데 여기 지금은 없어진 동화섬유로 가던 사람이 밤에 술 마시고 이리로 가다가 떨어져 죽은 모양이야. 그래서 그 뒤에 동화섬유 회사에서 이걸 설치했지.

우리는 이 다리를 늘 보면서도 왜 이 자리에 이런 다리가 있는지 그 이유를 몰랐다. 그것은 동천동 지역과 저 멀리 고속도로 건너 오리뜰, 그리고 더 나아가 죽전 지역에 이르는 모든 논에 물을 공급해 주던 수로의 일부였던 것이다. 알아야 보인다는 말이 틀리지 않았다. 어쩌면 이 다리는 머내 지역이 과거에 농업 지역이었음을 증명해 주는 마지막 남은 가시적인 유물일지도 모른다.

그는 이 다리 건너 동문5차 아파트 영역 안 지하에 수로가 고스란히 남아 있다고 몇 차례나 강조했다. 우리는 이 아파트 부지를 개발할 때 당초 야트막한 깊이로 묻혔던 수로가 다 파헤쳐지고 없어지지 않았을까 생각했지만 그게 아니었다. 그는 "아냐, 수로가 지금도 이 아파트 정문 안쪽으로 아파트 뒤쪽 '수로 다리'까지 땅 밑에 그대로 다 있어!"라고 강조했다. 우리는 나중에 자료를 찾아보고 무릎을 쳤다. 이 동문5차 아파트는 2007년에 준공됐고, 이 수로는 2013년까지 이 아파트를 한참 지난 머내기업은행 버스 정류장 뒤편 논에 물을 공급했다니 수로가 살아 있지 않고서는 불가능한 일이었다. 아파트 단지를 개발하면서도 그 수로가 기능을 발휘해야 하는 상황에서는 그걸 건드릴 수 없었다는 얘기다.

그렇게 당당하게 버텨오던 수로가 이제는 수명을 다하고 드디어 소멸되는 단계에 들어선 것이다. 동천동 방향의 마지막 논이 2013년 사라지고 나서 자이아파트 단지 공사가 시작됐고, 이 공사 와중에 기능을 상실한 수로는 곳곳에서 파헤쳐지고 철거됐다. 기능을 잃은 수로는 보존할 가치가 없었다. 세상 이치가 그런 것이었다.

세상사의 유전(流轉)은 그것뿐이 아니었다. 동막골에서는 원래 논농사보다 밭농사를 훨씬 많이 지었다고 한다. 지표수로 흐르는 동막천의 물만으로는 논농사에 필요한 물을 댈 수가 없었다. 그러다가 낙생저수지가 생기면서 대부분의 밭들이 논으로 대거 탈바꿈했다. "동막골의 밭이 죄다 논으로 바뀌었다"라는 것이 성일영 씨의 설명이다. 모내기 철부터 여름 내내 충분한 물이 공급되었기 때문이다. 1960~1970년대에 전투적으로 진행된 '주곡 자급(主穀 自給)' 노력의 일환이었다. 그러다가 '쌀 자급률 100% 달성'이 이뤄지자 고생스러운 논농사는 슬그머니 자취를 감추기 시작했다. 논이 다시 밭으로 바뀌기 시작한 것이다. 그러다가 어느 틈에 아예 논에 흙을 퍼다 부어 대지로 바꾼 뒤 집을 짓거나 팔아버리는 상황이 되고 말았다. 최근 건설된 자이아파트는 동막골의 상당 부분이 마침내 상전벽해(桑田碧海)가 된 천지개벽의 현장이었다. 이제 동막골의 모습을 어디 가서 찾을 수 있을 것인지 가슴이 조여들며 마음이 답답해 온다. 이런 세상사의 흐름은 그저 지켜볼 수밖에 없는 것인가?

> 이 다리 건너 성당 쪽에 '행여독'이 있었어. 지금 성당 앞 지하주차장 입구쯤 됐어. 뭐, 집이랄 것도 없이 허름한 곳이었는데 ……. 아무튼 거기 상여를 넣어뒀다가 초상이 나면 꺼내 쓰곤 했지. 지금은 상여도, 그 집도 다 없어지고 말았지만 상여 일 맡아서 하던 사람은 지금도 농협 다니고 이 동네에 살아.

성일영 씨는 상여를 넣어두던 장소를 '행여독'이라고 불렀다. 사전을 찾아보니 '행여'는 '상여'의 다른 말이었다. '독'은 사전에서는 찾을 수 없었지만, 성일영 씨를 포함해 이 동네 원주민들이 일관되게 사용하는 표현인 점으로 미루어 '특정한 장소'라는 뜻으로 이해됐다. 말하자면 '행여독'은 상여를 보관하는 집이라는 뜻이었던 것이다.

대개 여기까지가 성일영 씨가 수로를 관리하던 동막골 영역이었다. 손곡천 너머는 다른 관리인의 영역이었다. 그의 영역 마지막 지점에 상여를 보관하는 집이 있었다는 설명이 묘한 울림을 낳았다.

이제 성일영 씨는 자신에 영역을 막 벗어난 지점인 동문3차 아파트에 막내아들네 가족과 함께 살고 있다. 동막골은 아니지만 당연히 동천동 안이다. 구체적으로 말하자면 하손곡 지역이다. 그렇지만 손곡천 건너로 동막골이 내려다 보이는 지점이다. 그리고 매일 아침이면 배낭을 메고 가뿐한 몸놀림으로 10분 정도 걸어 동원3교 맞은편 동막골에 있는 자신의 야트막한 비닐하우스로 출근을 한다. 최근에 '잘생긴아구찜'이라는 상호의 음식점이 들어선 장소 바로 뒤다.

거기서 성일영 씨는 이제는 물이 흐르지 않는 옛 수로 옆의 자투리 땅에 파도 심어 가꾸고, 시간이 나면 몇 남지 않은 옛 친구들과 술도 한 잔씩 나눈다. 우리도 성일영 씨를 거기서 몇 차례 만났다. 뭐, 이제 급할 것도 없다. 제대로 짓는 농사도 아니니 누구 재촉하는 사람도 있을 리 없다. 그렇지만 그는 만날 때마다 마지막에는 늘 "이제 그만 와. 자꾸 오면 내가 일을 못 해!"라고 했다. 마음은 늘 농사일에 가 있었다. "막걸리 한 통 사들고 다시 와서 말씀 좀 듣겠다"라고 해도 도리질이었다. 그러다 우리가 말을 바꾸었다. "소주 사 들고 오겠다"라고 했다. 언젠가 점심 식사 때 소주 몇 잔을 단숨에 탁 털어 넣는 것을 보았기 때문이다. 성일영 씨의 얼굴이 그 순간 피었다. "그려, 그렇게 해!"

제21장

머내의 가장 오래된 식당

'이리식당' 박순자 씨

용인에서 수지는 상전벽해라는 말을 실감할 수 있는 대표적인 곳이다. 특히 동천동은 수지에서도 가장 급격히 변했다. 오랫동안 농업 지역이었던 동천동은 1990년대 후반 도시개발로 지금은 대규모 아파트마을이 되었다. 얼마 전 자이아파트의 1차, 2차 단지가 모두 완공되어 새 주민들이 입주한 2019년 이후 동천동은 그야말로 거대한 아파트 숲이 되어버렸다. 도시 외양의 변화에 따라 주민의 구성과 생활방식 모두 확연히 바뀌었다. 달라진 주민들의 살림살이에 따라 동천동의 많은 상가들의 지속 주기도 당연히 짧아졌다. 하루가 다르게 변하고 10년 된 가게 찾기조차 쉽지 않은 이 동네에서 40여 년을 지켜온 식당이 있다. 바로 '이리식당'이다.

이리식당은 동막천을 따라 동막골에서 고기동으로 넘어가는 도로변에 있다. 동원3교를 지나 '일호점미역' 옆에 있는 식당으로, 입구에는 중화요리와 한우 소머리국밥 간판이 함께 서 있다. 이것은 두 가게를 광고하는 것이 아니라 이리식당의 두 가지 주 메뉴를 말한다.

식당의 첫인상은 중식과 한식 메뉴가 함께 하는 데서 추측할 수 있듯, 세련된 인테리어의 주변 식당들처럼 예스럽거나 깔끔한 느낌은 아니다. 간판이 있긴 하지만 건물 외양이 일반 주택 같아, 사실 많은 분들이 식당인지 아닌지 몰라 들어가기를 주저했다고 말한다. 그러나 식당 안으로 들어서면 의외로 많은 손님에 놀란다. 이리식당은 원주민들에게는 오래된 고향집 같은 느낌으로, 새로 이

그림 21-1 오래된 고향집 같은 이리식당

이리식당은 동막골에서 고기동으로 넘어가는 도로변에 위치한다.

사 온 주민들에게는 모든 음식이 다 되는 특이한 식당으로 회자된다. 아는 사람만 알고 모르는 사람은 모르지만, 그럼에도 단골이 많은 이리식당은 동천동뿐 아니라 고기동 어디라도 배달하는 우리 동네에서 가장 오래된 식당이다.

1. 1977년 10월에 개업하다

아이고, 난 요즘 기억이 잘 안 나. 우리 사장님이 잘 아는데 그 양반은 말을 안 하려고 하네. 내가 뭔 도움이 될까?

식당 인터뷰를 하고 싶다고 하자 안주인 박순자 씨는 기억나는 건 말해줄 수 있지만 이제 기억이 깜빡깜빡한다며 되레 걱정하신다. 어떤 이야기도 좋으니

괜찮다며 점심시간이 끝난 느지막한 오후에 그녀를 붙잡았다.

'이리식당'. 일호점미역, 꽃품소, 우리마을 등 주변 식당들과는 사뭇 대조적인 이름이다. 오래된 식당의 느낌이 이름에서도 느껴진다. 혹 사장님의 고향 명칭을 딴 것일까? 안주인의 답변은 이런저런 상상을 싱겁게 끝내버린다.

> 내가 스물네 살 때 이 가게를 시작했으니 70년대 후반쯤인데(잠시 뒤 영업허가증을 보니 77년 10월 개업으로 확인됐다), 전 주인이 쓰던 이리식당 이름을 그대로 썼지. 우리 부부는 경북 칠곡에서 올라왔어. 지금 동문6차 상가자리가 첫 식당 자리지. 그 자리에서 17년 정도 하다가 동문아파트가 들어선다고 해서 풍림아파트 상가 쪽으로 옮겼다 지금 이 자리로 온 지는 8년쯤 됐지. 여기는 원래 그냥 일반 살림집이었는데 우리가 개조해서 1층은 식당으로 운영하고 있어.

애초 칠곡에서 멀리 떨어진 동천리에 개업한 것은 사장님 지인의 소개를 받아서였다. 가게를 인수하며 이름을 바꾸지 않았다고 한다. 결혼하자마자 시작한 식당일은 아이들을 낳고 기르는 동안에도 계속되었고 이제 어언 40여 년이 된 셈이다. 장성한 아들은 결혼했고 손자도 생겼다. 혹 식당을 자녀분들이 맡으실 건지 물어보니 손사래를 치신다. 너무 힘들어서 당신까지만 할 거라 힘주어 말하신다.

2. 한식? 중식? 먹고 싶은 걸 말해

이 식당은 중식집이자 한식집이다. 입구의 큰 글씨로 쓰인 중화요리와 소머리국밥이 이곳의 주 메뉴다. 이 둘의 조화가 생뚱맞지만 그래서 재밌다. 중화요리와 한식을 함께 하는 특별한 이유가 있을까?

처음 식당 개업할 땐 중화요리로 시작했어. 근데 손님들 중 밥을 찾는 분도 계셔서 한식도 주문받기 시작했지. 옛날이야 이 동네 식당이 별로 없으니 어쩌다 우리가 이것저것 다 하게 됐어. 나보다 남편이 젊었을 때부터 손맛이 좋다는 말을 많이 들었어. 지금도 요리는 남편이 하고 난 보조야. 물론 지금은 주방장도 있어 같이 해. 배달도 많은데 배달은 동천동, 고기동 어디든 가.

언뜻 그릇들을 보니 이리중화반점이라고 쓰여 있다. 이 그릇들도 이미 골동품이다. 1977년 가게 문을 열었을 때만 해도 이곳에는 식당이 거의 없었다. 그렇다 보니 손님의 요구에 따라 이것저것 할 수밖에는 없었을 것이다. 다행히 솜씨 좋은 사장님 덕에 한식도 중식도 꽤 맛이 좋았다. 개업하고 세월이 지나서 중식요리사 자격증을 따기도 했지만, 이곳은 세련된 외식 전문 식당이라기보다는 집에서 밥 먹기 힘든 사람들을 위한 밥집 같은 곳이었다. 1977년이면 동천동이 아닌 동천리로 꽤나 발전이 더뎠던 시기, 넉넉지 않은 농촌에서 식당의 단골손님들은 누구였을까?

지금은 동원동이 됐지만 당시 동막천 건너편 광주 머내에 있던 경보산업 직원들이 단골이었어. 그때 대충 잡아도 여공이 1000여 명이었지. 일주일에 서너 번 그들이 외출 나오는 날이면 매상이 엄청 났어. 90년대에 아파트들이 조금씩 들어섰지만 의외로 아파트 주민들은 우리 식당을 많이 이용하지 않아. 그리고 여공 말고는 염광농원에서 많이 왔지. 염광농원 주민들은 농사짓는 분들보다 경제적으로 여유가 있었어. 양계와 양돈 농장할 때도 그렇고, 피부약이 유명해졌을 때도 그렇고, 그나마 이 동네에서 돈이 좀 있었지. 나중에 농원이 없어지고는 가구공장이 들어서면서 그 직원들이 많이 배달시켜 먹었지.

3. 깻잎 냄새와 아파트 불빛

과거의 이웃들은 지금 어떻게 살고 계실까?

> 아파트 개발하면서 땅 팔고 많이 떠났지. 그래도 정기적으로 모임이 있어 반가운 얼굴들을 가끔 보기는 하는데 이제 다들 나이가 많으니 많이 볼 수가 없어. 가끔 여기를 떠났어도 우리를 기억하시는 분들이 찾아오기도 해. 와서는 간판도 좀 달고 홍보도 좀 하라고 잔소리도 해주고 그래. 우리도 마음만 있지 잘 안 돼. 인테리어도 멋지게 해서 우리 집에서 식사했던 연예인들이 남긴 사인도 걸고 싶지만 나이 드니 이제 솔직히 힘들어. 우리 바깥양반이 아직 정정해서 그나마 식당이 운영되는 거지. 그 양반은 40년 동안 매일 4시 반에 일어나 준비해. 다행히 우리 집은 외식하는 곳이라기보다 그냥 밥집이라 저녁은 일찍 정리하는 편이지.

사실 원주민들을 만나 옛이야기를 들어도 동천동 옛 모습은 상상이 되지 않는다. 동천동은 오랫동안 용인의 변두리로 비록 땅은 비옥하지 않았지만 논농사와 밭농사가 주업이었다.

> 우리가 여기 왔을 때만 해도 사방이 다 논밭이었어. 버스가 한 대 다녔는데 길이 다 비포장이라 흙먼지도 많이 날렸지. 길도 지금처럼 넓지 않고 차 한 대 다니는 정도였지. 애 낳을 때 이 근처에 병원이 없으니 성남까지 가야 했어. 근데 공기는 진짜 좋았어. 버스 타고 머내에 내리면 깻잎 냄새가 확 풍겼어. 그러다 우리 동네에 아파트로는 동문그린이 처음 지어졌는데 저녁에 불이 켜지면 진짜 멋있었지. 이제야 감흥이 없지만 내가 사는 곳이 이제 도시가 되는 것 같아 마냥 기분이 좋았어. 식당은 우리 말고도 부산식당, 진미식당 두 개가 더 있었어. 술집은 나이 들어 기억이 가물가물한데 지금

기억나는 곳은 농협삼거리 중앙약국 쪽에 화가가 운영하는 '워싱턴'이라는 술집과 머내 매표소 근처 '밀밭'이라는 맥줏집이 생각나네. 워싱턴은 우리보다 한참 늦게 개업했는데 몇 년인지는 잘 모르겠네.

이야기를 듣다 보니 한 가지 재미있는 점이 발견됐다. 40여 년 전 이 동네 식당 이름은 대개 장소의 명칭을 사용했다. 부산, 이리, 머내골 식당도 그렇고, 유명한 솔밭해장국도 주변에 솔밭이 있어 붙인 이름이라고 한다(이에 대해서는 원주민들의 증언이 엇갈린다, 믿거나 말거나). 그때는 자신의 고향 혹은 자신이 정착해서 장사할 곳의 이름을 따는 것이 자연스러운 시기였다. 그러나 지금은 어떨까? 최근에 개업한 식당들의 이름은 전혀 장소와 관련 없다. 특히 최근 전입자들에 의해 개설된 '해피쿠키'(카페)나 '우주소년'(서점) 그리고 '사다리'(사회적 협동조합)는 장소성의 느낌이 없다. 작명의 차이는 아마도 정주적 삶에 익숙한 세대와 이주적 삶에 익숙한 세대의 차이가 아닐까 싶다. 지금 우리는 마을의 개념도 물리적·지리적인 접근보다는 소통과 네트워크적인 접근으로 이해한다. 경상남도든 경기도든 거기에 속한 도시의 형상들은 자연 조건과는 조화되지 않은 채 천편일률적인 삶으로 변화했다.

정주적인 삶의 시대에는 좋든 싫든 그 장소에 들어가 적응해야 했지만, 이주적인 삶에 익숙한 우리에게 상생하고 공생할 대상은 옆집 이웃이 아니라 전혀 다른 다양한 존재들이 되는 셈이다. 내 옆집이 누구인들 뭣이 중하랴. 떠나면 그만인 것을.

4. 오래된 식당은 그 존재만으로도 든든함을 준다

24살부터 식당을 시작했고 애 낳고도 쉬어보지 못한 채 추석과 설날 빼고는 문 닫은 적이 없단다.

> 첫 가게는 방 두 개에 테이블 두 개 정도 놓을 수 있는 홀이 있었어. 홀이 좁아 지나다니기도 어려웠지. 살림과 장사를 같이 했는데 손님이 많을 때는 살림방에도 손님을 받았어. 애 낳고도 쉴 수도 없이 애 업고 계속 일했지. 정신없이 바쁠 땐 경보산업 아가씨들이 애를 안고 놀아주기도 했지. 겨울에 테이블 사이에 난로가 하나 있었는데 워낙 가게가 좁아 나중에 보니 애기 포대기 끝에 구멍이 나있더라구. 애 발이 난로에 스치는 줄도 모르고 일했지. 지금도 그때 일만 생각하면 마음이 아파.

사진 한 컷만 찍고 싶다고 하니 박순자 씨는 이럴 줄 알았으면 화장이라도 하고 왔을 텐데 하며 아쉬워하셨다. 나이도 나이지만, 요즘 찍힌 사진을 보면 얼굴에 주름살이 너무 많아 사진 찍는 것이 싫어졌다고 하신다. 여러 컷을 찍었음에도 그 고운 얼굴을 사진에 잘 담아내지 못했다. 실물이 사진보다 100배는 고우시다.

박순자 씨는 주름살 너머 맨 얼굴이 참 곱다. 지금 시대는 사람도 도시도, 오랫동안 세월의 흔적이 묻은 땅의 구불구불함을 가만두지 못한다. 기술을 앞세워 세월의 흔적을 지워버리는 것이 발전이고 살기 좋은 것이라며 개발을 부추긴다. 거대한 아파트 숲이 된 동천동에서 '살기 좋다'의 의미를 우리는 다시 되돌아봐야 하지 않을까? 이제 온 사방이 논이 아닌 고층아파트로 변해가는 동네에서 우리 삶은 어떻게 달라질까? 아파트가 늘어나면서 CCTV의 숫자도 늘어났지만 범죄율이 낮아지지는 않았으며, 또 남의 아파트 한번 방문하기는 갈수록 더 까다로워진다. 한 동네에 살아도 각기 다른 건설사 이름의 아파트들은 마을과 주민을 분할할 뿐이다. 우리 동네보다 우리 아파트라는 말이 익숙하다.

사실 이리식당은 우리 동네 맛집이라 말할 수는 없다. 배달해서 몇 번 먹어본 사람들은 시킬 때마다 맛이 조금씩 다르다며 웃는다. 맛있을 때도 있고 맛없을 때도 있단다. 외식 프랜차이즈 식당이 일반화되면서 맛은 점점 표준화되고 계량화되어 어느 지역에 가든 똑같은 맛을 맛볼 수 있다. 그것이 좋은 사람도 물론 있을 게다. 그러나 한편으로 음식 맛, 사람의 손맛이라는 것이 일률적일 수 있을까? 이리식당이 오래 유지해 온 비결은 오히려 세련됨보다는 가끔 투박하지만 상황에 따라 조금씩 달라지는 엄마의 손맛처럼 우리네 평범한 집밥 같기 때문은 아닐까.

하루가 다르게 변하는 동네에서 이리저리 휘둘리지 않고 묵묵히 동네와 함께 살아온 이리식당. 빠르게 변하는 도시의 삶에서 오래된 식당은 그 존재만으로도 든든함을 준다.

부록

'머내여지도팀' 5년을 돌아보며

머내여지도 일지

'머내여지도팀' 5년을 돌아보며

어느 날 마을이 보이기 시작했어요!

머내여지도 일지

머내여지도팀 5년의 발자취

'머내여지도팀' 5년을 돌아보며

어느 날 마을이 보이기 시작했어요!*

Q1. 먼저 머내여지도팀 모임을 시작한 계기와 그동안의 활동들을 돌아볼까요?

김창희 머내여지도의 시작은 우연했죠. 2016년에 제가 통영 '남해의봄날' 서점에서 그 지역 마을 지도를 보고 우리도 이런 걸 한번 만들어볼 수 있지 않을까 생각한 적이 있었어요. 우리 동네 서점 '우주소년' 사장님과 그런 논의를 해오다 기회가 되어 '모두학교'라는 마을 사업을 통해 모임을 시작했지요. 처음엔 한 열 번 정도만 모일 생각이었어요. 그런데 왜 5년 동안이나 못 끝내고 이렇게 있지요?(웃음)

한덕희 우리 네이버 밴드를 보니 2017년, '머내여지도' 시작한 지 4개월 무렵에 김창희 선생님이 "우리 작업이 중반을 넘어가고 있습니다. 고지에 다가가고 있습니다"라고 쓰셨어요.(웃음)

김창희 그때 첫날에 했던 얘기가 기억나요. 누구는 강의하고 누구는 배우는 모임이라기보다 함께 마을에 대해 찾아다니며 공부하는 모임임을 강조했었죠. 그러다 보면 동네가 새롭게 보이지 않겠나 하면서요.

* 2021년 4~5월, '머내여지도팀' 활동의 결산과 이 책의 출간을 위해 두 차례 진행된 '머내여지도' 구성원들의 좌담을 요약·정리한 글이다. 김경애, 김명심, 김시덕(초대손님), 김창희, 김효경, 오유경, 정필주, 한덕희가 참석했다.

한덕희　2017년 1월 우리가 함께 통영여행을 다녀온 후 으쌰으쌰 한 게 지속의 계기 아닐까요? 하룻밤을 같이 먹고 자고 나니 잘 해볼 수 있겠다 해서 '모두학교' 사업 종료 후에도 마을 분들 인터뷰를 계속했죠. 그러다 경기문화재단 '보이는마을' 사업 지원을 2년 더 받고 임의민간단체 등록도 했잖아요.

김창희　초기에, 시작한 지 얼마 안 되어 우리 작업 결과를 책으로 내기로 했지요. 책을 내고 우리는 장렬하게 해산하기로 했고요.

정필주　연말에 느티나무 도서관에서 성과발표회도 2017년과 2018년 두 번 했어요. 마을 분들 모시고 강연을 하기도 하고 듣기도 했죠. 답사도 여러 차례 있었고요.

김창희　그러니까 2016년 가을에 시작해 2017~2018년 2년 지원사업이 끝난 후, 2019년 3월까지 매주 토요일 오전에 만났고, 다음 해 3차 지원사업에 떨어졌죠. 그리고 2019년 중반 정도부터 정기적 모임은 하지 않았네요. 우리가 생각했던 조사사업은 대개 마무리됐고, 이걸 바탕으로 비즈니스 모델 찾는 것은 우리 몫이 아니라고 생각한 거지요.

김효경　저는 2017년 5월, 모임 시작한 지 1년 후 즈음부터 합류했어요. 처음 왔을 때, 모여서 책상 위에 항공사진을 펴놓고 보고 계셨어요. 지금 생각하니 마을의 옛날 길과 지금 길을 비교해 보고 있는 거였어요. 그때 '와! 엄청 프로페셔널하다'고 생각했어요.

김창희　전혀 프로페셔널하지 않았어요(웃음).

한덕희　초반에는 주로 길에 대한 연구와 마을 주민들 인터뷰를 했죠. 차츰 만세운동으로 관심사가 옮겨가 2018년 여름에는 머내 지역에서 만세운동 하셨던 분들의 묘소를 찾아다녔잖아요. 모기 물리고 땀으로 목욕을 하면서.

김창희　만세운동 역사에 대한 연구를 계기로 2017년 말부터 2018년 3, 4월까지 바쁘면서도 재미있게 '머내만세운동 99주년' 기념행사 준비를 했죠. 그 행사는 성공적이었다고 해도 좋을 것 같아요. 예상 외로 온 마을에서 300명 이상 참가했으니까요. 그 뒤에는 우리가 간이 부어서(웃음) 기왕에 머내만세운동으로 건국훈장 받은 두 분 외에 '태형 90대' 처분을 받았다고 하는 16명에 대해서도 서훈을 추진하자고 했지요. 그러자면 일제강점기의 '1차 자료'가 필요했는데, 자료조사를 하던 중에 2018년 가을 수지구청 문서고에서 『범죄인명부』를 발견한 게 중요한 계기가 됐잖아요. 불길이 확 번졌다고 할까요.

김효경 그때 『범죄인명부』를 발견했다는 선생님 글 앞에 '특종'이 붙어 있었던 것 같아요(웃음).

정필주 2020년에는 머내만세운동에 대한 총정리라고 할 수 있는 소책자 『머내만세운동, 마을에 새기다』를 만들어 배포했고, 마을에 3·29 만세운동 기념표지석들도 세웠어요.

Q2. 그동안의 활동 중 특별히 기억에 남는 일은 어떤 것인가요?

김명심 저는 고기리의 산제사 답사가 기억에 남아요. 주민들이 무거운 제물을 지게에 지고 산으로 올라가 제사를 지내시더라고요. 고기도 잘라 곱게 싸서 오시고, 제주를 올리시고……. 아직까지 그런 풍습이 남아 있다는 것도 인상적이었지만, 제가 이 산제사를 현장에서 직접 지켜본 두 번째 여성이었다는 사실도 기억에 남아요.

김효경 연구 자료가 끊길 만하면 나오곤 했던 것 같아요. 처음엔 길 이야기, 다음은 산제사……. 아무 것도 없어 보이는 조그마한 동네에도 이렇게 많은 이야기가 있으니 전국적으로는 방대하겠구나 생각했어요. 제 기억에 많이 남은 건 '수원장 가는 길' 답사였어요. 산길을 몇 시간이나 걸었잖아요. 사실 다녀와서 몸살을 앓았어요. 힘들었지만 옛날 사람들이 일상적으로 다녔던 길을 걸어본 후로는 그들의 생활이 체감됐어요. 일단 체력이 좋았겠구나 생각했고(웃음), 그리고 옛 사람들이 살던 시간의 속도, 불편함을 추측할 수 있는 기준이 생긴 거죠. 직접 겪는 것은 책으로 읽는 것과 다르다는 걸 알게 됐고, 다른 글을 읽을 때도 도움이 됐어요.

김시덕　그 내용과 관련해 원고에서 예전에 이 마을이 안양과 가까운 생활권이었다는 내용이 재미있었습니다. 역사 공부를 위해서는 과거의 길을 걸어볼 필요가 있다는 말이 있을 정도로 옛 삶을 겪어보는 경험이 의미가 있습니다.

김창희　옛길을 얘기하자면, 영남대로를 확인한 것도 큰 발견이었습니다. 국토지리원에서 10년 간격으로 우리 동네 항공사진들을 사 와서 겹쳐본 뒤에 머내기업은행 옆의 좁은 골목이 1968년 경부고속도로 설치 이전부터 있었던 것은 물론이고, 19세기 『용인읍지』 같은 곳에 나오는 S 자 커브의 길인데, 오히려 구부러진 길이었기 때문에 도로 직선화 때 뭉개지지 않고 살아남을 수 있었음을 확인했지요. 그리고 주민들이 그 길을 주막거리라 부른다는 것을 알게 되고, 나아가 그곳이 『대동지지』, 『용인읍지』 등에 적시된 '험천점막'이라고 판단하게 된 것은 정말 흥미진진한 일이었습니다.

김시덕　저도 길 이야기와 염광농원 부분이 인상적이었습니다. 길의 역사에서 굉장히 흥미로운 사례예요.

김경애　염광농원에 살던 한센인은 끝내 만나지 못했어요. 인터뷰 섭외가 되었다가도 다음 날 "못하겠다"는 답변들이 왔어요. 그러니 문헌 중심으로만 연구가 진행됐어요.

김시덕　네, 한센인들의 상처를 고려하면 그럴 경우에는 2차 문헌으로 접근할 수밖에 없을 것 같아요.

김창희　다행히 서울대 사회발전연구소의 연구가 있어 도움이 많이 됐어요. 피해 사건 조사 보고서이다 보니 한센인이 적극적으로 연구에 응했던 것이지요. 최근에 한센인 보상 작업이 진행되고 있는 것 같습니다. 보상이 시작되면 추가 연구의 계기도 주어지리라 생각합니다.

김경애　염광농원도 그렇지만, 이곳의 각종 공장에 다녔던 직원들도 거의 남아 있지 않아 인터뷰가 어려웠습니다. 아파트 개발 이후 입주할 형편이 안 되니 떠날 수밖에 없었던 거죠. 선경 직원 한 분만 어렵게 인터뷰할 수 있었고, 그밖에 가구공장 관련자들은 만나지 못했어요.

김시덕　인터뷰가 어렵다면 공장의 영업 자료나 리플릿 같은 자료로 보충할 수 있겠지만 쉽지 않을 것 같네요. 향후 추가 연구를 하시면 어떨까 하는 생각입니다.

김경애　아무튼 지금 우리 동네 같은 신도시에서는 '마을'과 '마을 사람'에 대한 개념을 잡기가 쉽지 않았어요. 행정상으로는 아파트 한 동을 한 통으로 보지만, 그걸 마을이라고 하기는 어렵잖아요. 저희 나름대로는, 기존 원주민들의 문화를 깨뜨리고 들어온 이주민으로서의 부채 의식이 있긴 했습니다만, 어디까지를 원주민의 범위로 볼 수 있는지도 역시 연구 과정에서 내내 모호했던 문제였어요.

김시덕　우리나라에서 아파트의 역사가 길어지다 보니 이주민의 정의가 모호합니다. 예를 들어 과천 주공아파트 입주민도 그곳에 수십 년을 살았으니 원주민이라 볼 수 있는 거죠. 그런 점에서 여러분이 이주민이라는 점에서 자격지심이나 부채감을 가질 필요가 없다고 생각합니다.

김창희　생각해 보니 재미있네요. 예를 들어 손골 사람들은 원주민이었을까요? 아니거든요. 1860년대에 천주교 탄압을 피해 경기도, 충청도 등지에서 옮겨와 손골에서 교우촌을 형성한 사람들은 원주민이었을 수가 없지요. 염광농원 주민도, 가구공장 직원도, 송강약방 주인도 대부분 이주민들이었어요. 조선시대의 전주 이씨 덕천군파도 봉토를 받아 들어온 거니까 어떻게 보면 원주민이 아니죠. 과거에 살던 사람을 토박이라고 뭉뚱그리고 있지만 자세히 보면 명확하지 않지요. 추후 작업을 하게 되면 이런 점도 중요한 단서로 삼을 수 있지 않을까 합니다.

김시덕　아파트 이주 이후의 이야기는 최근 연구들에서도 많이 누락되어 있죠. 이주민이라고 해도 이제 20년 이상 산 분들이 있으니 그분들을 포함시키고 새로운 아이덴티티의 형성에 대해 이야기하면 연구가 더 풍부해질 수 있습니다. 현대 대한민국은 기본적으로 이주의 국가거든요. 그걸 전제로 하는 게 옳을 것 같아요. 또 한 가지는 유력자 중심 연구에서 놓치는 부분을 살피는 것도 좋겠습니다. 이를테면 많은 이들이 농촌에서 신도시로 변모했다고 주장하고 싶어할 뿐

중간단계인 공단에 대한 언급은 하고 싶지 않아 해요. 예컨대, 외국인 노동자의 가구공장 등은 숨겨요. 현대 서울과 경기 지역 공업의 역사를 파고들 생각은 없으실까요?

김경애　네. 흥미롭네요. 한편으로 저는 3·29 만세운동 기념사업이 공동의 기억을 높이는 데 중요한 행사가 됐다는 점을 언급하고 싶어요. 앞으로도 주민들을 모으는 역할을 할 수 있을 것 같아요. 만세운동 기념식을 하고 기념표지석이 생긴 뒤에 "이곳에 산 지 20년 만에 새로운 것을 알게 되었다"는 분들도 계셨어요. 알게 되면 달라지잖아요. 만세운동 기념사업에 주민들이 자발적으로 참여하니 행정기관 등에서도 관심을 많이 보였어요.

김창희　3·1운동 관련해 조금 추가하자면, 5년 전 '머내여지도' 모임을 시작할 때만 해도 우리 지역에서 3.1운동이 있었던 걸 몰랐어요. 『수지읍지』의 내용을 기반으로 주민들 인터뷰를 하고 지도에 만세운동 행진 경로를 그려본 게 시작이었어요. 만세운동 참가자 안종각 선생의 손자 안병화 님이 등고선 지도를 읽으실 줄 아셔서 경로를 정확하게 고증할 수 있었어요. 만세운동 후 일제로부터 태형 90대를 받은 16분이 계시지만 1차 자료가 없어 국가보훈처의 서훈을 못 받으셨다는 것도 알게 되었죠. 그러다 2018년 10월 수지구청 문서고에서 일제강점기의 『범죄인명부』가 기적적으로 발견된 겁니다.

김시덕　다른 지역에서는 『범죄인명부』가 거의 없어졌어요. 정말 행운입니다.

김창희　그렇죠. 『범죄인명부』에는 태형을 받은 16분의 이름이 정확히 나옵니다. 그중 한 분은 나중에 일제 치하에서 공직을 지낸 기록이 있어 제외되고 나머지 분들이 3·1운동 100주년 되는 해의 3·1절에 서훈을 받게 되어 저희로서는 최선의 결과를 얻을 수 있었죠. 그 일이 원주민 사회와 연결되는 접점이 되었다는 점에서도 의미를 찾을 수 있겠습니다.

한덕희　기존 마을공동체와 동천마을네트워크의 힘이 있었기 때문에 단기간에 거대한 기념행사가 치러질 수 있었던 것 같아요. 고기동의 고기초등학교, 밤토실도서관, 고기교회, 소명교육공동체, 수지꿈학교 등을 중심으로 한 각종 공동체들, 동천동의 이우학교, 굿모닝도서관, 숲속도서관 등의 공동체들이 자발적으로 참여해 주셨죠.

김창희 대단했죠. 주민들이 밤새워 재봉틀 돌리고, 태극기를 그리셨잖아요. 군량미 모아서 떡 만들어 기념 행진 중에 나눠 먹기도 하고…….

김명심 이 마을이 갖고 있는 에너지가 총체적으로 드러난 행사였어요.

Q3. 다른 마을에서도 이런 역사 연구 모임을 하려 한다면 어떤 조언을 해 줄 수 있을까요?

김창희 지금 우리는 옛 공동체는 깨지고 새 공동체는 아직 제대로 형성되지 않은 시간과 공간에 살고 있는 것 같습니다. 그런 와중에 머내여지도는 과거 공동체의 흔적을 들여다본 작업이었지요. 거기서 중요한 점은, 이 작업을 혼자가 아니라 함께 찾아가는 기쁨 덕분에 지속할 수 있었다는 겁니다. 예컨대 저 혼자 어디 가서 원주민 할아버지, 할머니들께 인터뷰하자고 하면 '미친 놈'이라고 했을지도 몰라요. 한 가지 더 강조하자면, 기억이란 당사자의 사망 후에는 검색이 안 되는, 따라서 텍스트화 할 수도 없이 사라지는 데이터죠. 내가 살고 있는 마을의 역사는 지금 당장 내가 기록하지 않으면 사라진다고 생각해야 합니다.

오유경 다른 마을 사시는 분이 자기네 동네에 연구거리가 엄청 많다며 와서 해달라고 그러신 적이 있었어요. 그런데 내가 사는 마을이 아니라면 하지 않을 것 같아요.

김창희 당연히 그런 건 재미가 없죠.

김효경 그건 입금되어야 하는 거죠.

정필주 입금이 이끔이지(웃음).

오유경 제가 마을공동체 지원센터에서 머내여지도 활동에 대해 이야기한 적이 있어요. 그랬더니 굉장히 놀라워하고 흥미로워하더라구요. '우리도 가능할까'라는 생각을 많이 하셨어요.

김창희 사실 쉽지는 않겠지요.

김효경 아파트 한 동만 해도 훌륭한 분들이 얼마나 많겠어요? 우리에게는 공간도 있고, 모일 수 있는 계기도 있었기 때문에 가능했겠죠. 여럿이 모이다 보면 비슷한 관심사의 사람들이 모일 확률이 높아지니까요. 시초는, 어찌되었건 만나는 것이 중요하지 않을까요?

김명심 그런 의미에서 이 지역의 특수성을 무시할 수 없는 것 같아요. 공동체의 가치를 지향하는 에너지가 내재되어 있는 곳이라는 거죠. 팩트를 연구하고 정리한 경험을 가진 사람이 있었던 것도 중요했고요. 여러 재주 많은 사람들이 모여 뭔가를 해내는 걸 보면서 난 가끔 '기가 막히다. 이 기회가 이렇게 연결이 되네' 하는 전율이 있었거든요. 특히 머내만세운동 기념사업 할 때 그랬어요.

김창희 제가 언론 경험이나 역사서 집필의 경험을 바탕으로 이런저런 조사·연구 방식들을 제안했지만, 만약 소설가나 미술가나 사진가 같은 분들이 시작했다면 전혀 다른 방식으로 진행되었을 수 있을 거예요. 이런 작업에는 최초의 계기와 핵심 인력이 필요하죠. 그러나 그들의 성격과 특색에 따라 모임과 연구의 진행 방식은 대단히 달라질 수 있을 겁니다. 자료집도 얼마든지 다른 방식으로 나올 수 있고요. 우리처럼 논문과 에세이가 아닌 사진과 그림, 소설의 방식 같은 것 말입니다. 그런 의미에서 이런 모임에 어떤 전형은 없고, 그 방식이 대단히 다양할 수 있겠다고 생각해요. 우연한 계기에 뜻 맞는 사람들끼리 뭉쳐서 '우리도 우리 동네 역사 한번 정리해 보자'고 발심하는 것이 중요하고, 그 방식은 각자에게 열려 있다는 겁니다.

Q4. 아쉬운 점과 향후 계획을 얘기한다면 ……

김창희 우리 모임은 출판을 최종 목표로 했어요. 그동안 연구 자료가 쌓여 구슬은 많은데 그걸 꿰지 못한 아쉬움이 있었고, 출판이 그동안 활동의 결산뿐 아니라 향후 마을 활동에도 토대와 도움이 되리라는 기대가 있었죠. 게다가 다른 마을에서도 유사한 작업을 해나가는 데 모델이 된다면 더 바랄 게 없을 것 같아요. 이 정도면 우리의 역량 안에서 할 것은 대부분 한 것 같아요. 새로운 아이디어도 별로 없이 모임을 유지만 하는 것은 민폐가 아닐까요. 이제 누군가가 다른 형태로 우리 자료를 사용할 수 있도록 문호를 열어놓고, 그 누군가가 기회가 된다면 제2단계의 '머내여지도'를 꾸리면 될 거라 생각해요.

김시덕　일단 조직으로는 더 나아가지 않겠다는 강한 의사시군요. 그런데 저는 이곳의 3·1운동이 남양(화성)에 다녀오신 분을 통해 시작했다는 글을 읽으며 머내가 용인보다는 수원권이라는 것을 느꼈습니다. 그런 의미에서 이 일대의 교통망에 대해 연구해 보는 것도 의미가 있을 겁니다. 다른 한편으로 지역 유지와 명망가, 왕가의 후손, 집성촌 이야기 외에 사람들의 이야기를 조금 더 넓게 찾아내는 작업도 필요하지 않을까 생각합니다. 예를 들어 시장에서 사람들을 모아놓고 자료를 발굴하는 연구 방법도 있더라구요. 그러면 "나에게도 이런 이야기가 있다"는 이야기들이 나오는 거죠.

김창희　저변의 자료 발굴이라는 차원에서는, 이 지역의 옛 사진들을 많이 찾아내지 못해 아쉬웠어요. 최근 1980년대 선경마그네틱스의 한 직원이 공장 옥상에서 당시 동네의 모습을 수동 파노라마 방식으로 찍은 사진이 발견되었어요. 그것을 이어 붙였더니 놀랍게도 이 마을 가로의 35년 전 모습이 나오더군요.

김시덕　어떤 구청에서는 '20년 이전 사진 찾기 운동'을 하고 있어요. 가족사진이나 배경 사진을 보내달라는 겁니다. 아카이브를 온라인으로 모으거나 전시할 수도 있어요.

김경애　할 일이 너무 많은데요?(웃음)

김시덕　이곳은 조선시대 문집에도 나오고, 자료가 있는 편입니다.

김창희　주변 학교의 학생들과 공동 작업을 하면 좋겠다는 생각을 했는데 그게 성사되지 않은 점은 많이 아쉽습니다.

김명심 저는 아이가 이곳의 도시형 대안학교에 진학하면서 이 마을에 이사 오게 되었어요. 처음에는 아이가 졸업하면 떠날 예정이었는데 이곳에서 삶을 꾸리고 마을운동을 해보자는 결심을 하던 즈음 머내여지도팀을 만나게 되었어요. 오늘 이야기 나누면서 조금 더 상상력을 가지고 발전적이었으면 좋았겠다 생각했어요. 역사가 사라져 가는 시대에 일러스트레이터로서 마을에 대한 작업을 좀 더 제대로 해보았으면 싶습니다.

한덕희 경기문화재단의 지원사업 평가회의에서 제가 "'보이는마을' 사업을 하면서 마을이 보이기 시작했다"라고 한 적이 있어요. 처음 이곳에 이사 왔을 때에는 이웃을 모르다 아이들이 학교 다니며 관계를 맺으며 마을을 보기 시작했고, '머내여지도'를 통해 마을을 다시 보게 되었어요. 삶과 앎이 일치되는 경험이라고 할까요. 주변의 역사와 함께 삶을 바라보면 더 행복해질 수 있음을 확인했다는 점에 중요한 의미가 있다고 생각합니다.

정필주 연구가 연장된다면 조금 더 우리에게 집중되는 고민과 작업이 필요하겠다는 생각이 들기도 하네요.

김경애 앞으로 저희가 아니어도 가능한 부분이 있을 것 같아요. 저도 글이라면 일기만 썼던 사람인데, 평범한 주민이 연구하고 책을 낸다는 것이 다른 사람들에게 용기를 주는 일이잖아요. 그런 사람들이 많이 생길 것 같아요.

김시덕 즐거우셨던 것 같아 다행입니다. 알면 삶의 의미가 달라지고, 그것이 역사의 시작이라고 생각해요. 역사가 국가와 민족의 얘기라고들 생각하지만, 사실은 내 동네와 그곳에 사는 사람들로부터 올라가는 것이 역사일 테니까요. '머내여지도'의 작업은 전통 마을과 아파트의 중간 시대를 산 사람들의 입장에서 굉장히 많은 가능성을 열어 보여주었다고 생각합니다. 이 작업은 수원과 용인 사이에 끼인 이곳에서, 신도시에는 없다고 생각되어 왔지만 문화적인 '있음'을 주장하는 내용들로 가득 차 있습니다. 오랜 시간 수고 많으셨습니다.

머내여지도 일지

머내여지도팀 5년의 발자취

머내여지도팀의 지난 5년 간의 발자취입니다. 머내 지역을 꽤나 열심히 누비고 다니며 지리적·역사적 맥락을 찾고 이해해 보려 애쓴 흔적입니다. 돌이켜 보면 성취보다는 아쉬움과 부족함이 더 많았지만, 누군가 앞으로 비슷한 길을 걸어갈 사람들이 시행착오를 줄일 수 있도록 지난 발자취를 정리해 남깁니다.

2016년

9월 3일	'머내여지도팀' 제1차 모임 동천마을네트워크가 기획한 '우리 동네 모두학교' 프로그램의 일환으로 시작 참석자: 김경애, 김창희, 김태효, 박우현, 오현애, 조영선, 정필주, 최은정, 한덕희, 한용석 연구과제: 지역문화재, 염광농원(한센인), 손골 성지(천주교), 전주 이씨(덕천군파) 등
9월 21일	고기동 원주민 이순이 님 인터뷰(김경애, 최은정)
9월 23일	이종무 장군 묘 사전 답사(정필주, 한덕희)
9월 28일	전 수지농협조합장 이석순 님 인터뷰(한용석)
10월 1일	오유경, 머내여지도팀 합류(현 머내여지도팀 대표)
10월 6일	손골(피난골) 사전 답사(한용석)
10월 8일	석운동의 이경석 선생 묘소 등 사전 답사(정필주, 한덕희)
10월 11일	손골 원주민 김용재 님 인터뷰(한용석)
10월 14일	수지가구단지 권명숙 님, 용인시민신문 우상표 편집장 인터뷰(김경애, 오유경)
10월 15일	동천동과 석운동의 전주 이씨 묘소 답사
10월 22일	도시사학자 최종현 교수, 〈머내 지역의 인문지리〉 강연
10월 28일	고기2리 이장 이찬순 님 인터뷰(정필주, 한덕희)
11월 10일	고기1리 원주민 이인순 님 인터뷰(정필주, 한덕희)
11월 18일	서울 서촌 답사
11월 23일	왈순아지매 식당 윤동남 님 인터뷰(조영선, 최은정)
12월 9일	머내여지도팀 송년회

12월 10일 '모두학교' 발표회(느티나무 도서관)에서 머내여지도팀 특강(정필주)
12월 16일 동천동 원주민 박재천 님 인터뷰(조영선)
12월 20일 동천동 주민자치위원장 이보영 님, 자치위원 김애경 님 인터뷰(김경애)

2017년

1월 11일 통영 기행 1일차
1월 12일 통영 기행 2일차
1월 18일 동천동 주민자치위원장 이보영 님 인터뷰(김경애, 김창희, 오유경, 오현애, 정필주)
1월 23일 전 하손곡 이장 김연배 님 인터뷰(김경애, 김창희, 오유경)
2월 3일 전 상손곡 이장, 천주교 교우 배규환 님 인터뷰(오유경, 한용석)
2월 9일 수로관리인 성일영 님 인터뷰(오유경, 최은정)
2월 17일 고기2리 이장 이찬순 님 추가 인터뷰(정필주)
2월 18일 동천동 일러스트레이터 김명심 님, 머내여지도 합류
2월 20일 고기1리 이장 안병세 님, 이한순 님 인터뷰(정필주), 고기교회 안홍택 목사님 인터뷰(김창희, 정필주, 한덕희)
2월 23일 '따복공동체 주민제안 공모사업' 심사, 미선정
3월 4일 유명 작가 김효경, 머내여지도 합류
3월 21일 수로관리자 성일영 님 추가 인터뷰 및 저수지, 수로 사전 답사(김창희, 오유경, 최은정, 한덕희)
3월 23일 이리식당 박순자 님 인터뷰(김경애)
3월 25일 낙생저수지, 수로 답사
4월 12일 고기교회 안홍택 목사님 인터뷰(김효경)
4월 18일 전 수지농협조합장 이석순 님과 마을 탐방(머내-상손곡)
4월 20일 머내수퍼 이재완 님, 동신이발소 김순여 님 인터뷰(오유경)
4월 25일 머내수퍼 이재완 님 추가 인터뷰(김창희, 김효경, 오유경, 최은정)
5월 12일 동신이발소 김순여 님 인터뷰(오유경, 최은정, 한덕희)
5월 17일 고기교회 홍미나 사모님 인터뷰(김효경)
5월 18일 고기교회 이순이 권사님 인터뷰(김효경, 최은정)
5월 24일 경기문화재단 지역맞춤형 문화재생 모델 개발 '보이는 마을' 지원사업 선정
6월 16일 '머내여지도' 비영리임의단체 등록
6월 21일 고기리 이덕균 애국지사 및 이종무 장군 묘소 답사(김경애, 김창희, 오유경, 정필주, 한덕희)
6월 23일 주막거리 상황삼계탕 배효길 사장 인터뷰(김창희, 김효경, 오유경)
6월 24일 석운동-고기동-대장동 마을 투어, 고기교회 〈다큐, 고기리 사람책〉 프로그램 중 '고기리 역사수업' 진행(정필주)
7월 19일 팟캐스트 〈마을지리학 머내여지도〉 제1화 녹음(총 10화 제작)
8월 12일 동천동 주민자치위원장 이보영 님 초청 인터뷰
8월 28일 '현대예술과 지역, 커뮤니티 아트' 특강 진행: '머내에서 생각하는 장소성, 삶, 스토리텔링'(김창희)
8월 30일 고기2리(고분현, 샛말) 산제사 참관

9월 7일 허리우드당구장 김건석 님 인터뷰(김경애, 김창희, 오유경, 정필주)
9월 11일 이보영 님과 '수원장 가는 길' 답사
9월 30일 머내둘레길 '자루대간' 산행
10월 7일 영화 〈남한산성〉 단체 관람
10월 16일 '머내마을 이야기: 다섯 개의 길' 특강, 동천동 주민센터(김창희)
10월 18일 이석순 님 3·1만세운동 관련 인터뷰(김경애, 김효경)
10월 26일 '3·29 머내만세운동 제99주년 기념행사' 제안(김창희)
12월 19일 팟캐스트 '마을지리학 머내여지도' 제10화 공개방송 녹음
12월 16일 경기문화재단 지원사업 결과보고회 '머내를 들여다보다' 개최(느티나무도서관)

2018년

1월 9일 3·29 머내만세운동 기념행사 준비 첫 모임(동천동 다다)
1월 20일 만세길 답사(김명심, 김창희, 오유경, 최은정)
1월 27일 안종각 애국지사의 손자 안병화 님 인터뷰
2월 28일 3·29 머내만세운동 기념강연회 '3·1운동 100주년 어떻게 볼 것인가'(한시준 단국대 교수)
3월 24일 3·29 머내만세운동 제99주년 기념 걷기대회
4월 6일 제1차 이우학교 '청소년 역사매거진' 강의 및 마을 답사(김창희)
4월 7일 전 용인문화원장 이인영 님 인터뷰
4월 20일 제2차 이우학교 '청소년 역사매거진' 강의 및 마을 답사(김경애)
4월 27일 제3차 이우학교 '청소년 역사매거진' 강의 및 마을 답사(정필주)
6월 30일 윤승보 머내만세운동 적극 참여자의 후손 윤하현 님 인터뷰
7월 10일 홍재택 애국지사 후손 홍봉득 님 사전 인터뷰(오유경)
7월 19일 중손골(예송원)-좋은절-고기초 옛길 답사
7월 21일 홍재택 애국지사 후손 홍봉득 님 인터뷰 및 묘소 답사
7월 28일 성일영 님 인터뷰 및 권병선 애국지사 묘소 답사
8월 4일 권병선 애국지사 후손 권영재 님 인터뷰
9월 1일 고기동의 싱그'러움' 김희정 님, 머내여지도팀 합류
9월 15일 고기동 샛말-말구리고개-수원장 가는 길을 고기리 원주민 이희순 님과 함께 답사
9월 22일 동막천변길 답사(전 동천2리 이장 박창오 님)
9월 28일 고기리 샛말 원주민 이희순 님 인터뷰
11월 14일 수지구청 문서고에서 일제강점기의 블랙리스트『범죄인명부』확인
12월 8일 남정찬 애국지사의 후손 남상학 님 인터뷰
12월 12일 머내만세운동 애국지사 16인 독립유공자 포상 신청
12월 22일 머내여지도 결과보고회 개최(느티나무 도서관)

2019년

2월 2일 김현주 애국지사의 후손 김종권 님 인터뷰
3월 30일 머내만세운동 제100주년 기념행사 및 '머내만세운동 발상지' 표지석 제막
5월 1일 정원규 애국지사의 후손 정성관 님 인터뷰

6월 21일 머내만세운동 제100주년 기념행사 백서 출간 기념회
10월 26일 진암회 애국지사의 후손 진한수 님 인터뷰
10월 29일 낙생고등학교 사회교과 수업 '머내만세운동 현장학습' 답사 지원
11월 3일 이덕균 애국지사 공적비 제막식(고기동 광주 이씨 재실)
11월 6일 최충신 애국지사의 후손 최혜원 님, 남정찬 애국지사의 후손 남필희 님 인터뷰

2020년

4월 18일 심곡서원 및 조광조 묘소, 서봉사지, 보정동 고구려 고분군 답사
6월 27일 머내 애국지사 기념 표지석·표지판 5개소(손기마을, 동막골, 하손곡 등) 제막 및 소책자 『머내만세운동, 마을에 새기다』 발간
7월 25일 동천동 수로교 개통식

2021년

3월 27일 머내만세운동 제102주년 기념행사
5월 1일 머내여지도 좌담회

2022년

3월 26일 머내만세운동 제103주년 기념행사

지은이

머내여지도팀

(2016년 9월 ~ 현재)

김경애, 김명심, 김창희, 김효경, 박우현,

오유경, 이보영, 정필주, 최은정, 한덕희

과거에 함께했던 팀원들

김태효, 김화영, 김희정, 오현애, 조영선, 한용석

우리 손으로 만든

머내여지도

| 지은이 | 머내여지도팀
| 펴낸이 | 김종수
| 펴낸곳 | 한울엠플러스(주)
| 편집책임 | 최진희
| 편 집 | 이동규

| 초판 1쇄 인쇄 | 2022년 8월 22일
| 초판 1쇄 발행 | 2022년 9월 2일

| 주 소 | 10881 경기도 파주시 광인사길 153 한울시소빌딩 3층
| 전 화 | 031-955-0655
| 팩 스 | 031-955-0656
| 홈페이지 | www.hanulmplus.kr
| 등 록 | 제406-2015-000143호

Printed in Korea.
ISBN 978-89-460-8201-4 03980 (양장)
ISBN 978-89-460-8202-1 03980 (무선)

* 책값은 겉표지에 표시되어 있습니다.